TS 한국교통안전공단 시행

버스운전 자격시험

[자주 출제되는 핵심이론 + 출제예상문제 + 모의고사]

| 버스운전 자격시험연구회 지음 |

BM (주)도서출판 성안당

도서 A/S 안내

성안당에서 발행하는 모든 도서는 저자와 출판사, 그리고 독자가 함께 만들어 나갑니다.

좋은 책을 펴내기 위해 많은 노력을 기울이고 있습니다. 혹시라도 내용상의 오류나 오탈자 등이 발견되면 **"좋은 책은 나라의 보배"**로서 우리 모두가 함께 만들어 간다는 마음으로 연락주시기 바랍니다. 수정 보완하여 더 나은 책이 되도록 최선을 다하겠습니다.

성안당은 늘 독자 여러분들의 소중한 의견을 기다리고 있습니다. 좋은 의견을 보내주시는 분께는 성안당 쇼핑몰의 포인트(3,000포인트)를 적립해 드립니다.

잘못 만들어진 책이나 부록 등이 파손된 경우에는 교환해 드립니다.

본서 기획자 e-mail : coh@cyber.co.kr(최옥현)

홈페이지 : http://www.cyber.co.kr

전화 : 031) 950-6300

버스운전 자격시험 가이드

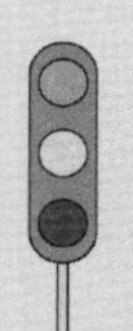

1 버스운전 자격시험

여객자동차 운수사업법령이 개정・공포('12년 2월 1일)됨에 따라 노선 여객자동차 운송사업(시내・농어촌・마을・시외), 전세버스 운송사업 또는 특수여객자동차 운송사업의 사업용 버스 운전업무에 종사하려는 운전자는 2012년 8월 2일부터 시행되는 버스운전 자격제도에 의해 자격시험에 합격 후 버스운전 자격증을 취득하여야 한다.

2 응시자격

(1) **운전면허** : 사업용 자동차를 운전하기에 적합한 제1종 대형 또는 제1종 보통 운전면허소지자

(2) **연령** : 만 20세 이상

(3) **운전경력** : 운전경력 1년 이상(운전면허 보유기간 기준이며, 취소 및 정지기간은 제외됨)

(4) **운전적성정밀검사 규정에 따른 신규검사 기준에 적합한 자(시험접수일 기준)**

① 운전적성검사의 유효기간은 3년이며, 3년이 경과된 경우 대상자 유형에 따라 운전적성정밀검사를 다시 해야 함

② 운전적성정밀검사를 받지 않는 경우는 원서접수 불가

③ 운전적성정밀검사 대상자에 관한 정확한 유형은 TS(한국교통안전공단) 홈페이지 확인

(5) **여객자동차 운수사업법 제24조 제3항의 결격사유에 해당되지 않는 사람으로 결격사유는 다음과 같다.**

① 다음의 어느 하나에 해당하는 죄를 범하여 금고(禁錮) 이상의 실형을 선고받고 그 집행이 끝나거나(집행이 끝난 것으로 보는 경우를 포함) 면제된 날부터 2년이 지나지 아니한 사람

㉠ 「특정강력범죄의 처벌에 관한 특례법」 제2조 제1항 각 호에 따른 죄(살인・존속살인죄・위계 등에 의한 촉탁살인죄)

㉡ 「특정범죄 가중처벌 등에 관한 법률」 제5조의2부터 제5조의5까지, 제5조의9 및 제11조에 따른 죄

㉢ 제5조의2 = 약취 · 유인죄의 가중처벌
- 제5조의3 = 도주차량운전자의 가중처벌
- 제5조의4 = 상습강도 · 절도죄 등의 가중처벌
- 제5조의5 = 강도상해 재범자의 가중처벌
- 제5조의9 = 보복범죄의 가중처벌
- 제5조의11 = 위험운전 치사상

㉣ 「마약류 관리에 관한 법률」에 따른 죄

㉤ 「형법」 제332조(제329조부터 제331조까지의 상습범으로 한정), 제341조에 따른 죄 또는 이 각 미수죄, 제363조에 따른 죄를 추가
- 「형법」 제329조(절도죄), 「형법」 제330조(야간주거침입 절도죄), 「형법」 제331조(특수절도죄), 「형법」 제331조의2(자동차 등의 불법사용)
- 「형법」 제332조(상습범)
- 「형법」 제341조(강도 · 특수강도 · 인질강도 상습범)
- 「형법」 제346조(동력 – 관리할 수 있는 동력은 재물)

② 위 ①의 어느 하나에 해당하는 죄를 범하여 금고 이상의 형의 집행유예를 선고받고 그 집행유예기간 중에 있는 사람

③ 자격시험일 전 5년간 다음의 어느 하나에 해당하는 사람(2017년 3월 3일 이후 발생 건만 해당)
- 도로교통법 제93조 제1항 제1호(음주운전), 제2호(음주운전 3회), 제3호(음주측정 불응), 제4호(약물복용 운전)를 위반하여 취소된 사람
- 도로교통법 제43조(운전면허를 받지 아니하거나, 운전면허의 효력이 정지된 상태로 자동차 등을 운전하여 벌금 이상의 형을 선고받거나, 이 법이나 이 법에 따라 운전면허가 취소된 사람)
- 운전 중 고의 또는 과실로 3명 이상이 사망(사고 발생일부터 30일 이내에 사망한 경우를 포함)하거나, 20명 이상의 사상자가 발생한 교통사고를 일으켜 운전면허가 취소된 사람

④ 자격시험일 전 3년간 "공동 위험행위 또는 난폭운전"에 해당되어 운전면허가 취소된 사람(2017년 3월 3일 이후 발생한 건만 해당)

⑤ 버스운전자격이 취소된 날부터 1년이 지나지 아니한 자는 운전 자격시험에 응시할 수 없다(적성검사 미필로 인한 면허취소는 제외).

3 시험접수

(1) **인터넷접수** : 버스운전 자격시험 홈페이지(https://lic.kotsa.or.kr/bus)

(2) **시험응시 수수료** : 11,500원

(3) **준비물**

① 운전면허증 필수지참

② 6개월 이내 촬영한 3.5cm×4.5cm 반명함 컬러사진(미제출자에 한함)

4 시험시간 및 시험과목

(1) **시험시간**

시험등록	시험시간	상시 CBT 필기시험일(토요일, 공휴일 제외)	
		(서울 구로, 수원, 대전, 광주, 대구, 부산, 인천, 춘천, 청주, 전주, 창원, 울산) 전용 CBT 상설시험장	(서울 노원, 제주, 상주) 3개 지역 정밀검사장 활용 CBT 시험장
시작 20분 전	80분	매일 오후 1회	매주 화요일, 목요일 오후 각 1회

(2) **시험과목**

시험시간	과목명	출제문항 수 (총 80문항)	합격기준
총 80분	교통 및 운수 관련 법규 및 교통사고 유형	25	총점 중 60% 이상 획득 시 합격 (48문제 이상)
	자동차 관리요령	15	
	안전운행 요령	25	
	운송서비스	15	

5 합격자 발표 및 응시자격 미달·결격사유 해당자 처리

(1) **합격자 발표** : 시험 종료 후 시험 시행장소에서 발표

(2) **응시자격 미달·결격사유 해당자 처리**

① 응시원서에 기재된 운전경력 등에 근거하여 관계기관에 사실여부 일괄 조회

② 조회 결과 응시자격 미달 또는 결격사유 해당자는 시험에 응시할 수 없으며, 만약 시험에 응시한 경우라도 불합격 처리 또는 합격을 취소함

6 버스운전 자격증 발급신청 및 교부

(1) **신청대상 및 기간** : 필기시험에 합격한 사람으로서 합격자 발표일로부터 30일 이내에 자격증 발급신청

(2) **신청서류** : 버스운전 자격증 발급신청서 1부(수수료 10,000원)

7 상시 컴퓨터(CBT) 필기 시험장

(1) 전용 상시 CBT 필기 시험장(주차시설 없으므로 대중교통 이용 필수)

시험장소	주 소	안내전화
서울본부(구로)	08265 서울 구로구 경인로 113(오류동 91-1) 구로검사소 내 3층	(02) 372-5347
경기남부본부(수원)	16431 경기 수원시 권선구 수인로 24(서둔동 9-19)	(031) 297-6581
대전충남본부(대전)	34301 대전 대덕구 대덕대로 1417번길 31(문평동 83-1)	(042) 933-4328
대구경북본부(대구)	42258 대구 수성구 노변로 33(노변동 435)	(053) 794-3816
부산본부(부산)	47016 부산 사상구 학장로 256(주례3동 1287)	(051) 315-1421
광주전남본부(광주)	61738 광주 남구 송암로 96(송하동 251-4)	(062) 606-7634
인천본부(인천)	21544 인천 남동구 백범로 357(간석동 172-1)	(032) 831-6704
강원본부(춘천)	24404 강원 춘천시 춘천순환로 70 만호빌딩 3층(거두리 926-5)	(033) 261-3386
충북본부(청주)	28455 충북 청주시 흥덕구 사운로 386번길 21(신봉동 260-6)	(043) 266-5400
전북본부(전주)	54885 전북 전주시 덕진구 신행로 44(팔복동 3가 211-5)	(063) 212-4743
경남본부(창원)	51391 경남 창원시 의창구 차룡로 48번길 44, 창원스마트타워 2층	(055) 270-0550
울산본부(울산)	44721 울산 남구 번영로 90-1(달동 1296-2)	(052) 256-9372

(2) 운전정밀검사장 활용 CBT 시험장(주차시설 없으므로 대중교통 이용 필수)

시험장소	주 소	안내전화
서울본부(노원)	01806 서울 노원구 공릉로 62길 41(하계동 252) 노원검사소 내 2층	(02) 973-0586
제주본부(제주)	63326 제주시 삼봉로 79(도련2동 568-1)	(064) 723-3111
상주교통안전체험 교육센터(상주)	37257 경북 상주시 청리면 마공공단로 80-15호(마공리 1238번지)	(054) 530-0115

8 수험생 유의사항

(1) 입실 및 퇴실 시간

① 응시자는 시험 시작 20분 전까지 시험등록을 해야 함

② 특별한 사유가 없는 한 시험 시간 도중에 퇴실할 수 없으며, 80문제를 모두 푼 후부터 감독관의 허락을 받아 조용히 퇴실할 수 있음

(2) 운전면허증 지참 : 시험 당일 응시자는 반드시 운전면허증을 지참하여야 함

(3) 답안지 작성 요령 : 답안은 반드시 80문제 모두 정답을 체크해야 하며, 80분이 경과하면 문제를 다 풀지 못해도 자동으로 제출됨

(4) 부정행위 안내 : 부정행위를 한 수험자에 대하여는 당해 시험을 무효로 하고 한국교통안전공단에서 시행되는 국가자격시험 응시자격을 2년 제한하는 등의 조치를 받음

※ 모든 안내 사항은 변동될 수 있으므로 정확한 정보는 공단 홈페이지를 참조

[별지 제27호서식] <개정 2016. 12. 30.> (앞 쪽)

[버스운전] 자격시험 응시원서

① 성 명	(한글) (한자)	생년월일		성별		반명함판 사진 (3㎝×4㎝)
② 주 소						
③ 연 락 처	(전화번호) (휴대전화)					
④ 운전면허증	(번호) (종류)					
⑤첨부서류	시험시행기관 확인사항 ※ 버스운전 자격시험만 해당합니다.	1. 운전면허증 2. 운전경력증명서 3. 운전적성정밀검사 수검사실증명서				
*⑥ 수험번호		*⑦ 시험장소				

「여객자동차 운수사업법 시행규칙」 제50조에 따라 운전자격시험에 응시하기 위하여 원서를 제출하며, 만일 시험에 합격 후 거짓으로 기재한 사실이 판명되는 경우에는 합격취소처분을 받더라도 이의를 제기하지 아니하겠습니다.

년 월 일

응시자 (서명 또는 인)

한국교통안전공단 이사장 귀하

[버스운전] 자격시험 응시표

*⑧ 수험번호		반명함판 사진 (3㎝×4㎝)
*⑨ 시험일시		
*⑩ 시험장소		
⑪ 성 명		

년 월 일

한국교통안전공단 이사장 직인

182㎜×335㎜[보존용지(1종) 70g/㎡]

(뒤 쪽)

확 인	면 제 과 목	서 류 확 인	접수대장기록	비 고
	[인]	[인]	[인]	

응시원서 작성방법

1. ①항은 응시자의 성명 및 생년월일을 정확히 적으시기 바랍니다.
2. ②항은 응시자가 우편물을 받을 수 있는 주소를 적으시기 바랍니다.
3. ③항은 응시자와 연락 가능한 전화번호를 정확히 적으시기 바랍니다.
4. ④항의 운전면허증의 번호에는 응시자가 취득한 운전면허의 번호를 정확히 적으시고, 운전면허의 종류에는 사업용 자동차를 운전하기에 적합한 운전면허를 적습니다.
5. *⑥, *⑦, *⑧, *⑨, *⑩항은 응시자가 적지 않습니다.

주 의 사 항

1. 응시표를 받은 후 정해진 기입란에 빠진 사항이 없는지 확인하시기 바랍니다.
2. 응시표를 가지고 있지 아니한 사람은 응시하지 못하며, 잃어버리거나 헐어 못 쓰게 된 경우에는 재발급을 받아야 합니다(사진 1장 제출).
3. 시험장에서는 답안지 작성에 필요한 컴퓨터용 수성사인펜만을 사용할 수 있습니다.
4. 시험시작 30분 전에 지정된 좌석에 앉아야 하며, 응시표와 신분증을 책상 오른쪽 위에 놓아 감독관의 확인을 받아야 합니다.
5. 응시 도중에 퇴장하거나 좌석을 이탈한 사람은 다시 입장할 수 없으며, 시험실 안에서는 흡연, 담화, 물품 대여를 금지합니다.
6. 부정행위자, 규칙위반자 또는 주의사항이나 감독관의 지시에 따르지 않은 사람에게는 즉석에서 퇴장을 명하며, 그 시험을 무효로 합니다.
7. 그 밖에 자세한 것은 감독관의 지시에 따라야 합니다.

차 례

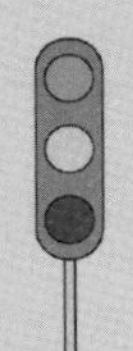

제 1 편

교통 · 운수 관련 법규 및 교통사고 유형

01 핵심이론

02 출제예상문제

제1 편

01 핵심이론

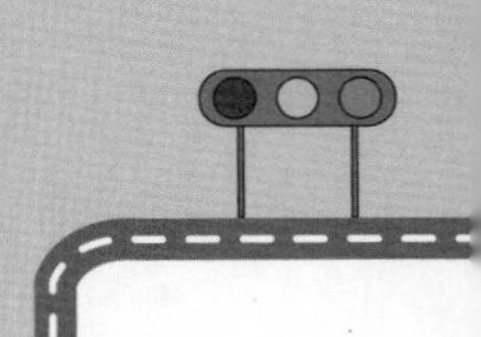

핵심 001 여객자동차 운수사업법령의 제정목적

① 여객자동차 운수사업에 관한 질서 확립
② 여객의 원활한 운송
③ 여객자동차 운수사업의 종합적인 발달 도모
④ 공공복리증진

핵심 002 여객자동차 운수사업법령 용어의 정의

① 여객자동차 운송사업 : 다른 사람의 수요에 응하여 자동차를 사용하여 유상(有償)으로 여객을 운송하는 사업
② 노선 : 자동차를 정기적으로 운행하거나 운행하려는 구간
③ 관할관청 : 관할이 정해지는 국토교통부장관이나 특별시장・광역시장・특별자치시장・도지사 또는 특별자치도지사
④ 정류소 : 여객이 승차 또는 하차할 수 있도록 노선 사이에 설치한 장소

핵심 003 노선 여객자동차 운송사업의 한정면허를 받을 수 있는 사유에 해당하는 것

① 여객의 특수성 또는 수요의 불규칙성 등으로 인하여 노선 여객자동차 운송사업자가 노선버스를 운행하기 어려운 경우
㉠ 공항, 도심공항터미널 또는 국제여객선터미널을 기점 또는 종점으로 하는 경우로서 공항, 도심공항터미널 또는 국제여객터미널이용자의 교통 불편을 해소하기 위하여 필요하다고 인정되는 경우
㉡ 관광지를 기점 또는 종점으로 하는 경우로서 관광의 편의를 제공하기 위하여 필요하다고 인정되는 경우
㉢ 고속철도 정차역을 기점 또는 종점으로 하는 경우로서 고속철도 이용자의 교통편의를 위하여 필요하다고 인정되는 경우
② 수익성이 없어 노선운송사업자가 운행을 기피하는 노선으로서 관할관청이 보조금을 지급하려는 경우
③ 버스전용차로의 설치 및 운행 계통의 신설 등 버스교통체계 개선을 위하여 시・도의 조례로 정한 경우
④ 신규노선에 대하여 운행형태가 광역급행형인 시내버스 운송사업을 경영하려는 자의 경우

핵심 004 운송사업자는 사업용 자동차에 의해 중대한 교통사고가 발생한 경우 지체 없이 국토교통부장관 또는 시・도지사에게 보고하여야 하는데 해당 사고인 것

① 전복사고
② 화재가 발생한 사고
③ 사망자가 2명 이상, 사망자 1명과 중상자 3명 이상, 중상자 6명 이상의 사람이 죽거나 다친 사고

핵심 005 운송사업자가 중대한 교통사고 발생 시 보고해야 하는 시간

24시간 이내에 사고의 일시・장소 및 피해사항 등 사고의 개략적인 상황을 시・도지사에게 보고한 후 72시간 이내에 사고보고서를 작성하여 관할 시・도지사에게 제출하여야 한다.

핵심 006 **운송사업자는 운수종사자 현황(전원 중 채용 또는 퇴직한 운수종사자 등) 통보를 매월 며칠까지 시·도지사에게 알려야 하는가?**

매월 10일까지

핵심 007 **운전적성정밀검사의 종류**

① 신규검사
② 특별검사
③ 자격유지검사

핵심 008 **운전적성정밀검사 중 "특별검사"를 받아야 할 대상자**

① 중상 이상의 사상(死傷) 사고를 일으킨 자
② 과거 1년간 도로교통법 시행규칙에 따른 운전면허 행정처분기준에 따라 계산한 누산점수가 81점 이상인 자
③ 질병, 과로, 그 밖의 사유로 안전운전을 할 수 없다고 인정되는 자인지 알기 위하여 운송사업자가 신청한 자

핵심 009 **버스운전 자격시험은 필기시험으로 하는데 총점의 몇 할 이상을 합격자로 하는가?**

6할 이상(※ 교통안전체험 교육수료자도 60% 이상 득점)

핵심 010 **운수종사자의 자격요건을 갖추지 아니한 사람을 운전업무에 종사하게 한 경우 운송사업자에 대한 행정처분과 과징금**

① 1차 위반 : 감차 명령
② 2차 위반 : 노선폐지 명령
③ 과징금
  ㉠ 시내, 시외, 농어촌, 마을, 전세버스 : 1차 위반 500만 원(2차 위반 1,000만 원)
  ㉡ 특수여객 : 1차 위반 360만 원(2차 위반 720만 원)

핵심 011 **버스운전자격의 최대효력정지기간**

늘리는 기간을 합산한 기간은 최대 6개월을 초과할 수 없다.

핵심 012 **다음의 사유로 1년간 세 번(3회)의 위반행위에 따른 과태료 처분을 받은 사람이 같은 위반행위를 하였을 때 행정처분은 "자격취소"**

① 정당한 사유 없이 여객의 승차거부 또는 여객을 중도에서 내리게 하는 행위
② 부당한 운임 또는 요금을 받는 행위
③ 일정한 장소에 오랜 시간 정차하여 여객을 유치하는 행위
④ 여객을 합승하도록 하는 행위(영으로 정한 경우만 해당)
⑤ 문을 완전히 닫지 아니한 상태에서 자동차를 출발하거나 운행하는 행위
⑥ 여객이 승차하기 전에 자동차를 출발시키거나 승차할 여객이 있는데도 정차하지 아니하고 정류소를 지나치는 행위
⑦ 안내방송을 하지 아니하는 행위(방송시설이 설치되어 있는 경우만 해당)

핵심 013 **시내버스 운송사업용, 농어촌버스 운송사업용, 마을버스 운송사업용, 시외버스 운송사업용, 전세버스 운송사업용 승합자동차의 차령**

9년

핵심 014 **차량충당연한의 기산일**

① 제작연도에 등록된 자동차 : 최초의 신규등록일
② 제작연도에 등록되지 아니한 자동차 : 제작연도의 말일

핵심 015 과징금 부과기준으로 국토교통부장관 또는 시 · 도지사는 여객자동차 운수사업자에게 사업정지처분을 하여야 하는 경우에 그 사업정지처분이 그 여객자동차 운수사업을 이용하는 사람들에게 심한 불편을 주거나 공익을 해칠 우려가 있는 때에는 그 사업정지처분에 갈음하여 어느 정도의 과징금을 부과 · 징수할 수 있는가?

5천만 원 이하

핵심 016 과징금을 부과 · 징수할 수 있는 기관

① 국토교통부장관
② 특별시장
③ 시 · 도지사
④ 시 · 군 · 구청장(※ 동장은 아님)

핵심 017 시내, 농어촌, 마을버스, 시외버스가 "결행", "도중 회차", "노선 또는 운행계통의 단축 또는 연장 운행", "감회 또는 증회 운영"을 임의로 위반하여 사업계획을 위반한 경우 과징금

1차 위반 시 100만 원, 2차 위반 시 150만 원

핵심 018 자동차 안에 게시하여야 할 사항을 게시하지 아니한 시내, 시외버스, 농어촌, 마을, 전세, 특수여객의 과징금

1차 위반 시 20만 원, 2차 위반 시 40만 원

핵심 019 시내, 농어촌, 마을, 시외버스, 전세버스, 특수여객자동차가 앞바퀴에 재생타이어를 사용한 경우의 과징금

1차 위반 시 각각 360만 원, 2차 위반 시 각각 720만 원, 3차 이상 위반 시 각각 1,080만 원

핵심 020 시외버스와 전세버스가 "앞바퀴에 튜브리스 타이어를 사용하여야 할 자동차에 이를 사용하지 아니한 경우"의 과징금

1차 위반 시 각각 360만 원, 2차 위반 시 각각 720만 원, 3차 이상 위반 시 각각 1,080만 원

핵심 021 중대한 사고 시의 조치 또는 중대한 교통사고에 따른 보고를 하지 아니하거나 거짓 보고를 한 운송사업자에 대한 과태료

① 1회 : 20(50)만 원
② 2회 : 30(75)만 원
③ 3회: 50(100)만 원
※ (　) 안의 금액 : 중대사고 시 미조치

핵심 022 운송종사자 취업현황을 알리지 아니한 운송사업자에 대한 과태료

① 1회 : 50만 원
② 2회 : 75만 원
③ 3회 : 100만 원

핵심 023 운수종사자 준수사항을 위반한 자의 과태료

각 회 10만 원

① 여객이 승차하기 전에 자동차를 출발시키거나 승하차할 여객이 있는데도 정차하지 아니하고 정류소를 지나치는 행위
② 안내방송을 하지 아니하는 행위(시내버스, 농어촌버스)

핵심 024 자동차 전용도로

자동차만 다닐 수 있도록 설치된 도로

핵심 025 길 가장자리 구역

보도와 차도가 구분되지 아니한 도로에서 보행자의 안전을 확보하기 위하여 안전표지 등으로 경계를 표시한 도로의 가장자리 부분

핵심 026 지방경찰청장이 지정(사용자와 기관의 신청)하는 긴급자동차

전기사업, 가스사업, 민방위업무자동차, 도로응급복구 작업차, 전신·전화 수리공사 작업차, 긴급우편물 운송자동차, 전파감시업무 자동차 등

핵심 027 어린이 통학버스에 승차할 수 있는 어린이의 나이(연령)

13세 미만

핵심 028 서행

운전자가 차를 즉시 정지시킬 수 있는 정도의 느린 속도로 진행하는 것

핵심 029 황색등화 점멸의 뜻

차마는 다른 교통 또는 안전표지의 표시에 주의하면서 진행할 수 있다.

핵심 030 안전표지의 종류

주의표지, 규제표지, 지시표지, 보조표시, 노면표시

핵심 031 주의표지

도로상태가 위험하거나 도로 또는 그 부근에 위험물이 있는 경우에 필요한 안전조치를 할 수 있도록 이를 도로사용자에게 알리는 표지

핵심 032 지시표지

도로의 통행방법·통행구분 등 도로교통의 안전을 위하여 필요한 지시를 하는 경우에 도로사용자가 이에 따르도록 알리는 표지

핵심 033 차도를 통행할 수 있는 사람 또는 행렬

① 말·소 등의 큰 동물을 몰고 가는 사람
② 사다리·목재나 그 밖에 보행자의 통행에 지장을 줄 우려가 있는 물건을 운반 중인 사람
③ 도로에서 청소나 보수 등의 작업을 하고 있는 사람
④ 군부대나 그 밖에 이에 준하는 단체의 행렬
⑤ 기 또는 현수막 등을 휴대한 행렬
⑥ 장의 행렬

핵심 034 고속도로 외의 도로 "오른쪽 차로"로 통행할 수 있는 통행차의 기준

대형승합자동차, 화물자동차, 특수자동차, 건설기계, 이륜자동차, 원동기장치자전거, 자전거 및 우마차

핵심 035 고속도로 편도 3차로 이상 "오른쪽"에 통행할 수 있는 통행차의 기준

대형승합자동차, 화물자동차, 특수자동차 및 건설기계의 주행차로(※ 위험물운반차량 포함)

핵심 036 고속도로 버스전용차로를 통행할 수 있는 자동차

9인승 이상 승용자동차 및 승합자동차(승용자동차 또는 12인승 이하의 승합자동차는 6인 이상이 승차한 경우에 한한다)

핵심 037 편도 2차로 이상 일반도로에서의 속도

① 최고속도 : 매시 80km 이내
② 최저속도 : 없음

핵심 038 편도 2차로 이상 모든 고속도로에서의 속도

① 최고속도 : 매시 100km(적재중량 1.5톤 초과 화물차, 특수차, 위험물운반차, 건설기계 : 매시 80km)
② 최저속도 : 매시 50km

핵심 039 **고속도로 편도 2차로 이상 지정 고시한 노선 또는 구간(중부, 서해안, 천안~논산 간 고속도로 등)**

① 최고속도 : 매시 110km 이내(적재중량 1.5톤 초과 화물차, 특수차, 위험물운반차, 건설기계 : 매시 90km 이내)
② 최저속도 : 매시 50km

핵심 040 **자동차전용도로의 속도**

① 최고속도 : 매시 90km 이내
② 최저속도 : 매시 30km

핵심 041 **악천후(비 · 안개 · 눈) 시 최고속도의 100분의 50을 줄인 속도로 운행하여야 하는 경우**

① 폭우 · 폭설 · 안개 등으로 가시거리가 100m 이내인 경우
② 노면이 얼어붙은 경우
③ 눈이 20mm 이상 쌓인 경우

핵심 042 **앞지르기 금지 장소**

① 교차로
② 터널 안
③ 다리 위
④ 도로의 구부러진 곳, 비탈길 고갯마루 부근, 가파른 비탈길의 내리막 등

핵심 043 **철길 건널목의 통과요령**

① 건널목 앞 일시정지
② 차단기가 내려져 있거나 내려지려고 하는 경우, 건널목의 경보기가 울리고 있는 동안에는 그 건널목으로 들어가서는 아니 된다.

핵심 044 **교통정리가 없는 교차로에서의 양보운전**

① 통행하고 있는 도로의 폭보다 교차하는 도로의 폭이 넓은 경우 → 서행
② 폭이 넓은 도로로부터 교차로에 들어가려 할 때 다른 차가 있을 때 → 그 차에 진로 양보
③ 교차로에 동시 진입할 때 → 우측 도로의 차에 진로 양보
④ 교차로에서 좌회전하려고 할 때 → 직진하거나 우회전하려는 차에 진로 양보

핵심 045 **모든 차의 운전자가 도로에 설치된 안전지대에 보행자가 있는 경우와 차로가 설치되지 아니한 좁은 도로에서 보행자의 옆을 지나는 경우의 보행자 보호방법**

운전자는 안전한 거리를 두고 서행하여야 한다.

핵심 046 **긴급자동차에 대한 특례**

① 자동차의 속도제한(긴급자동차 속도를 제한한 경우는 적용)
② 앞지르기의 금지
③ 끼어들기의 금지(※ 앞지르기 방법은 제외)

핵심 047 **서행하여야 하는 곳**

① 교통정리를 하고 있지 아니하는 교차로
② 도로가 구부러진 부근
③ 비탈길의 고갯마루 부근
④ 가파른 비탈길의 내리막

핵심 048 **주차금지의 장소**

① 터널 안 및 다리 위
② 다음의 곳으로부터 5m 이내인 곳
　㉠ "다중이용업소의 안전관리에 관한 특별법"에 따른 다중이용업소의 영업장이 속한 건축물로 소방본부장의 요청에 의하여 지방경찰청장이 지정한 곳
　㉡ 도로공사를 하고 있는 경우에는 그 공사 구역의 양쪽 가장자리

핵심 049 **밤에 도로에서 차를 운행하는 경우 켜야 하는 등화**

① 자동차 : 전조등・차폭등・미등・번호등과 실내조명등(사업용 승용자동차, 승합자동차)
② 원동기장치자전거 : 전조등 및 미등
③ 견인되는 차 : 미등・차폭등 및 번호 등

핵심 050 **승합자동차(승용자동차 포함)의 승차정원**

승차정원의 110% 이내일 것(고속도로에서는 제외)

핵심 051 **자동차 운전자가 휴대용 전화로 통화할 수 있는 경우**

① 자동차가 정지하고 있는 경우
② 긴급자동차를 운전하는 경우
③ 각종 범죄 및 재해 신고 등 긴급한 필요가 있는 경우
④ 안전운전에 장애를 주지 아니하는 장치를 이용하는 경우

핵심 052 **어린이 통학버스 자동차의 요건**

① 승차정원 9인승 이상의 자동차
② 승합자동차의 색상 : 황색

핵심 053 **고속도로 또는 자동차전용도로에서 유턴 또는 후진할 수 있는 경우와 차**

① 긴급자동차 또는 도로의 보수・유지 등의 작업을 하는 차
② 위험을 방지・제거하는 응급조치작업을 위한 자동차

핵심 054 **고속도로 등에서 고장으로 자동차 운행을 할 수 없게 된 경우 조치요령**

① 도로 우측 가장자리로 이동
② 낮(주간) : 고장차 후방에서 접근하는 자동차운전자가 확인할 수 있는 위치에 고장차량표지판 설치
③ 밤(야간) : 사방 500m 지점에서 식별할 수 있는 적색 섬광신호, 전기제등 또는 불꽃신호를 고장차의 200m 이상 뒤쪽 도로상에 설치한다.

핵심 055 **특별한 교통안전교육의 종류**

① 특별교통안전교육
② 특별교통안전권장교육(운전면허정지 처분자)

핵심 056 **제1종 대형면허로 운전할 수 있는 자동차**

① 긴급자동차
② 화물자동차
③ 건설기계 : 덤프트럭, 도로보수트럭, 3톤 미만의 지게차, 특수자동차(대형・소형견인차, 구난차는 제외)

핵심 057 **제1종 보통면허로 운전할 수 있는 자동차**

① 15인 이하의 승합자동차
② 적재중량 12톤 미만의 화물자동차
③ 총중량 10톤 미만의 특수자동차(구난차 등은 제외)

핵심 058 **자동차 운전에 필요한 적성(시력)의 기준**

① 제1종 운전면허 : 두 눈을 동시에 뜨고 잰 시력이 0.8 이상이고, 두 눈의 시력이 각각 0.5 이상일 것(한쪽 눈을 보지 못한 사람이 보통면허 취득 경우 : 다른 쪽 눈의 시력 0.8m 이상, 수평시야 120도, 수직시야 20도 이상, 중심시야 20도 내, 암점이나 반맹이 없어야 한다)

② 제2종 운전면허 : 두 눈을 동시에 뜨고 잰 시력이 0.5 이상일 것(다만, 한쪽 눈을 보지 못하는 사람은 다른 쪽 눈의 시력이 0.6 이상일 것)

핵심 059 누산점수의 관리

법규위반 또는 교통사고로 인한 벌점은 당해 위반 또는 사고가 있었던 날을 기준으로 하여 과거 3년간의 모든 벌점을 누산하여 관리한다.

핵심 060 무위반 · 무사고기간 경과로 인한 벌점 소멸

처분벌점이 40점 미만인 경우에, 최종의 위반일 또는 사고일로부터 위반 및 사고 없이 1년이 경과한 때에는 그 처분벌점은 소멸한다.

핵심 061 벌점 · 누산점수 초과로 인한 면허 취소

기간	벌점 또는 누산점수
1년간	121점 이상
2년간	201점 이상
3년간	271점 이상

핵심 062 운전면허 행정(취소)처분 개별기분

① 혈중알코올농도 0.03% 이상을 넘어서 운전 중 교통사고로 인명피해를 일으킨 경우
② 술에 취한 상태의 측정에 불응한 때
③ 다른 사람에게 면허증을 대여
④ 운전면허 행정처분기간 중 운전행위 등

핵심 063 사고결과에 따른 벌점

① 사망(72시간 내) 1명마다 : 90점
② 중상(3주 이상 치료) 1명마다 : 15점
③ 경상(3주 미만 5일 이상의 치료) 1명마다 : 5점
④ 부상신고(5일 미만치료) 1명마다 : 2점

핵심 064 운전자에게 부과되는 범칙행위 및 범칙금액(승합자동차 기준)

① 범칙금액 13만 원 : 속도위반(60km/h 초과), 어린이 통학버스운전자(운영자)의 의무위반, 인적사항 제공의무 위반
② 범칙금액 10만 원 : 속도위반(40km/h 초과 60km/h 이하), 승객의 차 안 소란행위 방치 운전
③ 범칙금액 7만 원 : 신호 · 지시 위반, 중앙선 침범 · 통행구분위반, 속도위반(20km/h 초과 40km/h 이하), 운전 중 휴대용 전화 사용, 횡단보도 보행자 횡단방해, 운행기록계 미설치 자동차운전금지 위반 등
④ 범칙금액 5만 원 : 일반도로 전용차로 통행위반, 고속도로 · 자동차전용도로 안전거리 미확보, 보행자 통행방해 또는 보호 불이행, 긴급자동차에 대한 피양 · 일시정지 위반, 노상시비 · 다툼 등으로 차마의 통행 방해행위, 급발진 · 급가속 · 엔진 공회전 또는 반복적 · 연속적인 경음기 울림으로 소음 발생행위, 고속도로 · 자동차전용도로 고장 등의 경우 조치 불이행, 고속도로 · 자동차 전용도로 고장 등의 경우 조치 불이행, 고속도로 · 자동차전용도로 횡단 · 유턴 · 후진위반, 경사진 곳에서의 정차 · 주차방법 위반
⑤ 범칙금액 3만 원 : 혼잡완화 조치위반, 속도위반(20km/h 이하), 급제동금지 위반, 끼어들기 금지 위반, 경찰관의 실효된 면허증 회수에 대한 거부 또는 방해

핵심 065 어린이 보호구역 및 노인 · 장애인 보호구역에서의 과태료 부과(차의 고용주) 기준(승합자동차 등의 기준)

① 과태료 금액 14만 원 : 신호 · 지시위반한 차의 고용주 등

② 속도위반한 차의 고용주 등
　㉠ 60km/h 초과 : 17만 원
　㉡ 40km/h 초과 60km/h 이하 : 14만 원
　㉢ 20km/h 초과 40km/h 이하 : 11만 원
　㉣ 20km/h 이하 : 7만 원
③ 과태료 금액 9만 원(10만 원)
　㉠ 정차 · 주차금지 위반
　㉡ 주차금지 장소 위반
　㉢ 정차 · 주차방법 및 시간의 제한위반
※ ( ) 안의 금액은 같은 장소에서 2시간 이상 정차 또는 주차위반을 한 경우

핵심 066 노면표시에 사용되는 각종 선이 나타내는 의미

① 점선 : 허용
② 실선 : 제한
③ 복선 : 의미의 강조

핵심 067 노면표시의 색채의 기준

① 황색 : 중앙선표시, 노상장애물 중 도로중앙장애물표시, 주차금지표시, 정차 · 주차금지표시 및 안전지대표시(반대방향의 교통류 분리 또는 도로 이용의 제한 및 지시)
② 청색 : 버스전용차로표시 및 다인승차량 전용차선표시(지정방향의 교통류 분리 표시)
③ 적색 : 어린이 보호구역 또는 주거지역 안에 설치하는 속도제한표시의 테두리선
④ 백색 : 위 ①내지 ③에서 지정된 것 외의 표시(동일방향의 교통류 분리 및 경계표시)

핵심 068 형법 제268조(업무상 과실 · 중과실치사상죄) 교통사고 발생 시 벌칙

5년 이하의 금고 또는 2천만 원 이하의 벌금에 처한다.

핵심 069 교통사고

차의 교통으로 인하여 사람을 사상하거나 물건을 손괴하는 것을 말한다.

핵심 070 교통사고의 조건

① 차에 의한 사고
② 피해의 결과 발생(사람 사상 또는 물건 손괴 등)
③ 교통으로 인하여 발생한 사고

핵심 071 교통사고로 처리되지 않는 경우

① 명백한 자살이라고 인정되는 경우
② 확정적인 고의 범죄에 의해 타인을 사상하거나 물건을 손괴한 경우
③ 건조물 등이 떨어져 운전자 또는 동승자가 사상한 경우
④ 사람이 건물, 육교 등에서 추락하여 운행 중인 차량과 충돌 또는 접촉하여 사상한 경우
⑤ 기타 안전사고로 인정되는 경우

핵심 072 보험 또는 공제에 가입된 경우의 특례 적용예외

① "교통사고처리특례법상 특례적용이 배제되는 사고"에 해당하는 경우
② 피해자가 신체의 상해로 인하여 생명에 대한 위험이 발생하거나 불구(不具) 또는 불치(不治)나 난치(難治)의 질병이 생긴 경우
③ 보험계약 또는 공제계약이 무효로 되거나 해지되어 계약상의 면책규정 등으로 인하여 보험회사, 공제조합 또는 공제사업자의 보험금 또는 공제금 지급의무가 없어진 경우

핵심 073 보험 또는 공제에 가입된 사실 확인

보험회사, 공제조합 또는 공제사업자가 작성한 서면에 의하여 증명되어야 한다.

핵심 074 중상해의 범위

① 생명에 대한 위험 : 뇌 또는 주요장기에 중대한 손상
② 불구 : 사지절단 등 또는 시각 · 청각 · 언어 · 생식 기능 등 영구적 상실
③ 불치나 난치의 질병 : 중증의 정신장애 · 하반신 마비 등 중대 질병

핵심 075 사고운전자가 피해자를 구호하는 등의 조치를 하지 아니하고 도주한 경우 사고운전자의 가중처벌

① 피해자를 사망에 이르게 하고 도주하거나, 도주 후에 피해자가 사망한 경우에는 무기 또는 5년 이상의 징역
② 피해자를 상해에 이르게 한 경우에는 1년 이상의 유기징역 또는 500만 원 이상 3천만 원 이하의 벌금

핵심 076 사고운전자가 피해자를 사고 장소로부터 옮겨 유기하고 도주한 경우 가중처벌

피해자를 사망에 이르게 하고 도주하거나, 도주 후에 피해자가 사망한 경우에는 사형, 무기 또는 5년 이상의 징역

핵심 077 사망사고 정의

① 교통안전법 시행령 별표 3의 2에서 교통사고에 의한 주된 원인이 되어 발생 시부터 30일 이내 사망한 사고를 말한다.
② 교통사고 발생 후 72시간 내 사망하면 벌점 90점이 부과되며 교통사고 처리 특례법상 형사적 책임이 부과된다.

핵심 078 도주(뺑소니)인 경우

① 피해자의 사상 사실을 인식하거나 예견됨에도 가버린 경우
② 피해자를 사고현장에 방치한 채 가버린 경우
③ 현장에 도착한 경찰관에게 거짓으로 진술한 경우
④ 사고운전자를 바꿔치기하여 신고한 경우
⑤ 사고운전자가 연락처를 거짓으로 알려준 경우 등

핵심 079 신호 · 지시위반 사고 사례

① 신호가 변경되기 전에 출발하여 인적 피해를 야기한 경우
② 황색 주의신호에서 교차로에 진입하여 인적 피해를 야기한 경우
③ 신호내용을 위반하고 진행하여 인적 피해를 야기한 경우
④ 적색차량신호에 진행하다 정지선과 횡단보도 사이에서 보행자를 충격한 경우

핵심 080 신호 · 지시위반 사고의 성립요건 중 장소적 요건의 예외사항

신호기의 고장이나, 황색, 적색 점멸신호등의 경우

핵심 081 신호 · 지시위반 사고에 따른 행정처분

범칙금 7만 원, 벌점 15점

핵심 082 중앙선 침범을 적용하는 경우(현저한 부주의)

① 커브 길에서 과속으로 인한 중앙선 침범의 경우
② 빗길에서 과속으로 인한 중앙선 침범의 경우
③ 졸다가 뒤늦은 제동으로 중앙선을 침범한 경우

④ 차내 잡담 또는 휴대폰 통화 등의 부주의로 중앙선을 침범한 경우

핵심 083 중앙선 침범을 적용할 수 없는 경우(만부득이한 경우)

① 사고를 피하기 위해 급제동하다 중앙선을 침범한 경우
② 위험을 회피하기 위해 중앙선을 침범한 경우
③ 빙판길 또는 빗길에서 미끄러져 중앙선을 침범한 경우(제한속도 준수)

핵심 084 중앙선 침범 사고에 따른 행정처분(승합자동차)

① 중앙선 침범 : 7만 원, 벌점 30점
② 고속도로·자동차전용도로 횡단·유턴·후진 위반 : 5만 원

핵심 085 속도에 대한 정의

① 규제속도 : 법정속도(도로교통법에 따른 도로별 최고·최저속도)와 제한속도(지방경찰청장에 의한 지정속도)
② 설계속도 : 도로설계의 기초가 되는 자동차의 최고속도
③ 주행속도 : 정지시간을 제외한 실제 주행거리의 평균 주행속도
④ 구간속도 : 정지시간을 포함한 주행거리의 평균 주행속도

핵심 086 비·안개·눈 등으로 인한 악천후 시 20% 감속운행속도

정상 날씨 제한속도	60 km/h	70 km/h	80 km/h	90 km/h	100 km/h
• 비가 내려 노면이 젖어있는 경우 • 눈이 20mm 미만 쌓인 경우	48 km/h	56 km/h	64 km/h	72 km/h	80 km/h

핵심 087 과속사고에 따른 행정처분(승합자동차)

범칙금 및 벌점(승합자동차)				
항목	60km/h 초과	40km/h 초과 60km/h 이하	20km/h 초과 40km/h 이하	20km/h 이하
범칙금	13만 원	10만 원	7만 원	3만 원
벌점	60점	30점	15점	–

핵심 088 철길 건널목의 종류와 내용

항목	내용
제1종 건널목	차단기, 건널목경보기 및 교통안전표지가 설치되어 있는 경우
제2종 건널목	건널목경보기 및 교통안전표지가 설치되어 있는 경우
제3종 건널목	교통안전표지만 설치되어 있는 경우

핵심 089 철길 건널목 통과방법 위반 사고의 운전자 과실내용

① 철길 건널목 통과방법 위반 과실 : 철길 건널목 전에 일시정지 불이행, 안전미확인 통행 중 사고, 차량이 고장 난 경우 승객대피, 차량이동 조치 불이행
② 철길 건널목 진입금지 : 차단기가 내려져 있는 경우, 차단기가 내려지려고 하는 경우, 경보기가 울리고 있는 경우

핵심 090 철길 건널목 통과방법위반 사고에 따른 행정처분

항목	범칙금(승합자동차)	벌점
철길 건널목 통과방법위반	7만 원	30점

핵심 091 횡단보도 보행자로 인정되는 경우

① 횡단보도를 걸어가는 사람
② 횡단보도에서 원동기장치자전거나 자전거를 끌고 가는 사람

③ 횡단보도에서 원동기장치자전거나 자전거를 타고 가다 이를 세우고 한발은 페달에, 다른 한발은 지면에 서 있는 사람
④ 세발자전거를 타고 횡단보도를 건너는 어린이
⑤ 손수레를 끌고 횡단보도를 건너는 사람

핵심 092 횡단보도로 인정되는 경우와 아닌 경우

① 횡단보도 노면표시가 있으나 횡단보도 표지판이 설치되지 않은 경우에도 횡단보도로 인정
② 횡단보도 노면표시가 포장공사로 반은 지워졌으나, 반이 남아 있는 경우에도 횡단보도로 인정
③ 횡단보도 노면표시가 완전히 지워지거나, 포장공사로 덮여졌다면 횡단보도 효력 상실

핵심 093 무면허운전의 유형

① 운전면허를 취득하지 않고 운전하는 행위
② 운전면허 적성검사기간 만료일로부터 1년간의 취소유예기간이 지난 면허증으로 운전하는 행위
③ 운전면허 취소처분을 받은 후에 운전하는 행위
④ 운전면허 정지기간 중에 운전하는 행위
⑤ 제2종 운전면허로 제1종 운전면허를 필요로 하는 자동차를 운전하는 행위
⑥ 제1종 대형면허로 특수면허가 필요한 자동차를 운전하는 행위
⑦ 운전면허시험에 합격한 후 운전면허증을 발급받기 전에 운전하는 행위

핵심 094 음주운전인 경우

불특정 다수인이 이용하는 도로와 특정인이 이용하는 주차장 또는 학교 경내 등에서의 음주운전도 형사처벌 대상

① 0.03% 미만에서의 음주운전은 처벌 불가
② 특정인만이 이용하는 장소에서의 음주운전으로 인한 운전면허 행정처분은 불가

핵심 095 승객 추락방지의무에 해당하는 경우

① 문을 연 상태에서 출발하여 타고 있는 승객이 추락한 경우
② 승객이 타거나 또는 내리고 있을 때 갑자기 문을 닫아 문에 충격된 승객이 추락한 경우
③ 버스운전자가 개·폐 안전장치인 전자감응장치가 고장난 상태에서 운행 중에 승객이 내리고 있을 때 출발하여 승객이 추락한 경우

핵심 096 승객 추락방지의무위반 사고의 성립요건

항목	내용	예외사항
1. 장소적 요건	• 승용, 승합, 화물, 건설기계 등 자동차에만 적용	• 이륜자동차 및 자전거는 제외
2. 피해자 요건	• 탑승 승객이 개문되어 있는 상태로 출발한 차량에서 추락하여 피해를 입은 경우	• 적재되어 있는 화물의 추락 사고는 제외
3. 운전자 과실	• 차의 문이 열려 있는 상태로 출발하는 행위	• 차량이 정지하고 있는 상태에서의 추락은 제외

※ 승객 또는 승하차자 추락방지조치 위반 : 범칙금 7만 원, 벌점 10점

핵심 097 어린이 보호의무위반 사고의 성립요건

항목	범칙금(승합자동차)	벌점
1. 장소적 요건	• 어린이 보호구역으로 지정된 장소	• 어린이 보호구역이 아닌 장소
2. 피해자 요건	• 어린이가 상해를 입은 경우	• 성인이 상해를 입은 경우
3. 운전자 과실	• 어린이에게 상해를 입힌 경우	• 성인에게 상해를 입힌 경우

핵심 098 대형사고

3명 이상이 사망(교통사고 발생일부터 30일 이내에 사망)하거나 20명 이상의 사상자가 발생한 사고

핵심 099 요 마크(Yaw mark)

급핸들 등으로 인하여 차의 바퀴가 돌면서 차축과 평행하게 옆으로 미끄러진 타이어의 마모흔적

핵심 100 충돌

차가 반대방향 또는 측방에서 진입하여 그 차의 정면으로 다른 차의 정면 또는 측면을 충격한 것

핵심 101 추돌

2대 이상의 차가 동일방향으로 주행 중 뒤차가 앞차의 후면을 충격한 것

핵심 102 접촉

차가 추월, 교행 등을 하려다가 차의 좌우 측면을 서로 스친 것

핵심 103 추락

차가 도로변 절벽 또는 교량 등 높은 곳에서 떨어진 것

핵심 104 뺑소니 사고의 처리 관계법령

① 인명피해사고는 「특정범죄가중처벌 등에 관한 법률」 제5조의3을 적용하여 기소의견으로 송치
② 물적 피해사고는 도로교통법 제148조를 적용하여 기소의견으로 송치

핵심 105 교통사고 발생 시 피해자와 가해자 간의 손해배상 합의기간을 사고를 접수한 날로부터 주는 기간

2주간 이내(특례적용제외자는 해당 없음)

핵심 106 교통사고로 처리하지 아니하고 업무주무기능에 인계하는 사고

① 자살・자해(自害) 행위로 인정되는 경우
② 확정적 고의(故意)에 의하여 타인을 사상하거나 물건을 손괴한 경우
③ 낙하물에 의하여 차량 탑승자가 사상하였거나 물건이 손괴된 경우
④ 축대, 절개지 등이 무너져 차량 탑승자가 사상하였거나 물건이 손괴된 경우
⑤ 사람이 건물, 육교 등에서 추락하여 진행 중인 차량과 충돌 또는 접촉하여 사상한 경우

핵심 107 안전거리

같은 방향으로 가고 있는 앞차가 갑자기 정지하게 되는 경우 그 앞차와의 추돌을 피할 수 있는 필요한 거리로 정지거리보다 약간 긴 정도의 거리

핵심 108 정지거리

공주거리와 제동거리를 합한 거리

02 출제예상문제

01 여객자동차 운수사업법령

01 여객자동차 운수사업법의 목적에 대한 설명이다. 이 법의 목적에 해당되는 것으로 다른 문항은?

① 자동차의 성능 및 안전을 확보
② 여객자동차 운수사업법에 관한 질서 확립
③ 여객의 원활한 운송과 공공복리 증진
④ 여객자동차 운수사업의 종합적인 발달 도모

해설 ①은 "자동차관리법의 제정목적"이므로 달라 정답은 ①이다.

02 여객자동차 운수사업법에서 사용하는 용어의 정의에 대한 설명이다. 이 법에서 사용하는 용어가 아닌 문항은?

① 노선 : 자동차를 정기적으로 운행하거나 운행하려는 구간을 말한다.
② 운행계통 : 노선의 기점(起點)·종점(終點)과 그 기점·종점·운행거리·운행횟수 및 운행대수를 총칭한 것
③ 정류소 : 여객이 승차 또는 하차할 수 있도록 노선 사이에 설치한 장소
④ 자동차전용도로 : 자동차만 다닐 수 있도록 설치된 도로

해설 ④의 문항은 "도로교통법"에서 사용하는 용어로 달라 정답은 ④이다. 이외에 "여객자동차 운송사업", "관할관청", "여객자동차터미널"이 있다.

03 자동차를 정기적으로 운행하거나 운행하려는 구간에 해당하는 용어에 해당하는 문항은?

① 정류소　② 노선
③ 터미널　④ 버스역

해설 ②의 노선으로 정답은 ②이다.

04 노선의 기점(起點)·종점(終點)과 그 기점·종점 간의 운행경로, 운행거리, 운행횟수 및 운행대수를 총칭한 용어에 해당하는 문항은?

① 운행노선
② 운행계통
③ 운행수단
④ 운행요령

해설 ②의 운행계통으로 정답은 ②이다.

05 관할이 정해지는 국토교통부장관이나 특별시장, 광역시장, 도지사 또는 특별자치도지사를 일컫는 용어의 명칭의 문항은?

① 관할기관
② 관할관청
③ 관할부처
④ 관할소관

해설 ②의 명칭 관할관청으로 정답은 ②이다.

Answer 01 ① 02 ④ 03 ② 04 ② 05 ②

06

여객이 승차(乘車) 또는 하차(下車)할 수 있는 노선 사이에 설치한 장소의 용어인 것에 해당한 문항은?

① 정류장
② 정류소
③ 정거장
④ 역(驛)

해설 ②의 문항 정류소로 정답은 ②이다.

07

여객자동차 운송사업에서 "구역(區域) 여객자동차 운송사업"의 종류에 대한 설명이다. 해당되지 않는 문항은?

① 특수여객자동차 운수사업
② 전세버스 운송사업
③ 수요응답형 여객자동차 운송사업
④ 시외버스 운송사업

해설 ④의 문항은 "여객자동차 운송사업의 종류"로 틀려, 정답은 ④이다.

08

"농업 · 농촌 및 식품산업 기본법" 제3조 제5호에 따른 농촌과 "수산업 · 어촌 발전기본법" 제3조 제6호에 따른 어촌을 기점 또는 종점으로 하고, 운행계통 · 운행시간 · 운행횟수를 여객의 요청에 따라 탄력적으로 운영하여 여객을 운송하는 사업에 해당하는 여객자동차 운송사업에 해당하는 운송사업의 문항은?

① 전세버스 운송사업
② 특수여객자동차 운송사업
③ 수요응답형 여객자동차 운송사업
④ 광역급행형 버스 운송사업

해설 문제 ③의 문항 "수요응답형 여객자동차 운송사업"에 해당하므로 정답은 ③이다.

09

주로 시 · 군 · 구의 단일 행정구역에서 기점 · 종점의 특수성이나 사용되는 자동차의 특수성 등으로 인하여 다른 노선 여객자동차 운송사업자가 운행하기 어려운 구간을 대상으로 국토교통부령으로 정하는 기준에 따라 운행계통을 정하고 국토교통부령으로 정하는 자동차를 사용하여 여객을 운송하는 사업의 명칭에 해당하는 문항은?

① 시내버스 운송사업
② 마을버스 운송사업
③ 시외버스 운송사업
④ 농어촌버스 운송시업

해설 "마을버스 운송사업"에 해당되어 정답은 ②이다.
※ 관할관청은 지역주민의 편의 또는 지역 여건상 특히 필요한 경우 해당 구역의 경계로부터 5km의 범위에서 연장하여 운행하게 할 수 있다.

10

여객의 특수성, 또는 수요의 불규칙 등으로 인하여 노선버스를 운행하기 어려운 경우로 운행을 허가할 수 있는 행정행위에 해당하는 사업면허로 맞는 문항은?

① 특수면허
② 한정면허
③ 개인면허
④ 운송면허

해설 ②의 "한정면허"로 정답은 ②이다.

Answer 06 ② 07 ④ 08 ③ 09 ② 10 ②

11 **노선 여객자동차 운송사업의 한정면허를 받을 수 있는 사유이다. 틀린 문항은?**

① 수익성이 없어 노선운송사업자가 운행을 기피하는 노선으로서 관할관청이 보조금을 지급하려는 경우
② 버스전용차로의 설치 및 운행계통의 신설 등 버스교통체계 개선을 위하여 대통령령으로 정한 경우
③ 신규노선에 대하여 운행형태가 광역급행형인 시내버스 운송사업을 경영하려는 자의 경우
④ 수요응답형 여객자동차 운송사업을 경영하려는 자의 경우

해설 ②의 문항 끝에 "대통령령으로 정한 경우"는 틀리고, "시 · 도의 조례로 정한 경우"가 맞으므로 정답은 ②이다.

12 **운송사업자는 사업용 자동차에 의해 중대한 교통사고가 발생한 경우 지체 없이 국토교통부장관 또는 시 · 도지사에게 보고하여야 한다. 중대한 교통사고에 해당되지 않은 문항은?**

출제빈도

① 전복사고 또는 화재가 발생한 사고
② 사망자 2명이 이상 또는 사망자 1명과 중상자 3명 이상
③ 중상자 6명 이상의 사람이 죽거나 다친 사고
④ 사망자 3명 이상 사고

해설 ④의 문항 "사망자 3명 이상 사고"는 틀리고, "사망자 2명 이상"이 맞으므로 틀려 정답은 ④이다.

13 **운송사업자는 중대한 교통사고가 발생하였을 때 사고의 개략적인 상황을 시 · 도지사에게 1차 보고하여야 할 시간과 사고보고서를 작성하여 2차 보고하여야 할 시간에 대한 설명이다. 맞는 것에 해당한 문항은?**

출제빈도

① 10시간과 24시간 이내
② 15시간과 24시간 이내
③ 24시간과 72시간 이내
④ 48시간과 72시간 이내

해설 ③의 문항이 옳으므로 정답은 ③이다.

14 **운송사업자는 운전업무 종사자격을 갖추고 여객자동차 운송사업의 운전업무에 종사하는 자에 관한 사항(전월 말일 현재 운수종사자의 현황)을 시 · 도지사에게 통보하여야 한다. 그 통보하여야 할 기일로 맞는 것에 해당하는 문항은?**

출제빈도

① 매월 10일까지
② 매월 15일까지
③ 매월 20일까지
④ 매월 30일까지

해설 ①의 문항이 옳으므로 정답은 ①이다. 통보받은 시 · 도지사는 이를 종합하여 국토교통부장관(한국교통안전공단)에게 보고하여야 한다.

Answer 11 ② 12 ④ 13 ③ 14 ①

15 여객자동차 운송사업(버스)의 운전업무에 종사하려는 사람의 자격요건이다. 자격요건으로 틀린 문항은?

출제빈도

① 19세 이상으로서 사업용 운전경력이 1년 이상일 것
② 사업용 자동차를 운전하기에 적합한 운전면허를 보유하고 있을 것
③ 국토교통부장관이 정하는 운전적성정밀검사에 적합할 것
④ 한국교통안전공단이 시행하는 버스운전자격시험에 합격한 후 운전자격의 등록에 따라 자격을 취득할 것

해설 ①의 문항 중 "19세 이상으로서"는 틀리고, "20세 이상으로서"가 맞아 정답은 ①이다.

16 운전적성정밀검사(신규검사 · 특별검사 · 자격유지검사)에 대한 설명이다. 틀리게 설명되어 있는 문항은?

출제빈도

① 신규검사 : 여객자동차 운송사업법 자동차 또는 화물자동차 운수사업법에 따른 화물자동차 운송사업용 자동차의 운전업무에 종사하다가 퇴직한 자로서 신규검사를 받은 날부터 3년이 지난 후 재취업하려는 자. 다만 재취업일까지 무사고 운전한 경우는 제외
② 자격유지검사 : 65세 이상 70세 미만인 사람(자격유지검사의 적합판정을 받고 3년이 지나지 아니한 사람은 제외한다) · 70세 이상인 사람(자격유지검사 적합판정 후 1년 미경과 자)
③ 특별검사 : 경상 이상의 사상(死傷) 사고를 일으킨 자
④ 특별검사 : 과거 1년간 운전면허 행정처분기준에 따라 계산한 누산점수가 81점 이상인 자

해설 ③의 문항 중 "경상 이상의"가 아니고, "중상 이상의"가 옳으며, "특별검사에서 질병, 과로, 그 밖의 사유로 안전운전을 할 수 없다고 인정되는 자인지 알기 위하여 운송사업자가 신청한 자"가 있다. 정답은 ③이다.

17 버스운전 자격시험은 필기시험으로 한다. 합격의 점수에 해당하는 점수로 맞는 문항은?

출제빈도

① 총점의 5할 이상을 얻은 사람을 합격자로 한다.
② 총점의 6할 이상을 얻은 사람을 합격자로 한다.
③ 총점의 7할 이상을 얻은 사람을 합격자로 한다.
④ 총점의 8할 이상을 얻은 사람을 합격자로 한다.

해설 ②의 문항이 옳으므로 정답은 ②이다.

18 교통안전체험교육의 실시방법은 집합교육의 방법으로 실시하고 있다. 그 교육시간으로 맞는 문항은?

출제빈도

① 24시간 교육
② 28시간 교육
③ 32시간 교육
④ 48시간 교육

해설 ①의 문항 "24시간 교육"이 기준 교육시간으로 정답은 ①이다.

15 ① 16 ③ 17 ② 18 ①

19 버스운전 자격시험에 합격한 사람 또는 교통안전체험교육을 수료한 사람은 합격자 발표일로부터 며칠 이내에 버스운전 자격증의 발급을 신청하여야 하는가. 그 기간으로 맞는 문항은?

① 10일 이내
② 20일 이내
③ 30일 이내
④ 45일 이내

해설 ③의 문항 "30일 이내"가 기준으로 정답은 ③이다.

20 운송사업자가 차내에 운전자격증명을 항상 게시하지 아니 하는 경우의 자동차의 행정처분이다. 옳은 문항은?

① 운행정지 : 10일
② 운행정지 : 7일
③ 운행정지 : 5일
④ 운행정지 : 없음

해설 ③의 문항 "운행정지 : 5일"이 맞으므로 정답은 ③이다.

21 운송사업자가 차내에 운전자격증명을 항상 게시하지 아니한 경우에 벌칙으로 가하는 과징금이다. 틀린 문항은?

① 시내버스 · 농어촌버스 · 마을버스 : 10만 원
② 시외버스 : 10만 원
③ 전세버스 : 10만 원
④ 특수여객(장의) : 15만 원

해설 ④의 문항 "15만 원"은 틀리고, "10만 원"이 옳으므로 정답은 ④이다.

22 운송사업자가 운송종사자의 자격요건을 갖추지 아니한 사람을 운전업무에 종사하게 한 경우 "1차 · 2차 위반 과징금" 부과에 대한 설명이다. 틀린 문항은? (괄호 안은 2차 위반 시)

① 시외버스 : 500만 원 (1,000만 원)
② 전세버스 : 500만 원 (1,000만 원)
③ 특수여객 : 360만 원 (720만 원)
④ 시내버스 : 360만 원 (720만 원)

해설 ④의 시내, 농어촌, 마을버스의 과징금도 500만 원으로 정답은 ④이다. 2차 위반 시는 각각 1,000만 원이며, 특수여객은 720만 원이다.

23 여객자동차 운수종사자격의 결격사유이며 반드시 자격취소를 해야 하는 사유이다. 해당되지 않은 문항은?

① 피성년 후견인
② 파산선고를 받고 복권(復權)된 자
③ 여객자동차 운수사업법을 위반하여 징역 이상의 실형을 선고받고 그 집행이 끝나거나(집행이 끝난 것으로 보는 경우 포함), 면제된 날부터 2년이 지나지 아니한 자
④ 여객자동차 운수사업법을 위반하여 징역 이상의 형의 집행유예를 선고받고 그 집행유예 기간 중에 있는 자

해설 ②의 문항은 결격자가 아니므로 정답은 ②이다.

19 ③ 20 ③ 21 ④ 22 ④ 23 ②

24 운송사업자는 새로 채용한 운수종사자에 대하여는 운전업무를 시작하기 전에 운수종사자의 교육(퇴직 후 2년 이내 다시 취업자는 제외)을 받아야 한다고 규정되어 있다. 신규 교육시간으로 맞는 문항은?

① 8시간 이상
② 16시간 이상
③ 24시간 이상
④ 32시간 이상

해설 ②의 문항이 옳으므로 정답은 ②이다.

25 여객자동차 운수사업에 사용되는 자동차의 연한(차령) 및 운행거리를 넘겨 운행하지 못한다는 것에 대한 설명이다. 잘못 설명된 문항은?

① 승용자동차(특수여객자동차 운송사업용 : 경형・중형・소형) : 6년
② 승용자동차(특수여객자동차 운송사업용 : 대형) : 10년
③ 승합자동차(특수여객자동차 운송사업용) : 10년 6월
④ 승합자동차(그 밖의 사업용) : 8년

해설 ④의 문항 "8년"은 틀리고, "9년"이 옳으므로 정답은 ④이다.

26 여객자동차 운수사업에 사용되는 자동차의 대폐차에 충당되는 승합자동차의 차량충당연한에 대한 설명이다. 옳은 문항은?

① 3년 ② 4년
③ 5년 ④ 6년

해설 ①의 문항이 옳으므로 정답은 ①이다. 승용자동차는 1년이다.

27 차량충당연한의 기산일에서 "제작연도에 등록된 자동차"의 차량충당연한의 기산일로 맞는 문항은?

① 최초의 신규 등록일
② 제작연도의 말일
③ 최초의 제작일
④ 제작 후 운행시작일

해설 ①의 문항이 맞아 정답은 ①이다. "제작연도에 등록되지 아니한 자동차는 제작연도의 말일"이다.

28 여객자동차 운수사업자에게 사업정지 처분에 갈음하여 부과・징수할 수 있는 과징금의 금액으로 맞는 문항은?

① 1천만 원 이하 과징금
② 3천만 원 이하 과징금
③ 5천만 원 이하 과징금
④ 7천만 원 이하 과징금

해설 ③의 문항이 옳으므로 정답은 ③이다.

29 여객자동차 운수사업자가 "신고한 운임 및 요금 등 이외에 부당한 요금을 받은 경우" 1차 위반 과징금이다. 틀린 문항은?

① 시내버스 20만 원
② 농어촌버스 20만 원
③ 마을버스 20만 원
④ 시외버스 25만 원

해설 ④의 문항 "시외버스 25만 원"은 틀리고, "시외버스 20만 원"이 맞으므로 정답은 ④이다. 2차 위반 30만 원, 3차 이상 위반 60만 원이 부과된다.

24 ② 25 ④ 26 ① 27 ① 28 ③ 29 ④

30 **전세버스 또는 특수여객 자동차운수 사업자가 "주사무소 또는 영업소 외의 지역에서 상시 주차시켜 영업한 경우" 1차 또는 2차 등 위반을 한 때의 위반별 과징금이다. 틀린 것에 해당하는 문항은?**

① 1차 위반 시 : 각각 120만 원
② 2차 위반 시 : 각각 180만 원
③ 3차 이상 위반 시 : 각각 360만 원
④ 3차 이상 위반 시 : 각각 500만 원

해설 ④의 문항이 틀려 정답은 ④이다. 3차 이상 위반 시 전세버스 360만 원, 특수여객 360만 원이다.

31 출제빈도 **시외 · 시내 · 전세 · 특수여객버스 등이 "자동차 안에 게시하여야 할 사항을 게시하지 아니한 경우" 1차 위반한 때 과징금으로 틀린 문항은?**

① 시내 · 농어촌 · 마을버스 : 20만 원
② 시외버스 : 20만 원
③ 전세버스 : 20만 원
④ 특수여객 : 30만 원

해설 ④의 "특수여객자동차의 과징금 30만 원은 틀리고", "과징금 20만 원"이 옳으므로 정답은 ④이다. 2차 위반 시는 각각 40만 원의 과징금이 부과된다.

32 출제빈도 **여객자동차 운수사업자(시내. 농어촌. 마을버스, 시외버스, 전세버스, 특수여객버스)가 "버스의 앞바퀴에 재생 타이어를 사용한 경우" 1차 위반을 한 때 부과되는 과징금으로 맞는 문항은?**

① 180만 원
② 720만 원
③ 360만 원
④ 1,080만 원

해설 ③의 문항이 옳으므로 정답은 ③이다. 2차 위반은 ②의 720만 원, 3차 이상 위반은 ④의 1,080만 원이다.

33 **시외 또는 전세 버스가 앞바퀴에 튜브리스 타이어를 사용하여야 할 자동차에 이를 사용하지 않는 경우를 위반하였을 때 틀린 과징금은?**

① 1차 위반 시 : 각각 360만 원
② 2차 위반 시 시외 · 전세버스 : 720만 원
③ 3차 이상 위반 시 시외 · 전세버스 : 1,080만 원
④ 1차 위반 시 특수여객 : 360만 원

해설 ④의 문항에서 특수여객은 과징금이 없으므로 정답은 ④이다.

34 출제빈도 **"운행하기 전에 점검 및 확인을 하지 않은 경우"에 대한 과징금 처분이다. 틀린 문항은?**

① 시내 · 농어촌 · 마을버스 : 1차 위반 시 각각 10만 원
② 시외버스 : 1차 위반 시 10만 원
③ 전세버스 · 특수여객 : 2차 위반 시 각각 15만 원
④ 시내 · 시외 · 전세버스 : 3차 위반 시 각각 20만 원

해설 ④의 문항 3차 이상 위반은 해당 없으므로 정답은 ④이다.

Answer 30 ④ 31 ④ 32 ③ 33 ④ 34 ④

35 "여객이 동반하는 6세 미만인 어린아이 1명은 운임이나 요금을 받지 아니하고 운송하여야 한다는 규정을 위반하여 어린아이의 운임을 받는 경우"를 위반한 때 과태료에 해당하는 것으로 틀린 문항은?

① 1회 위반 시 : 5만 원
② 2회 위반 시 : 10만 원
③ 3회 위반 시 : 10만 원
④ 4회 위반 시 : 15만 원

해설 ④의 문항에 대한 과태료 부과 규정은 없는 것으로 정답은 ④이다.

36 "운수종사자의 요건(나이, 운전경력, 운전적성정밀검사 등)을 갖추지 아니하고 여객자동차 운송사업의 운전업무에 종사한 경우"를 위반한 때 과태료이다. 틀린 문항은?

① 1회 위반 시 : 50만 원
② 2회 위반 시 : 50만 원
③ 3회 위반 시 : 50만 원
④ 4회 위반 시 : 75만 원

해설 ④의 문항 규정 4회는 없는 문항으로 정답은 ④이다.

37 운수종사자의 준수사항으로 "정당한 사유 없이 여객의 승차를 거부하거나 여객을 도중에 내리게 하는 행위, 부당한 운임 또는 요금을 받는 행위, 일정한 장소에 오랜 시간 정차하여 여객을 유치(誘致)하는 행위, 문을 완전히 닫지 아니한 상태에서 자동차를 출발시키거나 운행하는 행위"를 위반하였을 경우 과태료이다. 틀린 문항은?

① 1회 위반 시 : 20만 원
② 2회 위반 시 : 20만 원
③ 3회 위반 시 : 20만 원
④ 4회 위반 시 : 25만 원

해설 ④의 문항은 규정에 없으므로 정답은 ④이다.

38 운수종사자의 준수사항으로 "여객자동차 운송사업용 자동차 안에서 흡연을 하는 행위"를 위반한 때의 과태료이다. 틀린 문항은?

출제빈도

① 1회 위반 시 : 10만 원
② 2회 위반 시 : 10만 원
③ 3회 위반 시 : 10만 원
④ 4회 위반 시 : 15만 원

해설 ④의 4회 위반 시에 대한 과태료 부과 규정이 없어 정답은 ④이다.

39 운수종사자가 차량의 출발 전에 여객이 좌석안전띠를 착용하도록 안내하지 않는 경우 과태료 금액으로 틀린 것의 문항은?

출제빈도

① 1회 위반 시 : 3만 원
② 2회 위반 시 : 5만 원
③ 3회 위반 시 : 10만 원
④ 4회 위반 시 : 15만 원

해설 ④의 문항은 없는 과태료 부과 규정이므로 정답은 ④이다.

40 국토교통부장관 또는 시·도지사는 필요하다고 인정하면 소속 공무원으로 하여금 여객자동차 운송사업자 또는 운수종사자의 장부·서류, 그 밖의 물건을 검사하게 하거나 관계인에게 질문하게 할 수 있으나 이에 불응하거나 방해 또는 기피한 경우를 위반하였을 때의 과태료에 대한 설명이다. 틀린 문항은?

① 1차 위반 때 : 50만 원
② 2차 위반 때 : 75만 원
③ 3차 위반 때 : 100만 원
④ 4차 위반 때 : 150만 원

Answer 35 ④ 36 ④ 37 ④ 38 ④ 39 ④ 40 ④

해설 ④의 4차 과태료 부과 규정은 없으므로 정답은 ④이다.

02 도로교통법령

01 **도로교통법에서 정하는 도로에 대한 설명이다. 틀리게 되어 있는 문항은?**

① 도로법에 의한 도로(일반도로 등)
② 유료도로법에 의한 유료도로(통행료 받는 도로)
③ 농어촌도로 정비법에 따른 농어촌도로(이도 등)
④ 그 밖에 현실적으로 특정 다수의 사람 또는 차마가 통행할 수 있도록 비공개된 장소

해설 ④의 문항 중 "특정 다수의 사람"는 틀리고, "불특정 다수의 사람"이 맞으며, "비공개된 장소"는 틀리고, "공개된 장소"가 옳으므로 정답은 ④이다.

02 **도로교통에 관하여 문자 · 기호 또는 등화(燈火)를 사용하여 진행 · 정지 · 방향전환 · 주의 등의 신호를 표시하기 위하여 사람이나 전기의 힘으로 조작하는 장치의 용어의 문항은?**

① 신호기
② 교차로
③ 신호등
④ 안전표지

해설 ①의 "신호기"로서 정답은 ①이다. 도로교통법상의 용어는 "신호등"이 아니고, "신호기"가 옳은 용어이다.

03 **보도와 차도가 구분되지 아니한 도로에서 보행자의 안전을 확보하기 위하여 안전표지 등으로 경계를 표시한 도로의 가장자리 부분의 명칭의 문항은?**

① 갓길
② 길 가장자리 구역
③ 횡단보도(橫斷步道)
④ 보행자 전용도로

해설 ②의 길 가장자리 구역으로 정답은 ②이다.

04 **차마가 한 줄로 도로의 정하여진 부분을 통행하도록 차선(車線)으로 구분한 차도 부분의 용어의 문항은?**

① 차도(車道)
② 차로(車路)
③ 횡단보도(橫斷步道)
④ 차선(車線)

해설 ②의 문항에 해당되어 정답은 ②이다.

05  **자동차는 이를 사용하는 사람 또는 기관 등의 신청에 의하여 지방경찰청장이 지정한 긴급자동차 등이다. 아닌 문항은?**

① 전기 또는 가스사업차(위험방지용 응급작업차)
② 민방위업무 수행차(긴급예방 및 긴급복구차)
③ 혈액공급차량, 소방차, 구급차, 범죄수사차 등
④ 도로관리 응급작업차(도로상의 위험방지 응급작업차 등)

Answer 01 ④ 02 ① 03 ② 04 ② 05 ③

해설 ③의 문항의 차는 법으로 지정된 긴급자동차로 정답은 ③이다. ①, ②, ④ 이외에 전신, 전화의 수리공사 응급작업차, 긴급배달 우편물의 운송자동차, 전파감시업무에 사용되는 자동차가 있다.

06

출제빈도

"유아교육법"에 따른 유치원, "초 · 중등교육법"에 따른 초등학교 및 특수학교의 시설에서 사용하는 어린이 통학버스를 이용하는 어린이의 연령에 대한 설명이다. 맞는 문항은?

① 13세 미만의 사람
② 14세 미만의 사람
③ 15세 미만의 사람
④ 16세 미만의 사람

해설 ①의 13세 미만의 사람이 맞아 정답은 ①이다.

07

운전자가 승객을 기다리거나 화물을 싣거나 차가 고장이 나거나 그 밖의 사유로 계속 정지상태에 두는 것 또는 운전자가 차에서 떠나서 즉시 그 차를 운전할 수 없는 상태에 두는 것의 용어에 대한 설명이다. 맞는 용어의 문항은?

① 정차　② 주차
③ 운전　④ 서행

해설 ②의 문항이 맞아 정답은 ②이다. 이외에 "정차 : 운전자가 5분을 초과하지 아니하고 차를 정지시키는 것"으로서 주차 외의 상태가 있다.

08

출제빈도

도로(술에 취한 상태에서의 운전금지, 과로한 때 등의 운전금지, 사고 발생 시의 조치 등은 도로 외의 곳을 포함)에서 차마를 그 본래의 사용방법에 따라 사용하는 것(조종을 포함)의 용어에 해당하는 문항은?

① 정차　② 운전
③ 주차　④ 서행

해설 ②의 문항이 맞아 정답은 ②이다.

09

"운전자가 차를 즉시 정지시킬 수 있는 정도의 느린 속도로 진행하는 것"의 용어에 대한 설명이다. 해당되는 문항은?

① 정지　② 일시정지
③ 일단정지　④ 서행

해설 ④의 문항이 맞아 정답은 ④이다.

10

출제빈도

차량신호등(원형등화) 중 "황색의 등화" 뜻에 대한 설명이다. 틀린 의미의 문항은?

① 차마는 우회전을 할 수 없고, 우회전하는 경우에는 보행자의 횡단을 방해하지 못한다.
② 차마는 정지선이 있을 때에는 그 직전이나 교차로 직전에서 정지한다.
③ 차마는 횡단보도가 있을 때에는 그 직전에 정지한다.
④ 이미 교차로에 차마의 일부라도 진입한 경우에는 신속히 교차로 밖으로 진행하여야 한다.

해설 ①의 문항 중 "할 수 없고"는 틀리고, "할 수 있다"가 맞으므로 정답은 ①이다.

11

출제빈도

차마는 다른 교통 또는 안전표시의 표시에 주의하면서 진행할 수 있는 차량신호등에 대한 설명이다. 옳은 문항은?

① 황색화살표의 등화(화살)
② 적색등화의 점멸(원형)
③ 황색등화의 점멸(원형)
④ 적색화살표의 등화(화살)

해설 ③의 "황색등화의 점멸"이 옳아 정답은 ③이다.

06 ①　07 ②　08 ②　09 ④　10 ①　11 ③

12 **버스 신호등 중 "전용차로에 있는 버스가 직진할 수 있는 신호등"에 대한 설명이다. 맞는 문항은?**

① 황색의 등화
② 녹색의 등화
③ 적색점멸의 등화
④ 황색점멸의 등화

해설 ②의 문항에 해당되어 정답은 ②이다.

13 **버스 신호등 중 버스전용차로에 있는 차마가 다른 교통 또는 안전표지의 표시에 주의하면서 진행할 수 있는 신호에 해당한 문항은?**

① 녹색의 등화
② 황색의 등화
③ 적색등화의 점멸
④ 황색등화의 점멸

해설 ④의 문항 "황색등화의 점멸" 신호이므로 정답은 ④이다.

14 **교통안전표지의 종류의 나열 순서이다. 맞는 문항은?**

① 주의표지, 지시표지, 규제표지, 노면표지, 보조표지
② 노면표지, 보조표지, 지시표지, 규제표지, 주의표지
③ 보조표지, 노면표지, 주의표지, 규제표지, 지시표지
④ 주의표지, 규제표지, 지시표지, 보조표지, 노면표지

해설 ④의 규정 순서로 나열되어 있어 정답은 ④이다.

15 **도로상태가 위험하거나 도로 또는 그 부근에 위험물이 있는 경우에 필요한 안전조치를 할 수 있도록 이를 도로사용자에게 알리는 표지의 명칭 문항은?**

① 지시표지 ② 주의표지
③ 규제표지 ④ 노면표지

해설 ②의 "주의표지"의 의미로 정답은 ②이다.

16 **도로의 통행방법, 통행구분 등 도로교통의 안전을 위하여 필요한 지시를 하는 경우에 도로사용자가 이에 따르도록 알리는 표지에 해당하는 표지 명칭 문항은?**

① 주의표지 ② 규제표지
③ 노면표지 ④ 지시표지

해설 ④의 지시표지의 내용으로 정답은 ④이다.

17 **고속도로 외의 도로에서 대형승합자동차, 화물자동차, 특수자동차, 건설기계의 통행차로 기준으로 맞는 문항은?**

① 왼쪽 차로 ② 2차로
③ 오른쪽 차로 ④ 1차로

해설 오른쪽 차로가 통행기준으로 정답은 ③이다. 승용자동차, 경형 · 중형 승합자동차는 왼쪽이 통행차 기준이다.

18 **고속도로 편도 3차로 이상에서 오른쪽 차로의 통행차 기준이다. 왼쪽 통행차 기준의 주행차로로 맞는 차의 문항은?**

① 화물자동차
② 중형승합자동차
③ 특수자동차
④ 건설기계

해설 중형승합자동차는 왼쪽 차로 통행차이다. 정답은 ②이다.

Answer 12 ② 13 ④ 14 ④ 15 ② 16 ④ 17 ③ 18 ②

19 편도 3차로 이상 고속도로에서 왼쪽 차로의 통행차 기준이다. 오른쪽 통행 자동차 기준의 주행차로로 맞는 문항은?

① 경형승합자동차
② 중형승합자동차
③ 승용자동차
④ 건설기계(덤프차 등)

해설 ①, ②, ③의 차는 왼쪽 차로가 통행차 기준 주행차로이며, ④의 차는 오른쪽 차로로 정답은 ④이다.

20 자동차가 도로에서 통행을 할 때 최고속도에 대한 설명이다. 맞지 않은 문항은?

① 일반도로 편도 1차로 : 매시 60km 이내
② 일반도로 편도 2차로 이상 : 매시 80km 이내
③ 고속도로(편도 1차로) : 매시 80km
④ 자동차 전용도로 : 매시 100km 이내

해설 ④의 자동차전용도로의 최고속도는 매시 90km이며, 최저속도는 매시 30km로 정답은 ④이다.

21 편도 2차로 이상 모든 고속도로를 자동차가 통행할 때의 법정속도에 대한 설명이다. 틀린 문항은?

① 승합자동차 : 최고속도 매시 100km
② 적재중량 1.5톤을 초과하는 위험물 운반자동차, 건설기계 : 매시 80km
③ 적재중량 1.5톤을 초과하는 화물(특수)자동차 : 최고속도 매시 90km
④ ①, ②, ③ 자동차의 최저속도는 매시 50km이다.

해설 ③의 화물(특수)자동차의 최고속도는 80km이며, 최저속도는 매시 50km로 정답은 ③이다.

22 경찰청장이 지정 고시한 고속도로 노선 또는 구간(중부, 제2중부, 논산-천안 간, 서해안)에서의 속도에 대한 설명이다. 잘못된 속도의 문항은?

① 적재중량 1.5톤 초과 화물(특수)자동차 건설기계 : 최고속도 매시 90km
② 승용 또는 승합자동차 : 최고속도 매시 110km
③ ①, ②의 자동차 : 최저속도 매시 60km
④ 위험물운반 자동차, 건설기계 : 최고속도 90km

해설 ③의 최저속도는 ①, ②, ④의 자동차 모두 50km가 맞으며, 정답은 ③이다.

23 자동차 전용도로에서 자동차가 주행할 수 있는 법정속도에 대한 설명이다. 옳은 속도의 문항은?

① 최고속도 : 매시 60km, 최저속도 : 매시 30km
② 최고속도 : 매시 70km, 최저속도 : 매시 40km
③ 최고속도 : 매시 80km, 최저속도 : 매시 35km
④ 최고속도 : 매시 90km, 최저속도 : 매시 30km

해설 ④의 속도가 맞으므로 정답은 ④이다.

24 

편도 2차로 이상의 모든 고속도로에서 비가 내려 노면이 젖어 있는 경우나, 눈이 20mm 미만 쌓인 경우 승합자동차가 주행하여야 할 법에서 규정한 속도로 맞는 문항은?

① 70km ② 80km
③ 90km ④ 100km

19 ④ 20 ④ 21 ③ 22 ③ 23 ④ 24 ②

해설 ②의 문항은 법정속도 100km에서 20%(20km) 감속으로 80km의 속도로 주행하여야 하므로 정답은 ②이다.

25 편도 2차로 이상 일반도로에서 눈이 20mm 미만 쌓인 경우 승용자동차가 주행하여야 할 법에서 규정한 속도에 대한 설명이다. 맞는 속도의 문항은?

출제빈도

① 64km
② 65km
③ 74km
④ 75km

해설 ①의 법정 최고속도 80km에서 20%(80×20=1600m=16km)감속으로 16km를 감속하여야 하므로 64km로 주행하여야 한다. 정답은 ①이다.

26 앞지르기 금지 장소에 대한 설명이다. 앞지르기를 할 수 있는 곳의 문항은?

① 도로의 구부러진 곳
② 택시 승차장 부근
③ 비탈길 고갯마루 부근
④ 터널 안, 교차로, 다리 위

해설 ②의 문항은 앞지르기 금지 장소가 아니며, 정답은 ②이다. ①, ③, ④ 이외에 가파른 비탈길의 내리막이 있다.

27 철길 건널목의 통과방법에 대한 설명이다. 틀린 문항은?

① 건널목 앞에서 일시정지하여 안전을 확인한 후 통과하여야 한다.
② 다만 신호기 등이 표시하는 신호에 따르는 경우에는 정지하지 아니하고 통과할 수 있다.
③ 건널목의 경보기가 울리고 있는 동안에는 그 건널목으로 들어가서는 아니 된다.
④ 건널목의 차단기가 내려져 있거나 내려지려고 하는 경우에도 빨리 통과한다.

해설 ④의 경우에도 건널목 앞에 정지하여야 하므로 정답은 ④이다.

28 교차로 통행방법에 대한 설명이다. 잘못된 문항은?

① 우회전 : 미리 도로의 우측 가장자리를 서행하면서 우회전을 한다.
② 좌회전 : 미리 도로의 중앙선을 따라 서행하면서 교차로의 중심 안쪽을 이용하여 좌회전을 하여야 한다.
③ 우회전이나 좌회전을 하기 위하여 손이나 방향지시기 또는 등화로서 신호를 하는 차가 있는 경우에 그 뒤차의 운전자는 신호를 한 앞차의 진행을 방해하여도 된다.
④ 우회전하는 차의 운전자는 신호에 따라 정지하거나 진행하는 보행자 또는 자전거에 주의하여야 한다.

해설 ③의 문항 중 "앞차의 진행을 방해하여도 된다"는 틀리고, "앞차의 진행을 방해하여서는 아니 된다"가 옳은 문항으로 정답은 ③이다.

Answer 25 ① 26 ② 27 ④ 28 ③

29 **교통정리를 하고 있지 아니하는 교차로에서 좌회전하려고 하는 차의 운전자의 운전방법에 대한 설명이다. 옳은 양보운전의 문항은?**

① 우선순위가 같은 차가 동시에 진입할 때에는 좌측 도로의 차에 진로를 양보해야 한다.
② 우선순위가 같은 차가 동시에 진입할 때에는 중량이 무거운 차량이 우선한다.
③ 안전을 무시하고 운전자가 편리한 대로 진입 운행한다.
④ 교차로에서 직진, 우회전하려는 차가 있을 때에는 그 차에 진로를 양보한다.

해설 ④의 문항 통행방법이 옳으므로 정답은 ④이다.

30 출제빈도 **모든 차 또는 노면전차의 운전자는 도로에 설치된 안전지대에 보행자가 있는 경우와 차로가 설치되지 아니한 좁은 도로에서 보행자의 옆을 지나는 경우의 통행방법이다. 맞는 문항은?**

① 안전한 거리를 두고 진행하여야 한다.
② 안전한 거리를 두고 서행하여야 한다.
③ 보행자 옆을 그대로 진행한다.
④ 경음기를 울리며 진행한다.

해설 ②의 문항이 옳은 방법이므로 정답은 ②이다.

31 출제빈도 **긴급자동차의 특례에 대한 사항이다. 해당 없는 문항은?**

① 자동차의 속도제한(속도를 제한한 경우는 규정을 적용)
② 앞지르기 금지
③ 끼어들기의 금지
④ 앞지르기 방법

해설 ④의 "앞지르기 방법"은 특례 적용에 해당 없어 정답은 ④이다.

32 **정차 및 주차의 금지 장소에 대한 설명이다. 아닌 문항은?**

① 터널 안 및 다리 위
② 교차로의 가장자리 또는 도로의 모퉁이로부터 5m 이내인 곳 또는 안전지대의 사방으로부터 각각 10m 이내의 곳
③ 건널목의 가장자리 또는 횡단보도로부터 10m 이내인 곳
④ 교차로・횡단보도・건널목이나 보도와 차도가 구분된 도로의 보도

해설 ①의 문항은 "주차금지의 장소" 중의 하나로 다르며, ②, ③, ④ 이외에 "버스여객자동차 정류지(停留地) 기둥이나 표지판 또는 선이 설치된 곳으로부터 10m 이내의 곳"이 있다. 정답은 ①이다.

33 출제빈도 **모든 차의 운전자는 승차인원에 관하여 영이 정하는 운행상의 안전기준을 넘어서 승차시켜서는 아니 된다(고속버스 운송사업용 자동차 및 화물자동차는 제외). 그 기준으로 맞는 문항은?**

① 승차정원의 130% 이내일 것
② 승차정원의 120% 이내일 것
③ 승차정원의 110% 이내일 것
④ 승차정원의 100% 이내일 것

29 ④ 30 ② 31 ④ 32 ① 33 ③

해설 ③의 "승차정원의 110% 이내일 것"이 옳아 정답은 ③이다.

34 **운전자 등이 금지하여야 할 사항에 대한 설명이다. 금지사항이 아닌 문항은?**

① 무면허운전 등의 금지(효력 정지기간 운전 포함)
② 술에 취한 상태(법정기준 0.03% 이상)에서는 운전을 금지하여야 한다.
③ 운전면허가 법규위반으로 취소상태이나 취소통지 전 운전 행위
④ 과로, 질병 또는 약물(마약, 대마 등)의 상태의 운전을 금지하여야 한다.

해설 ③의 문항은 "무면허운전"이 아니므로 정답은 ③이다.

35 **자동차 창유리 가시광선의 투과율 기준에 대한 설명이다. 틀린 기준의 문항은?**

출제빈도

① 앞면 창유리 : 70% 미만
② 앞면 창유리 : 70% 이상
③ 운전석 좌측면 창유리 : 40% 미만
④ 운전석 우측면 창유리 : 40% 미만

해설 ②의 투과율의 기준은 70% 미만이므로 정답은 ②이다. 다만 요인(要人) 경호용, 구급용 및 장의용(葬儀 用) 자동차는 제외한다.

36 **모든 운전자가 자동차 운전 중에는 휴대용 전화(자동차용 전화를 포함)를 사용해서는 아니 된다. 휴대용 전화를 사용할 수 없는 경우의 문항은?**

① 자동차 등 노면전차가 정지하고 있는 경우 또는 긴급자동차를 운전하고 있는 경우
② 자동차 운행 중에 걸려온 전화를 받는 경우
③ 각종 범죄 및 재해 신고 등 긴급한 필요가 있는 경우
④ 안전운전에 장애를 주지 아니하는 장치로서 대통령령으로 정하는 장치를 이용하는 경우

해설 ②의 문항의 경우도 전화를 받으면 아니 되므로 정답은 ②이다.

37 **자동차 운전 중에는 방송 등 영상물을 수신하거나 재생한, 장치를 통하여 볼 수 없도록 규정되어 있다. 영상물을 볼 수 있는 경우가 아닌 문항은?**

① 자동차 등 또는 노면전차가 정지하고 있는 경우 또는 자동차 등에 지리안내 영상 또는 교통정보를 안내(GPS)하는 영상
② 자동차 운전 중에 영상물을 시청 또는 영상표시장치를 조작하고 있는 경우
③ 국가비상사태 · 재난상황 등 긴급한 상황을 안내하는 영상
④ 자동차 운전을 할 때 자동차 등 또는 노면전차의 좌우 또는 전후방을 볼 수 있도록 도움을 주는 영상

해설 ②의 문항은 운전자 준수사항에 위반이 되므로 정답은 ②이다.

Answer 34 ③ 35 ② 36 ② 37 ②

38 **어린이 통학버스가 도로에 정차하여 어린이나 유아가 타고 내리는 중임을 표시하는 점멸등 등의 장치를 작동 중일 때(중앙선이 없는 도로와 편도 1차로인 도로에서는 반대방향에서 진행하는 차 포함)에는 통학버스가 정차한 차로와 그 차로의 바로 옆 차로로 통행하는 차의 운전자가 통행방법으로 옳은 문항은?**

① 어린이 통학버스에 이르기 전에 일시정지 후 진행
② 어린이 통학버스에 이르기 전부터 서행으로 진행
③ 어린이 통학버스의 정차와 관계없이 통행한다.
④ 어린이 통학버스에 이르기 전에 일시정지하여 안전을 확인한 후 서행하여야 한다.

해설 ④의 통행방법으로 운행하여야 하므로 정답은 ④이다.

39 **어린이 통학버스로 신고할 수 있는 자동차의 승차정원과 색상의 기준에 대한 설명이다. 맞는 문항은? (한정면허를 받아 어린이를 여객대상으로 한 운송사업용 자동차는 제외)**

① 승차정원 9인승 이상의 황색 자동차
② 승차정원 12인승 이상의 파랑색 자동차
③ 승차정원 15인승 이상의 백색 자동차
④ 승차정원 30인승 이상의 회색 자동차

해설 ①의 문항이 옳은 규정으로 정답은 ①이다. 어린이 1명을 승차정원 1명으로 본다. 어린이 운송용 승합자동차의 색상은 황색이다.

40 **어린이 통학버스를 운영하는 학교 또는 영아보육법에 따른 어린이집의 원장이 전세버스 운송사업자와 운송 계약을 맺은 자동차이어야 하는데 근거 법규에 해당하는 문항은?**

① 자동차 등록령
② 여객자동차 운수사업법 시행령
③ 도로교통법 시행령
④ 자동차 관리법 시행령

해설 ②의 문항 "여객자동차 운수사업법 시행령 제3조 제2호 가"에 명시되어 있다. 정답은 ②이다.

41 **고속도로 및 자동차전용도로에서 자동차 운전자가 통행하는 방법이다. 잘못된 문항은?**

① 갓길(도로법의 길어깨)로 통행해서는 아니 된다.
② 자동차의 고장 등 부득이한 경우에는 통행한다.
③ 긴급자동차 또는 도로의 보수·유지 등의 작업을 하는 자동차로 위험을 방지·제거하거나 응급조치 작업을 위한 자동차는 통행할 수 있다.
④ 이륜자동차가 긴급자동차인 경우에도 통행할 수 없으며, 보행자는 고속도로 또는 자동차전용도로를 통행하거나 횡단하여서는 아니 된다.

해설 ④의 문항은 "긴급자동차인 이륜자동차는 고속도로 또는 자동차전용도로를 통행할 수 있고, 보행자는 통행하거나 횡단을 하여서는 아니 된다"이므로 정답은 ④이다.

38 ④ 39 ① 40 ② 41 ④

42 **고속도로 또는 자동차전용도로 등에서 고장이나 그 밖의 사유로 자동차를 운행할 수 없게 되었을 때 고장자동차 표지의 설치방법으로 틀린 문항은?**

출제빈도

① 자동차 운전자는 고장이나 그 밖의 사유로 자동차를 운행할 수 없게 된 때에는 고장자동차 표지를 설치하여야 한다.
② 고장자동차의 표지를 설치하는 경우 그 자동차의 후방에서 접근하는 운전자가 확인할 수 있는 위치에 설치하여야 한다.
③ 밤에는 고장자동차의 표지와 함께 사방 500m 지점에서 식별할 수 있는 적색의 섬광신호, 전기제등, 불꽃신호를 추가로 설치하여야 한다.
④ 고속도로 등의 정의 : 고속도로만을 뜻한다.

해설 ④의 문항 "고속도로만을 뜻한다"는 틀리고, "고속도로 또는 자동차전용도로"가 맞아 정답은 ④이다.

43 **특별 교통안전교육을 받을 사람이 연기신청서를 제출할 수 있는 사유에 대한 설명이다. 아닌 문항은?**

① 질병이나 부상을 입어 거동이 불가능한 경우
② 법령에 따라 신체의 자유를 구속당한 경우
③ 부모의 상(喪)을 당하여 상중(喪中)인 경우
④ 부모나 자녀가 병원에 입원한 경우

해설 ④의 문항은 부득이한 사유로 볼 수 없어 틀려 정답은 ④이다.
※ 연기한 사람은 사유가 없어진 날부터 30일 이내에 교육을 받아야 한다.

44 **교통안전교육에 대한 설명이다. 교통안전교육에 관계없는 문항은?**

출제빈도

① 특별교통안전교육
② 특별교통안전권장 교육
③ 강의 · 시청각 교육 또는 현장체험 교육
④ 특별음주운전교육

해설 ④의 특별음주운전교육은 '해당없음'으로 정답은 ④이다.

45 **제1종 대형 또는 특수면허를 받으려는 경우의 연령과 운전경력으로 맞는 문항은?**

출제빈도

① 16세 이상, 운전경력 1년 이상인 사람
② 18세 이상, 운전경력 1년 이상인 사람
③ 19세 이상, 운전경력 1년 이상인 사람
④ 20세 이상, 운전경력 1년 이상인 사람

해설 ③의 문항이 옳아 정답은 ③이다.

46 **무면허운전 금지 규정을 위반하여 자동차와 원동기장치자전거를 운전한 경우와 공동위험행위의 금지를 위반하여 사람을 사상한 후 필요한 조치 및 국가경찰관서(경찰공무원)에 신고를 하지 아니한 경우 운전면허를 받을 수 없는 기간의 문항은?**

① 그 취소된 날부터 5년(벌금 이상의 형, 집행유예 선고를 받은 사람에게만 적용)
② 그 위반한 날부터 5년
③ 그 위반한 날부터 3년이 결격기간이다.
④ 그 취소일로부터 4년이 결격기간이다.

해설 ②의 기간이 맞는 결격기간으로 정답은 ②이다.

Answer 42 ④ 43 ④ 44 ④ 45 ③ 46 ②

47

무면허운전 금지 등의 규정을 3회 이상 위반하여 자동차 및 원동기장치자전거를 운전한 경우의 응시결격기간으로 맞는 문항은?

① 그 취소된 날부터 2년
② 그 위반한 날부터 3년
③ 그 위반한 날부터 2년
④ 그 취소된 날부터 3년

해설 ③의 결격기간이 맞으므로 정답은 ③이다.

48

운전면허가 법규위반으로 취소된 날부터 결격기간이 2년인 취소항목의 설명이다. 다른 문항은?

① 무면허운전으로 취소된 후 원동기장치자전거면허 취득 응시 경우
② 음주운전, 경찰공무원의 음주측정을 2회 이상 위반
③ 운전면허를 받을 수 없는 사람이 운전면허를 받거나 또는 거짓이나 그 밖의 부정으로 면허를 취득한 경우
④ 공동위험행위의 금지 규정을 2회 이상 위반하여 취소된 경우와 다른 사람의 자동차와 원동기장치자전거를 훔치거나 빼앗아 취소된 경우

해설 ①의 문항 결격기간은 6월이므로 정답은 ①이다.

49

자동차 운전에 필요한 적성의 기준에 대한 설명이다. 틀린 문항은?

① 제1종 운전면허 : 두 눈을 동시에 뜨고 잰 시력이 0.8 이상, 두 눈의 시력이 각각 0.5 이상일 것
② 제2종 운전면허 : 두 눈을 동시에 뜨고 잰 시력이 0.5 이상, 한쪽 눈을 보지 못하는 사람은 다른 쪽 눈의 시력이 0.7 이상일 것
③ 붉은색, 녹색, 노란색을 구별할 수 있을 것
④ 55데시벨(보청기를 사용하는 사람은 40데시벨)의 소리를 들을 수 있을 것

해설 ②의 문항 중 말미에 "시력이 0.7 이상"은 틀리고 "시력이 0.6 이상"이 맞아 정답은 ②이다.

50

누산점수의 관리에서 당해 위반 또는 사고가 있었던 날을 기준하여 몇 년간을 관리하는가에 대한 설명이다. 맞는 문항은?

① 과거 3년간의 모든 벌점을 누산관리한다.
② 과거 4년간의 모든 벌점을 누산관리한다.
③ 과거 5년간의 모든 벌점을 누산관리한다.
④ 과거 6년간의 모든 벌점을 누산관리한다.

해설 ①의 문항이 옳으므로 정답은 ①이다.

51

도주차량을 검거하거나 신고하여 검거하게 한 운전자에게 부여하는 특혜점수이다. 옳은 문항은?

① 40점　② 50점
③ 60점　④ 70점

해설 ①의 "40점으로 기간에 관계없이 정지・취소처분을 받게 될 경우 각 1회에 한하여 이를 공제한다"이므로 정답은 ①이다.

Answer 47 ③ 48 ① 49 ② 50 ① 51 ①

52 출제빈도

1회의 위반 · 사고로 인한 벌점 또는 연간 누산점수에 도달한 때에는 그 운전면허를 취소하고 있다. 틀린 문항은?

① 1년간 121점 이상
② 2년간 201점 이상
③ 3년간 271점 이상
④ 4년간 351점 이상

해설 ④의 문항은 규정에 없는 사항으로 틀려 정답은 ④이다.

53 출제빈도

벌점이나 처분벌점 초과로 인한 면허정지는 40점 이상이 된 때부터 결정하여 집행하는데 몇 점을 1일로 계산하여 집행하는가 맞는 문항은?

① 원칙적으로 1점을 1일로 계산
② 원칙적으로 2점을 1일로 계산
③ 원칙적으로 3점을 1일로 계산
④ 원칙적으로 4점을 1일로 계산

해설 ①의 문항이 원칙적으로 1점을 1일로 계산하므로 정답은 ①이다.

54

음주운전으로 운전면허 취소처분이나 정지처분을 받을 경우 감경사유에서 제외되는 사항이다. 제외 사항이 아닌 문항은?

① 음주운전 중 인적 피해 교통사고를 일으킨 경우
② 과거 5년 이내에 음주운전의 전력이 있는 경우
③ 경찰관의 음주측정요구에 불응 또는 도주한 때
④ 운전이 가족 생계를 유지할 중요 수단이 될 때

해설 ④는 감경사유 중의 하나이며, 정답은 ④이다. ①, ②, ③ 이외에 혈중알코올농도가 0.12%를 초과하여 운전한 경우, 과거 5년 이내에 3회 이상의 인적 피해 교통사고의 전력이 있는 경우, 단속경찰관을 폭행한 경우가 있다.

55

운전면허 취소처분에 해당하는 취소처분 개별기준이다. 정지처분 개별기준인 문항은?

① 술에 취한 상태의 기준(혈중알코올농도 0.03% 이상 0.08% 미만)을 넘어서 운전한 때
② 교통사고를 일으키고 구호조치를 하지 아니한 때(도주)
③ 술에 취한 상태(0.08% 이상)에서 운전한 때
④ 면허증 소지자가 다른 사람에게 면허증을 대여하여 운전하게 한때(도란, 분실 제외)

해설 ①의 문항은 벌점 100점으로 100일간의 정지사유로 정답은 ①이다.

56 출제빈도

술에 취한 상태(혈중알코올농도 0.03% 이상 0.08% 미만)의 기준을 넘어서 운전한 때의 정지처분 벌점이다. 맞는 문항은?

① 면허 취소
② 40점
③ 60점
④ 100점

해설 ④의 문항은 100점으로 100일간 효력정지에 해당하므로 정답은 ④이다.

Answer 52 ④ 53 ① 54 ④ 55 ① 56 ④

57 자동차 등이 법정속도에서 60km/h를 초과운행으로 속도위반을 하였을 때의 정지처분 벌점으로 맞는 문항은?

① 벌점 60점에 해당
② 벌점 50점에 해당
③ 벌점 30점에 해당
④ 벌점 100점에 해당

해설 ①의 문항 벌점 60점에 해당하므로 정답은 ①이다.

58 다음은 정지처분 개별기준의 벌점 40점에 해당한 위반사항이다. 정지처분 벌점이 다른 문항은?

① 공동위험행위로 형사입건된 때
② 승객의 차내 소란행위 방치운전
③ 출석기간 또는 범칙금 납부기간 만료일부터 60일이 경과될 까지 즉결심판을 받지 아니한 때
④ 속도위반(40km/h 초과 60km/h 이하)

해설 ④는 벌점 30점에 해당되므로 정답은 ④이다.

59 다음의 위반사항은 정지처분 벌점 30점에 해당하는 것이다. 벌점이 다른 문항은?

① 철길 건널목 통과방법 위반 또는 통행구분(중앙선 침범에 한함) 위반, 어린이 통학버스 특별보호위반
② 고속도로. 자동차전용도로 갓길 통행 또는 속도(40km/h 초과 60km/h 이하)위반
③ 운전면허증 등의 제시의무위반(질문불응 포함)
④ 운전 중 휴대용 전화사용, 신호・지시위반

해설 ④는 벌점 15점에 해당되므로 정답은 ④이다

60 정지처분 벌점 10점에 해당하는 위반사항이다. 벌점이 다른 문항은?

① 일반도로 전용차로 통행위반, 안전운전 위무위반
② 어린이 통학버스운전자의 의무위반, 어린이 통학버스 특별보호위반
③ 보행자 보호 불이행(정지선위반 포함), 노상 시비・다툼 등으로 차마의 통행방해행위
④ 지정차로 통행위반(진로변경 금지 장소에서 진로변경 포함)

해설 ②는 벌점 30점에 해당하는 위반사항으로 정답은 ②이다.

61 속도위반 40km/h 초과 60km/h 이하 또는 승객의 차내 소란행위 방치운전을 위반하였을 때의 범칙금이다. 맞는 문항은?

① 13만 원 ② 10만 원
③ 7만 원 ④ 5만 원

해설 ②의 범칙금 10만 원이 맞다. 정답은 ②이다.

62 신호・지시위반, 중앙선 침범・통행구분위반, 철길 건널목 통과방법, 운전 중 휴대용 전화사용, 승차인원 초과, 승객 또는 승하차 추락방지조치 위반, 운전 중 운전자가 볼 수 있는 위치에 영상표시, 운전 중 영상표시장치 조작, 위반을 하였을 때 운전자에게 부과되는 범칙금이다. 맞는 문항은?

① 3만 원 ② 5만 원
③ 7만 원 ④ 10만 원

57 ① 58 ④ 59 ④ 60 ② 61 ② 62 ③

해설 ③의 7만 원이 맞는 범칙금으로 정답은 ③이다.

63 **돌 · 유리병 · 쇳조각이나 그 밖에 도로에 있는 사람이나, 차마를 손상시킬 우려가 있는 물건을 던지거나 발사하는 행위와 도로를 통행하고 있는 차마에서 밖으로 물건을 던지는 행위를 하였을 때의 범칙금이다. 맞는 문항은?**

① 7만 원 ② 6만 원
③ 5만 원 ④ 3만 원

해설 ③의 5만 원이 옳은 범칙금으로 정답은 ③이다. 경사진 곳에서의 정차 · 주차방법 위반도 범칙금 5만 원이 부과된다.

64 **어린이 보호구역 및 노인 · 장애인 보호구역에서 속도위반 60km/h 초과를 하였을 때 차 또는 노면전차의 고용주 등에 부과되는 과태료에 해당되는 문항은?**

① 11만 원 ② 16만 원
③ 17만 원 ④ 18만 원

해설 ③의 17만 원이 맞아, 정답은 ③이다.
※ 과태료 9만 원 : 정차 및 주차의 금지, 주차금지 장소, 정차 또는 주차의 방법 및 제한 위반

65 **어린이 보호구역 및 노인 · 장애인 보호구역에서 승합자동차 운전자가 속도위반 60km/h 초과를 하였을 때 차에 부과되는 범칙금에 해당되는 문항은?**

① 6만 원 ② 10만 원
③ 13만 원 ④ 16만 원

해설 ④의 16만 원이 맞아, 정답은 ④이다. ①의 6만 원은 20km/h 이하, ②는 20km/h 초과 40km/h 이하 위반 시의 범칙금이며, ③은 40km/h 초과 60km/h 이하의 범칙금이다.

66 **발광형 안전표지를 설치할 장소이다. 설치할 장소가 아닌 곳에 해당한 문항은?**

① 안개가 잦은 곳
② 야간 교통사고가 많이 발생하거나 또는 발생 가능성이 높은 곳
③ 도로의 구조로 인하여 가시거리가 충분히 확보되지 않은 곳 등
④ 비, 안개, 눈 등 악천후가 잦아 교통사고가 많이 발생하거나 발생 가능성이 높은 곳, 교통 혼잡이 잦은 곳

해설 ④는 가변형 속도제한표지 설치 장소로 정답은 ④이다.

67 **다음 안전표지의 뜻으로 맞는 문항은?**

① 중앙선이 없다는 표지
② 상습정체구간 표지
③ 도로 끝을 알리는 표지
④ 전방에 터널 있음 표지

해설 ②의 문항이 옳으므로 정답은 ②이다.

68 **다음 안전표지의 뜻으로 맞는 문항은?**

① 양 터널 표지
② 승합자동차 통행금지 표지
③ 과속 방지턱 표지
④ 낙석도로 표지

Answer 63 ③ 64 ③ 65 ④ 66 ④ 67 ② 68 ②

해설 ②의 문항이 맞으므로 정답 ②이다.

69 다음 안전표지의 뜻으로 맞는 문항은?

① 좌측 앞지르기 금지 표지
② 좌회전 및 유턴표지
③ 도로가 구부러진 곳
④ 유턴금지 표지

해설 ②의 문항이 옳으므로 정답은 ②이다.

70 다음 안전표지의 뜻으로 맞는 문항은?

① 좌측 앞지르기 금지 표지
② 견인지역 표지
③ 도로가 구부러진 곳
④ 유턴금지 표지

해설 ②의 문항이 맞아 정답은 ②이다.

71 다음 안전표지의 뜻으로 맞는 문항은?

① 자전거 우선도로 표지
② 버스전용차로 표지
③ 버스전용차로 통행차만 통행할 수 있다.
④ 버스전용차로로 지정된 도로의 중앙 또는 우측에 설치한다.

해설 ①의 문항이 옳으므로 정답은 ①이다.

72 노면표시 4가지 기본색채와 용도에 대한 설명이다. 틀린 문항은?

① 황색 : 중앙선표시, 정차・주차금지표시(반대방향의 교통류 분리 또는 도로이용의 제한 및 지시)
② 청색 : 버스전용차로표시 및 다인승차량 전용차선표시(지정방향의 교통류 분리표시)
③ 적색 : 어린이 보호구역 또는 주거지역 안에 설치하는 속도해제표시의 테두리선
④ 백색 : ①, ②, ③에서 지정된 외의 표시(동일방향의 교통류 분리 및 경계표시)

해설 ③의 문항 중 "속도해제표시"는 틀리고, "속도제한표시"가 옳은 문항이며 정답은 ③이다.

03 교통사고처리특례법

01 차의 교통으로 인한 사고가 발생하여 운전자를 형사 처벌하여야 하는 경우 적용하는 법의 명칭에 해당되는 문항은?

출제빈도

① 교통사고처리특례법
② 도로교통법
③ 특정범죄가중처벌법
④ 형법 제268조

해설 ①의 법에 의하여 처리되므로 정답은 ①이다.

Answer 69 ② 70 ② 71 ① 72 ③ | 01 ①

02 **업무상 과실 또는 중대한 과실로 인하여 사람을 사상(업무상 과실 · 중과실치사상죄)에 이르게 한 자의 형벌이다. 맞는 문항은?**

① 5년 이상의 징역 또는 2천만 원 이하의 벌금에 처한다.
② 5년 이하의 금고 또는 2천만 원 이하의 벌금에 처한다.
③ 2년 이하의 금고나 500만 원 이하의 벌금에 처한다.
④ 2년 이상의 징역이나 500만 원 이상의 벌금에 처한다.

해설 ②의 사항이 맞으므로 정답은 ②이며, ③의 벌칙은 도로교통법 제151조(타인의 건조물, 재물을 손괴한 경우)의 벌칙이다.

03 출제빈도 **차의 교통으로 인하여 사람을 사상하거나 물건을 손괴하는 것의 도로교통법상 용어의 문항은?**

① 교통사고 ② 안전사고
③ 전도사고 ④ 추락사고

해설 ①의 교통사고의 정의로 정답은 ①이다.

04 **교통사고 구비조건에 대한 설명이다. 틀린 문항은?**

① 차에 의한 사고이어야 한다.
② 피해의 결과가 발생(사람 사상 또는 물건 손괴)
③ 교통으로 인하여 발생한 사고이어야 한다.
④ 건조물 등이 떨어져 운전자 또는 동승자가 사상한 경우

해설 ④의 사항은 교통사고로 처리되지 않으며, 안전사고로 처리되므로 정답은 ④이다.

05 **교통사고를 일으킨 차의 운전자를 다음의 어느 하나에 해당하는 경우 공소를 제기할 수 있다. 공소를 제기할 수 없는 문항은?**

① 교통사고를 일으킨 차(운전자)가 보험 또는 공제에 가입된 경우(특례적용사고 제외)에는 공소를 제기할 수 없다.
② 교통사고특례법상 특례적용이 배제되는 사고
③ 피해자 신체의 상해로 인하여 생명에 대한 위험이 발생하거나 불구(不具) 또는 불치(不治)나 난치(難治)의 질병이 생긴 경우
④ 보험계약 및 공제계약이 무효 또는 해지되거나 계약상의 면책규정 등으로 인하여 보험회사, 공제조합 또는 공제사업자의 보험금 또는 공제금 지급의무가 없어진 경우

해설 ①의 사항은 공소를 제기할 수 없는 사고로 정답은 ①이다.

06 **차의 운전자 또는 고용주가 자동차에 대한 보험 또는 공제에 가입되어 있을 때 증명할 수 있는 방법의 문항은?**

① 운전자가 가입한 운전자보험가입증서로 증명한다.
② 보험이나 공제조합 가입사실 증서로 증명한다.
③ 공제사업자가 작성한 서면만으로 증명한다.
④ 보험회사 · 공제조합 또는 공제사업자가 작성한 서면에 의하여 증명되어야 한다.

Answer 02 ② 03 ① 04 ④ 05 ① 06 ④

해설 ④의 문항으로 증명한다가 옳으므로 정답은 ④이다.

07

교통사고 인명피해가 발생하였을 때의 중상해(重傷害)의 범위에 대한 설명이다. 아닌 문항은?

① 생명에 대한 위험 : 생명 유지에 불가결한 뇌 또는 주요장기에 중대한 손상

② 불구 : 사지절단 등 신체 중요부분의 상실, 중대변형이 있는 경우

③ 불구 : 시각. 청각. 언어. 생식기능 등 중요한 신체기능의 일시적 상실의 경우

④ 불치나 난치의 질병 : 사고 후유증으로 중증의 정신장애, 하반신 마비 등의 완치 가능성이 없거나 희박한 중대질병

해설 ③의 문항 끝에 "일시적 상실"은 틀리고 "영구적 상실"이 옳은 문항으로 정답은 ③이다.

08

사고운전자가 피해자를 사망에 이르게 하고 도주하거나, 도주 후에 피해자가 사망한 경우의 벌칙으로 맞는 문항은?

① 무기 또는 5년 이상의 징역에 처한다.

② 사형 · 무기 또는 5년 이상의 징역에 처한다.

③ 3년 이상의 무기징역에 처한다.

④ 1년 이상의 유기징역 또는 500만 원 이상 3천만 원 이하의 벌금에 처한다.

해설 ①의 벌칙이 옳으므로 정답은 ①이다. ④의 벌칙은 피해자를 상해에 이르게 하고 도주한 경우이다.

09

사고운전자가 피해자를 사고 장소로부터 옮겨 유기하고 도주하여 피해자를 사망에 이르게 하고 도주하거나 도주 후에 사망한 경우 벌칙으로 맞는 문항은?

① 사형 · 무기 또는 5년 이상의 징역에 처한다.

② 무기 또는 5년 이상의 징역에 처한다.

③ 3년 이상의 유기징역에 처한다.

④ 1년 이상의 유기징역에 처한다.

해설 ①의 문항에 해당되어 정답은 ①이다. ③의 벌칙은 사고운전자가 피해자를 사고 장소로부터 옮겨 유기하고 도주하여 피해자가 상해에 이르게 한 경우의 벌칙이다.

10

출제빈도

음주 또는 약물의 영향으로 정상적인 운전이 곤란한 자동차(원동기장치자전거 포함)를 운전하여 사망사고가 발생한 경우의 벌칙이다. 옳은 문항은?

① 1년 이상의 유기징역으로 벌한다.

② 1년 6월 이상 유기징역으로 벌한다.

③ 10년 이하의 징역 또는 500만 원 이상 3천만 원 이하 벌금으로 벌한다.

④ 2년 6월 이상 유기징역으로 벌한다.

해설 ①의 문항이 옳아 정답은 ①이다. ③의 벌칙은 사람을 상해에 이르게 한 경우의 벌칙이다.

Answer 07 ③ 08 ① 09 ① 10 ①

11 사망사고의 정의(교통안전법 시행령 별표 3의2)에 대한 설명이다. 맞지 않는 문항은?

출제빈도

① 교통사고에 의한 사망이어야 한다.
② 교통사고 발생 후 30일 이내 사망하여야 한다.
③ 72시간 이후 사망은 사망으로 인정하지 않는다.
④ 72시간 이후 사망원인이 교통사고라면 형사적 책임과 벌점 90점이 부과된다.

해설 ③의 문항은 행정상의 구분이며, 사망원인이 교통사고라면 사망사고로 취급된다. 정답은 ③이다.

12 도주(뺑소니) 교통사고에 해당하는 경우 등에 대한 설명이다. 도주(뺑소니)가 아닌 경우의 문항은?

① 피해자 사상 사실을 인식하거나 예견됨에도 가버린 경우 또는 피해자를 사고현장에 방치한 채 가버린 경우
② 피해자 일행의 구타 · 폭언 · 폭행이 두려워 이탈한 경우 또는 사고 운전자가 자기 자동차 사고에 조치 없이 간 경우
③ 현장에 도착한 경찰관에게 거짓으로 진술한 경우 또는 쌍방과실 사고의 경우 과실 적은 차량이 도주한 경우
④ 사고 운전자를 바꿔치기 하여 신고한 경우 또는 사고 운전자가 연락처를 거짓으로 알려준 경우

해설 ②의 문항은 도주(뺑소니)가 아닌 경우이며, 정답은 ②이다. ①, ③, ④ 이외에 자신의 의사를 제대로 표시하지 못하는 나이 어린 피해자가 "괜찮다"라고 하여 조치 없이 가버린 경우 등이 있다.

13 다음은 신호위반 사고 사례의 설명이다. 틀린 문항은?

① 신호가 변경되기 전에 출발하여 인적 피해를 야기한 경우
② 황색주의신호 시 교차로에 진입하여 인적 피해를 야기한 경우
③ 신호내용을 위반하고 진행하여 인적 피해를 야기한 경우
④ 녹색차량신호에 진행하다 정지선과 횡단보도 사이에서 보행자를 충격한 경우

해설 ④의 문항 중 "녹색"은 틀리고, "적색"이 맞아 정답은 ④이다.

14 자동차 운전자에게 중앙선 침범을 적용하는 경우이다. 적용할 수 없는 경우의 문항은?

① 커브 길에서 과속으로 인한 중앙선 침범의 경우
② 빗길에서 과속으로 인한 중앙선 침범의 경우
③ 차내 잡담 또는 휴대폰 통화 등의 부주의로 중앙선을 침범한 경우와 졸다가 뒤늦은 제동으로 중앙선을 침범한 경우
④ 사고를 피하기 위해 급제동하다 중앙선을 침범한 경우와 위험을 회피하기 위해, 빙판길 또는 빗길에서 미끄러져 중앙선을 침범한 경우

해설 ④는 중앙선 침범을 적용할 수 없는 경우이며, 정답은 ④이다.

Answer 11 ③ 12 ② 13 ④ 14 ④

15 중앙선 침범 사고의 성립요건이다. 예외사항인 문항은?

① 장소적 요건 : 황색실선이나 점선의 중앙선이 설치되어 있는 도로, 또는 자동차전용도로나 고속도로에서 횡단, 유턴, 후진을 한 경우
② 피해자 요건 : 중앙선 침범 자동차에 충돌되어 대물피해만 입은 경우
③ 피해자 요건 : 자동차전용도로나 고속도로 등에서 횡단, 유턴, 후진 자동차에 충돌되어 인적 피해를 입은 경우
④ 시설물 설치요건 : 지방경찰청장이 설치한 중앙선이어야 한다.

해설 ②의 문항 중 "대물피해만 입은 경우"는 틀리고, "인적 피해를 입은 경우"가 옳으며, 정답은 ②이다. 이외에 "운전자 과실"로서 고의적 과실, 의도적 과실, 현저한 부주의에 의한 과실이 있다.

16 속도에 대한 정의 설명이다. 잘못된 문항은?

출제빈도

① 규제속도 : 법정속도(도로별 최고·최저속도)와 제한속도(지방경찰청장의 지정속도)
② 설계속도 : 도로설계의 기초가 되는 자동차의 속도
③ 주행속도 : 정지시간을 포함한 실제 주행거리의 평균 주행속도
④ 구간속도 : 정지시간을 포함한 주행거리의 평균 주행속도

해설 ③의 문항 중 "정지시간을 포함한"은 틀리고 "정지시간을 제외한"이 옳은 문항으로 정답은 ③이다.

17 과속사고의 성립요건에 대한 설명이다. 잘못된 문항은?

① 장소적 요건 : 도로법에 따른 도로, 유료도로법에 따른 도로, 농어촌도로 정비법에 따른 농어촌도로 등 불특정 다수의 사람 또는 차마의 통행을 위하여 공개된 장소로서 안전하고 원활한 교통을 확보할 필요가 있는 장소
② 피해자 요건 : 과속차량(20km/h 초과)에 충돌되어 인적 피해를 입은 경우
③ 운전자 과실 : 고속도로나 자동차전용도로에서 법정속도 21km/h를 초과한 경우(일반도로 법정속도 매시 60km, 편도 2차로 이상의 도로 매시 80km/h에서 20km/h를 초과한 경우 등)
④ 시설물 설치요건 : 지방경찰청장이 설치한 안전표지 중 최고속도제한표지, 속도제한표시, 어린이 보호구역 안 속도제한표시가 설치된 경우

해설 ③의 문항 "21km를 초과한"은 틀리고, "20km를 초과한"이 옳은 내용으로 정답은 ③이다.

18 2차로 이상 고속도로에서 비가 내려 노면이 젖어 있을 때 승합자동차가 감속 주행할 속도로 맞는 문항은?

출제빈도

① 56km/h ② 64km/h
③ 72km/h ④ 80km/h

해설 ④의 주행속도 80km/h로 정답은 ④이다.

최고속도 $-\frac{20}{100}$ 감속 = 주행할 속도

100 − 20 = 80km

Answer 15 ② 16 ③ 17 ③ 18 ④

19 출제빈도

승합자동차가 고속도로 · 자동차전용 도로 등에서 규제속도(법정속도, 제한속도)를 초과운행하였을 때의 행정처분(범칙금)으로 맞지 아니한 문항은?

① 60km/h 초과 : 범칙금 13만 원, 벌점 60점
② 40km/h 초과 60km/h 이하 : 범칙금 10만 원, 벌점 30점
③ 20km/h 초과 40km/h 이하 : 범칙금 7만 원, 벌점 15점
④ 20km/h 이하 : 범칙금 3만 원, 벌점 10점

해설 ④의 경우 벌점 10점은 없으므로, 정답은 ④이다.

20

앞지르기 금지의 시기에 대한 설명이다. 잘못된 문항은?

① 앞차의 좌측에 다른 차가 앞차와 나란히 가고 있는 경우
② 앞차가 다른 차를 앞지르고 있거나 앞지르고자 하는 경우
③ 경찰공무원의 지시에 따르거나 위험을 방지하기 위하여 정지 또는 서행하고 있을 때도 앞지르기를 할 수 있다.
④ 차의 운전자가 위험을 방지하기 위하여 정지하거나 또는 서행하고 있는 다른 차를 앞지르지 못한다.

해설 ③의 경우에는 앞지르기를 할 수 없으므로 정답은 ③이다.

21 출제빈도

다음은 앞지르기 금지의 장소이다. 아닌 문항은?

① 교차로
② 다리 위
③ 터널 안
④ 안전지대

해설 ④는 정차, 주차금지 장소로 정답은 ④이다. 이외에 도로의 구부러진 곳, 비탈길의 고갯마루 부근 또는 비탈길의 내리막, 지방경찰청장이 안전표지로 지정한 곳이 있다.

22 출제빈도

모든 차의 운전자는 도로교통법이나 도로교통법에 의한 명령 또는 경찰공무원의 지시에 따르거나 위험 방지를 위하여 정지 또는 서행하고 있을 때의 금지사항이다. 맞는 문항은?

① 앞지르기 금지
② 끼어들기의 금지
③ 갓길 통행금지
④ 차로변경 금지

해설 ②의 다른 차 앞에 끼어들기의 금지가 옳다. 정답은 ②이다. 이외에 고속도로에서 정체되었을 때 갓길로 통행하여서는 아니 된다.

23

앞지르기 방법 · 금지위반 사고에 따른 행정처분(범칙금)이다. 틀린 문항은? (승합자동차에 한함)

① 앞지르기 방법 위반 : 범칙금 7만 원, 벌점 10점
② 앞지르기 금지시기 위반 : 범칙금 7만 원, 벌점 15점
③ 앞지르기 장소 위반 : 범칙금 7만 원, 벌점 15점
④ 앞지르기 방해금지 위반 : 범칙금 5만 원, 벌점 10점

해설 ④의 문항에서 벌점 10점은 없으므로, 정답은 ④이다.

Answer 19 ④ 20 ③ 21 ④ 22 ② 23 ④

24 **철길 건널목의 종류에 대한 설명이다. 아닌 문항은?**

① 제1종 건널목 : 차단기, 건널목경보기 및 안전표지가 설치되어 있는 경우
② 제2종 건널목 : 건널목경보기 및 안전표지가 설치되어 있는 경우
③ 제3종 건널목 : 안전표지만 설치되어 있는 경우
④ 특별 건널목 : 차단기 등 모든 장치가 설치되어 있는 건널목

해설 ④의 특별 건널목은 규정에 없는 건널목으로 정답은 ④이다.

25 **철길 건널목 통과방법위반 사고의 성립요건이다. 아닌 문항은?**

① 장소적 요건 : 철길 건널목
② 피해자 요건 : 철길 건널목 통과방법 위반 사고로 인적 피해를 입은 경우
③ 운전자 과실 : 철길 건널목 통과방법(건널목 전 일시정지 불이행) 위반 과실
④ 운전자 과실 : 철길 건널목 신호기, 경보기 등의 고장으로 일어난 사고

해설 ④는 성립요건의 예외사항으로 정답은 ④이다.

26 **보행자가 횡단보도를 보행하고 있을 때 보행자로 인정되는 경우이다. 보행자가 아닌 경우의 문항은?**

① 횡단보도로 걸어가는 사람 또는 세발자전거를 타고 횡단보도를 건너는 사람
② 횡단보도 내에서 택시를 잡고 있는 사람
③ 원동기장치자전거나 자전거를 끌고 가는 사람과 원동기장치자전거나 자전거를 타고 가다가 이를 세우고 한발은 페달에 다른 한발은 지면에 서 있는 사람은 보행자로 본다.
④ 원동기장치자전거나 손수레를 끌고 횡단보도를 건너는 사람

해설 ②의 사람은 보행자로 보지 않으므로 정답은 ②이다.

27 **횡단보도로 보행을 할 때 보행자로 인정되지 아니하는 경우에 대한 설명이다. 보행자로 인정되는 경우의 문항은?**

① 횡단보도에서 원동기장치자전거나 자전거를 끌고 가는 사람
② 횡단보도에서 원동기장치자전거나 자전거를 타고 가는 사람
③ 횡단보도 내에서 교통정리를 하고 있는 사람, 택시를 잡고 있는 사람, 화물하역작업을 하고 있는 사람
④ 보도에서 있다가 횡단보도 내로 넘어진 사람, 횡단보도 내에서 누워 있거나. 앉아 있거나 엎드려 있는 사람

해설 ①은 보행자로 인정하는 경우이므로 정답은 ①이다.

28 

횡단보도 노면표시가 있으나 횡단보도표지판이 설치되지 않은 경우와 횡단보도 노면표시가 포장공사로 반은 지워졌으나 반이 남아 있는 경우에 횡단보도로 인정 가(可), 부(否)이다. 맞는 문항은?

① 횡단보도로 불인정
② 횡단보도로 인정
③ 횡단보도 기능 상실
④ 횡단보도로 준인정

Answer 24 ④ 25 ④ 26 ② 27 ① 28 ②

해설 문제의 경우에는 횡단보도로 인정하므로 정답은 ②이다. "횡단보도 효력 상실의 경우"는 횡단보도 노면표시가 완전히 지워지거나, 포장공사로 덮여져 있는 경우이다.

29 보행자 보호의무위반 사고 성립요건에 대한 설명이다. 틀린 문항은?

① 장소적 요건 : 횡단보도 내
② 피해자 요건 : 횡단보도를 건너고 있는 보행자가 충돌되어 인적 피해를 입은 경우
③ 운전자 과실 : 횡단보도 전에 정지한 차량을 추돌하여 차량이 밀려나가 보행자를 추돌한 경우
④ 시설물 설치요건 : 아파트단지나 군부대 등 특정구역 내부의 안전목적으로 권한없는 자가 설치한 경우

해설 ④의 문항은 시설물 설치요건의 예외사항으로 틀리며, 지방경찰청장이 설치한 횡단보도이어야 함으로 정답은 ④이다.

30 무면허운전의 유형에 대한 설명이다. 무면허운전이 아닌 문항은?

① 운전면허 취소처분을 받은 후에 운전하는 행위, 운전면허를 취득하지 않고 운전하는 행위
② 운전면허 정지기간 중에 운전하는 행위, 운전면허시험에 합격한 후 운전면허증을 발급받기 전에 운전하는 경우
③ 제2종 운전면허로 제1종 운전면허를 필요로 하는 자동차를 운전하는 경우
④ 운전면허 취소사유가 발생한 상태이지만 취소처분을 받기 전에 운전하는 경우

해설 ④는 무면허운전이 아니므로 정답은 ④이다. ①, ②, ③ 이외에 운전면허 적성검사기간 만료일로부터 1년의 취소유예기간이 지난 면허증으로 운전하는 행위가 있다.

31 무면허운전 중 사고의 성립요건 내용에 대한 설명이다. 예외사항의 문항은?

출제빈도

① 장소적 요건 : 특정인만이 출입하는 통제 · 관리되는 경찰권이 미치지 않은 곳
② 피해자 요건 : 무면허로 운전하는 자동차에 충돌되어 인적 피해를 입은 경우
③ 피해자 요건 : 무면허로 운전하는 자동차에 충돌되어 대물피해를 입은 경우로 보험면책으로 합의되지 않으면 공소권 있는 경우
④ 운전자 과실 : 면허를 취득하지 않고 운전, 면허종별 외의 차량 운전, 면허증 발급 전에 운전

해설 ①은 예외사항으로 정답은 ①이다. ①은 불특정 다수인이 출입하는 공개된 장소로 경찰권이 미치는 곳이다.

32 음주운전으로 처벌할 수 있는 경우와 음주운전으로 처벌할 수 없는 경우에 대한 설명이다. 처벌할 수 없는 경우의 문항은?

① 공개되지 않은 통행로에서의 음주운전도 처벌 대상 : 공장, 관공서, 학교, 사기업 등의 정문 안쪽 통행로
② 문, 차단기에 의해 도로와 차단되고 별도로 관리되는 통행로
③ 술을 마시고 주차장(주차선 안 포함)에서 운전
④ 혈중알코올농도 0.03% 미만에서 음주운전은 처벌 불가

Answer 29 ④ 30 ④ 31 ① 32 ④

해설 ④는 처벌 불가의 사항으로 정답은 ④이다. 이외에 호텔, 백화점, 고층건물, 아파트 내 주차장 안의 통행로와 주차선 안에서 음주운전하여도 처벌 대상이다.

33 주취·약물복용 운전 중 사고의 성립요건에 대한 설명이다. 예외사항의 문항은?

① 장소적 요건 : 주차장 또는 주차선 안
② 피해자 요건 : 음주운전 자동차에 충돌되어 인적 피해를 입은 경우
③ 운전자 과실 : 혈중알코올농도가 0.03% 이상인 상태에서 음주측정에 불응한 경우
④ 운전자 과실 : 혈중알코올농도가 0.03% 미만인 상태에서 음주측정에 불응한 경우

해설 ④의 문항은 운전자 과실의 예외사항으로 정답은 ④이다.

34 보도 침범, 보도횡단방법위반 사고의 설명이다. 틀린 문항은?

출제빈도

① 보도 : 차와 사람의 통행을 분리시켜 보행자의 안전을 확보하기 위해 연석이나 방호울타리 등으로 차도와 분리하여 설치된 도로 일부분으로 차도와 대응하는 개념
② 보도 침범 사고 : 보도에 차마가 들어서는 과정, 보도에 차마의 자체가 걸치는 과정, 보도에 주차시킨 차량을 전진 또는 후진시키는 과정에서 통행 중인 보행자와 충돌한 경우
③ 보도횡단방법위반 사고 : 차마의 운전자는 도로에서 도로 외의 곳에 출입하기 위해서는 보도를 횡단하기 직전에 일시정지하여 보행자의 통행을 방해하지 아니하도록 되어 있다.
④ 보도횡단방법위반 사고 : ③의 경우 이를 위반하여 보행자와 충돌하여 대물피해를 야기한 경우

해설 ④의 문항 중 "대물피해를"이 아니고, "인적 피해를"이 옳으므로 정답은 ④이다.

35 보도 침범, 보도횡단방법위반 사고의 성립요건에 대한 설명이다. 예외사항인 문항은?

① 장소적 요건 : 보도와 차도가 구분된 도로에서 보도 내 사고
② 피해자 요건 : 보도 내에서 보행 중 사고
③ 운전자 과실 : 불가항력적, 만부득이한, 단순부주의 과실
④ 시설물 설치요건 : 보도설치권한이 있는 행정관서에서 설치하여 관리하는 보도

해설 ③의 문항은 예외사항으로 달라 정답은 ③이며, 맞는 내용은 "고의적, 의도적, 현저한 부주의 과실"이 있다.

Answer 33 ④ 34 ④ 35 ③

36 출제빈도 **승객추락방지의무에 해당하는 경우와 아닌 경우에 대한 설명이다. 아닌 경우에 해당하는 문항은?**

① 문을 연 상태에서 출발하여 타고 있는 승객이 추락한 경우

② 승객이 타거나 또는 내리고 있을 때 갑자기 문을 닫아 문에 충격된 승객이 추락한 경우

③ 버스운전자가 개·폐안전장치인 전자감응장치가 고장난 상태에서 운행 중에 승객이 내리고 있을 때 출발하여 승객이 추락한 경우

④ 운전자가 사고방지를 위해 취한 급제동으로 승객이 차 밖으로 추락한 경우

해설 ④의 문항은 해당되지 아니한 경우로 정답은 ④이다. 이외에 승객이 임의로 차문을 열고 상체를 내밀어 차 밖으로 추락한 경우 등이 있다.

37 **승객추락방지의무위반 사고의 성립요건에 대한 설명이다. 예외사항인 문항은?**

① 장소적 요건 : 승용, 승합, 화물, 건설기계 등 자동차에만 적용한다.

② 피해자 요건 : 탑승 승객이 개문되어 있는 상태로 출발한 차량에서 추락하여 피해를 입은 경우

③ 운전자 과실 : 차의 문이 열려있는 상태로 출발하는 행위

④ 운전자 과실 : 차량이 정지하고 있는 상태에서의 추락의 경우

해설 ④는 운전자 과실의 예외사항으로 정답은 ④이다.
※ 범칙금 : 7만 원, 벌점 10점이다.

38 출제빈도 **어린이 보호구역으로 지정될 수 있는 장소에 대한 설명이다. 틀린 문항은?**

① 유아교육법에 따른 유치원, 초·중등교육법에 따른 초등학교 또는 특수학교

② 영·유아교육법에 따른 보육시설 중 정원 100명 이상의 보육시설

③ 학원의 설립운영 및 과외교습에 관한 법률에 따른 학원 중 수강생이 100명 이상인 학원

④ ②, ③의 경우 관할경찰서장과 협의된 경우에는 정원이 100명 미만의 보육시설·학원 주변도로에 대해서는 지정 불가

해설 ④의 문항 끝에 "대해서는 지정 불가"는 틀리고 "대해서도 지정 가능"이 옳아 정답은 ④이다.

39 **어린이 보호의무위반 사고의 성립요건에 대하여 설명이다. 예외사항에 해당되는 문항은?**

① 장소적 요건 : 어린이 보호구역으로 지정된 장소

② 피해자 요건 : 어린이가 상해를 입은 경우

③ 운전자 과실 : 어린이에게 상해를 입힌 경우

④ 운전자 과실 : 성인에게 상해를 입힌 경우

해설 ④의 문항은 "운전자 과실의 예외사항"에 해당되어 정답은 ④이다.

Answer 36 ④ 37 ④ 38 ④ 39 ④

40 **차를 도로에서 운전하여 사람 또는 화물을 이동시키거나 운반하는 등 차를 본래의 용법에 따라 사용하는 것의 용어 문항은?**

① 운송
② 교통
③ 운반
④ 이동

해설 ②의 문항 "교통"으로 정답은 ②이다.

41 출제빈도 **3명 이상이 사망(교통사고 발생일부터 30일 이내에 사망)하거나 20명 이상의 사상자가 발생한 사고의 용어에 해당하는 문항은?**

① 대형사고
② 교통사고
③ 안전사고
④ 부상사고

해설 ①의 대형사고로 정답은 ①이다.

42 **교통사고처리이해에서 용어의 정의에 대한 설명이다. 틀린 문항은?**

① 추돌 : 2대 이상의 차가 동일방향으로 주행 중 뒤차가 앞차의 후면을 충격한 것
② 전복 : 차가 주행 중 도로 또는 도로이외의 장소에 뒤집혀 넘어진 것
③ 추락 : 차가 도로변 절벽 또는 교량 등 높은 곳에서 떨어진 것
④ 접촉 : 차가 추월, 교행 등을 하려다가 좌우측면을 서로 충돌한 것

해설 ④의 문항 끝에 "서로 충돌한 것"은 틀리고, "서로 스친 것"이 맞아 정답은 ④이다.

43 출제빈도 **사람을 사망하게 하거나 다치게 한 교통사고처리는 피해자와 손해배상 합의기간을 주고 있다. 그 기간으로 맞는 문항은?**

① 접수한 날부터 1주간 이내
② 접수한 날부터 2주간 이내
③ 접수한 날부터 3주간 이내
④ 접수한 날부터 4주간 이내

해설 ②의 2주간 이내의 기간을 준다. 정답은 ②이다.

44 **교통조사관은 안전사고를 주무기능에 인계처리하고 있다. 안전사고가 아닌 문항은?**

① 자살이나 자해(自害)행위로 인정되지 않는 경우
② 확정적 고의(故意)에 의하여 타인을 사상하거나 물건을 손괴하는 것
③ 축대, 절개지 등이 무너져 차량 탑승자가 사상하였거나 물건이 손괴된 경우
④ 사람이 건물, 육교 등에서 추락하여 진행 중인 차량과 충돌 또는 접촉하여 사상한 경우

해설 ①의 문항은 교통사고로 처리되어 정답은 ①이다. "자살·자해(自害)행위로 인정되는 경우"는 안전사고이다.

Answer 40 ② 41 ① 42 ④ 43 ② 44 ①

04 주요 교통사고 유형

01 **같은 방향으로 가고 있는 앞차가 갑자기 정지하게 되는 경우 그 앞차와의 추돌을 피할 수 있는 필요한 거리로 정지거리보다 약간 긴 정도의 거리 용어에 해당되는 문항은?**

① 정지거리 ② 안전거리
③ 공주거리 ④ 제동거리

해설 ②의 용어의 "안전거리"로 정답은 ②이다.

02  **다음의 용어에 대한 설명이다. 틀린 설명의 문항은?**

① 정지거리 : 공주거리와 제동거리를 합한 거리
② 공주거리 : 운전자가 위험을 느끼고 브레이크를 밟았을 때 자동차가 제동되기 전까지 주행한 거리
③ 정지거리 : 공주거리에서 제동거리를 뺀 거리
④ 제동거리 : 차가 제동되기 시작하여 정지될 때까지 주행한 거리

해설 ③의 정지거리의 설명은 ①의 설명이 맞으므로 정답은 ③이다.

03 **안전거리 미확보가 성립하는 경우이다. 성립하지 않는 경우에 해당하는 문항은?**

① 성립하는 경우 : 앞차가 정당한 급정지
② 성립하지 않는 경우 : 앞차가 고의적으로 급정지하는 경우에는 뒤차의 불가항력적 사고로 인정하여 앞차에게 책임 부과
③ 성립하는 경우 : 과실 있는 급정지라 하더라도 사고를 방지할 주의의무는 뒤차에게 있다.
④ 성립하는 경우 : 앞차에 과실이 있는 경우에는 손해보상할 때 과실상계하여 처리

해설 ②는 안전거리가 성립하지 않는 경우이므로 정답은 ②이다.

04 **안전거리 미확보 사고의 성립요건에 대한 설명이다. 예외사항의 문항은?**

① 장소적 요건 : 도로에서 발생
② 피해자 요건 : 동일방향 좌우 차에 의해 충돌되어 피해를 입은 경우(진로변경방법 위반 적용)
③ 피해자 요건 : 동일방향 앞차로 뒤차에 의해 추돌되어 피해를 입은 경우
④ 운전자 과실 : 앞차의 정당한 급정지, 앞차의 상당성 있는 급정지, 앞차의 과실 있는 급정지

해설 ②의 설명은 피해자 요건의 예외사항으로 진로변경방법 위반을 적용하여 처리한다. 정답은 ②이다.

05 **승합자동차가 고속도로, 자동차전용도로, 일반도로에서 안전거리 미확보 사고에 따른 행정처분(범칙금)이다. 범칙금으로 틀린 문항은?**

① 고속도로 : 범칙금 5만 원, 벌점 10점
② 자동차전용도로 : 범칙금 5만 원, 벌점 10점
③ 일반도로 : 범칙금 2만 원, 벌점 10점
④ 고속도로 : 범칙금 7만 원, 벌점 15점

해설 ④는 틀린 범칙금과 벌점으로 정답은 ④이다.

Answer 01 ② 02 ③ 03 ② 04 ② 05 ④

06 고속도로에서의 차로 의미이다. 잘못된 문항은?

출제빈도

① 오르막 차로 : 고속으로 오르막을 오를 때 사용하는 차로
② 주행차로 : 고속도로에서 주행할 때 통행하는 차로
③ 가속차로 : 주행차로에 진입하기 위해 속도를 높이는 차로
④ 감속차로 : 고속도로를 벗어날 때 감속하는 차로

해설 ①의 오르막차로 문항은 틀리고, "오르막 구건에서 저속자동차와 다른 자동차를 분리하여 통행시키기 위한 차로"가 맞는 문항으로 정답은 ①이다.

07 진로변경(급차로 변경) 사고의 성립요건이다. 예외사항에 해당되는 문항은?

① 장소적 요건 : 도로에서 발생
② 피해자 요건 : 옆 차로에서 진행 중인 차량이 갑자기 차로를 변경하여 불가항력적으로 충돌한 경우
③ 피해자 요건 : 장시간 주차하다가 막연히 출발하여 좌측면에서 차로 변경 중인 차량의 후면을 추돌한 경우
④ 운전자 과실 : 사고차량이 차로를 변경하면서 변경방향 차로 후방에서 진행하는 차량의 진로를 방해한 경우

해설 ③는 피해자 요건의 예외사항으로 정답은 ③이다.

08 후진사고의 성립요건에 대한 설명이다. 예외사항으로 맞는 문항은?

① 장소적 요건 : 도로에서 발생
② 피해자 요건 : 후진하는 차량에 충돌되어 피해를 입은 경우
③ 운전자 과실 : 고속도로나 자동차전용도로에서 정지 중 노면경사로 인해 차량이 뒤로 흘러내려 간 경우
④ 운전자 과실 : 교통 혼잡으로 인해 후진이 금지된 곳에서 후진하는 경우

해설 ③은 운전자 과실의 예외사항으로 정답은 ③이다.

09 후진하기 위하여 주의를 기울였음에도 불구하고 다른 보행자나 차량의 정상적인 통행을 방해하여 다른 보행자나 차량을 충돌한 경우의 용어의 문항은? (일반도로에서 주로 발생)

① 안전운전 불이행
② 후진위반
③ 통행구분 위반
④ 앞지르기 위반

해설 ②의 후진위반으로 정답은 ②이며, 일반도로에서 주로 발생한다.

10 골목길. 주차장 등에서 주로 발생하는 "주의를 기울이지 않은 채 후진하여 다른 보행자나 차량을 충돌한 경우"의 용어의 문항은? (골목길, 주차장 등에서 주로 발생)

출제빈도

① 후진위반
② 안전운전 불이행
③ 통행구분 위반
④ 앞지르기 위반

해설 ②의 안전운전 불이행으로 정답은 ②이다.

Answer 06 ① 07 ③ 08 ③ 09 ② 10 ②

11 **대로상에서 뒤에 있는 일정한 장소나 다른 길로 진입하기 위해 상당한 구간을 계속 후진하다가 정상 진행 중인 차량과 충돌한 경우의 용어의 문항은?**

① 안전운행 불이행
② 앞지르기 위반
③ 통행구분 위반
④ 후진위반

해설 ③의 통행구분 위반이며, 정답은 ③이다. 본 문제는 역진으로 보아 중앙선 침범과 동일하게 취급한다.

12 **뒤차가 교차로에서 앞차의 측면을 통과한 후 앞차의 그 앞으로 들어가는 도중에 발생한 사고 유형의 문항은?**

① 안전운전위반 사고
② 앞지르기 금지 사고
③ 진로변경위반 사고
④ 교차로 통행방법 사고

해설 ②의 앞지르기 금지 사고가 맞아 정답은 ②이다.

13 **뒤차가 교차로에서 앞차의 측면을 통과하면서 앞차의 앞으로 들어가지 않고 앞차의 측면을 접촉하는 사고의 유형의 문항은?**

① 교차로 통행방법위반 사고
② 앞지르기 금지 사고
③ 급차로 변경 사고
④ 중앙선 침범위반 사고

해설 ①의 교차로 통행방법위반 사고가 맞아 정답은 ①이다.

14 **교차로 통행방법위반 사고의 성립요건 내용이다. 예외사항에 해당되는 문항은?**

① 장소적 요건 : 2개 이상의 도로가 교차하는 장소
② 피해자 요건 : 신호위반 차량에 충돌되어 피해를 입은 경우
③ 운전자 과실 : 교차로에서 통행방법을 위반한 과실(좌회전 또는 우회전을 하는 경우)
④ 운전자 과실 : 교차로에서 앞지르기한 과실(앞지르기 금지 위반 또는 앞지르기 방법 위반)

해설 ②는 피해자 요건의 예외사항이며, 내용은 교차로 통행 중에 통행방법을 위반한 차량에 충돌되어 피해를 입은 경우이다. 정답은 ②이다.

15 출제빈도 **교차로 통행방법위반 사고 시 "앞차가 너무 넓게 우회전하여 앞뒤가 아닌 좌우 차의 개념으로 보는 상태에서 충돌한 경우"의 가해자와 피해자를 구분할 때 가해자인 차의 문항은?**

① 뒤차가 가해자
② 앞차가 가해자
③ 옆차가 가해자
④ 가해자가 없다.

해설 ②의 앞차가 가해자이므로 정답은 ②이다.

16 출제빈도 **"앞차가 일부 간격을 두고 우회전 중인 상태에서 뒤차가 무리하게 끼어들며 진행하여 충돌한 경우" 앞차와 뒤차 중 가해자인 차의 문항은?**

① 뒤차가 가해자
② 앞차가 가해자
③ 가해자가 없다.
④ 앞뒤차 쌍방과실

해설 ①의 뒤차가 가해자이므로 정답은 ①이다.

Answer 11 ③ 12 ② 13 ① 14 ② 15 ② 16 ①

17 **신호등 없는 교차로 진입 전 일시정지 또는 서행하지 않아 사고 발생 시 가해자 판독 방법이다. 잘못된 문항은?**

① 충돌 직전(충돌 당시, 충돌 후) 노면에 스키드 마크가 형성되어 있는 경우
② 충돌 직전(충돌 당시, 충돌 후)노면에 요 마크가 형성되어 있는 경우
③ 가해차량의 진행방향으로 상대차량을 밀고 가거나, 전도(전복)시킨 경우
④ 상대차량의 정면을 측면으로 충돌한 경우

해설 ④의 문항 중 "정면을 측면으로"가 틀리고 "측면을 정면으로"가 맞는 문항으로 정답은 ④이다.

18 **신호등 없는 교차로 진입 전 일시정지 또는 서행하며, 교차로 앞 · 좌 · 우 교통상황을 확인하지 않아 사고가 발생했을 때 가해자 판독 방법이다. 판독 방법으로 다른 문항은?**

① 통행우선순위가 같은 상태에서 우측 도로에서 진입한 차량과 충돌한 경우
② 충돌 직전에 상대차량을 보았다고 진술한 경우
③ 교차로에 진입할 때 상대차량을 보지 못했다고 진술한 경우
④ 가해차량이 정면으로 상대차량 측면을 충돌한 경우

해설 ①의 문항은 신호등 없는 교차로에 진입할 때 통행우선권을 이행하지 않는 경우의 사고의 가해자로 정답은 ①이다.

19 **신호등 없는 교차로에 진입할 때 통행우선권을 이행하지 않아 사고가 발생하였을 때 가해자 판독 방법이다. 잘못된 문항은?**

① 교차로에 이미 진입하여 진행하고 있는 차량이 있거나, 교차로를 벗어나고 있는 차량과 충돌한 경우
② 통행우선순위가 같은 상태에서 우측 도로에서 진입한 차량과 충돌한 경우
③ 교차로에 동시에 진입한 상태에서 폭이 넓은 도로에서 진입한 차량과 충돌한 경우
④ 교차로에 진입하여 좌회전하는 상태에서 직진 또는 우회전 차량과 충돌한 경우

해설 ①의 문항 중 "교차로를 벗어나고 있는"은 틀리고, "교차로에 들어가고 있는"이 맞으므로 정답은 ①이다.

20 **신호등 없는 교차로 사고의 성립요건의 내용이다. 예외사항인 문항은?**

① 장소적 요건 : 신호기가 설치되어 있는 교차로 또는 사실상 교차로로 볼 수 없는 장소
② 피해자 요건 : 신호등 없는 교차로를 통행하던 중 후 진입한 차량과 충돌하여 피해를 입은 경우 등
③ 운전자 과실 : 신호등 없는 교차로를 통행하면서 교통사고를 야기한 경우 선진입 차량에게 진로를 양보하지 않는 경우 등
④ 시설물 설치요건 : 지방경찰청장이 설치한 안전표지(일시정지, 서행표지, 양보표지)가 있는 경우

Answer 17 ④ 18 ① 19 ① 20 ①

해설 ①은 장소적 요건의 예외사항이며, 2개 이상의 도로가 교차하는 신호등 없는 교차로로 정답은 ①이다.

21 서행이란 차가 즉시 정지할 수 있는 느린 속도로 진행하는 것을 의미(차가 위험을 예상한 상황적 대비)하는데 서행하여야 할 장소에 대한 설명이다. 서행 장소가 아닌 곳의 문항은?

① 도로가 구부러진 부근에서는 서행
② 비탈길 고갯마루 부근에서는 서행
③ 가파른 비탈길 내리막에서는 서행
④ 교차로 부근에서 긴급자동차가 접근하는 경우 서행

해설 ④는 일시정지를 할 장소로 정답은 ④이다. ①, ②, ③ 이외에 교차로에서 좌우회전, 교통정리가 없는 교차로에 진입하는 경우, 안전지대에 보행자가 있는 경우 등이 있다.

22 일시정지란 "정지상황의 일시적 전개"로 이행하여야 할 장소에 대한 설명이다. 아닌 장소의 문항은?

① 보도와 차도가 구분된 도로에서 도로 외의 곳을 출입하거나, 보도를 횡단하기 직전에 일시정지
② 어린이가 보호자 없이 도로를 횡단하는 때
③ 교통정리를 하고 있지 아니하는 교차로를 진입할 때 교차하는 도로의 폭이 넓은 경우 서행
④ 교통정리를 하고 있지 아니하고 좌우를 확인할 수 없거나 교통이 빈번한 교차로에서는 일시정지

해설 ③의 문항은 "서행"할 장소로 정답은 ③이다. ①, ②, ④ 이외에 "교차로 또는 그 부근에서 긴급자동차가 접근한 때, 앞을 보지 못하는 사람이 흰색 지팡이를 가지거나 장애인보조견을 동반하고 도로를 횡단하고 있는 때" 등이 있다.

23 길가의 건물이나 주차장 등에서 도로에 들어가고자 하는 때에 운전자로서 준수하여야 할 문항은?

① 서행
② 일단정지
③ 일시정지
④ 정지

해설 ②의 문항 일단정지 후 통행해야 한다이므로 정답은 ②이다.

24 서행 · 일시정지위반 사고 성립요건의 내용에 대한 설명이다. 예외사항에 해당되는 문항은?

① 장소적 요건 : 도로에서 발생
② 피해자 요건 : 일시정지표지판이 설치된 곳에서 치상 피해를 입은 경우(지시위반 사고로 처리)
③ 운전자 과실 : 서행 · 일시정지 의무가 있는 곳에서 이를 위반한 경우
④ 시설물 설치요건 : 서행장소에 안전표지 중 규제표지인 서행표지나 노면표시인 서행표시가 설치된 경우

해설 ②의 문항은 예외사항이며, 내용은 "서행 · 일시정지위반 차량에 충돌되어 피해를 입은 경우"로 정답은 ②이다.

Answer 21 ④ 22 ③ 23 ② 24 ②

25 안전운전과 난폭운전과의 차이에 대한 설명이다. 틀린 용어에 해당한 문항은?

① 안전운전 : 모든 장치를 정확히 조작하여 운전하는 경우
② 안전운전 : 도로의 교통상황과 차의 구조 및 성능에 따라 다른 사람에게 위험이나 장애를 주지 아니하는 속도나 방법으로 운전하는 경우
③ 난폭운전 : 자기의 통행을 현저히 방해하는 운전을 하는 경우(급차로 변경 지그재그 운전, 좌우로 핸들을 급조작하는 운전 등)
④ 난폭운전 : 고의나 인식할 수 있는 과실로 현저한 위해를 초래하는 운전을 하는 경우(지선도로에서 간선도로로 진입할 때 일시정지 없이 급진입하는 운전 등)

해설 ③의 문항 중 "자기의"는 틀리고 "타인의"가 옳은 문항으로 정답은 ③이다.

26 안전운전 불이행 사고 성립요건의 내용에 대한 설명이다. 예외사항에 해당한 문항은?

① 장소적 요건 : 도로에서 발생
② 피해자 요건 : 자동차 정비 중 안전부주의로 피해를 입은 경우
③ 운전자 과실 : 타인에게 위해를 준 난폭운전의 경우, 자동차 장치조작을 잘못한 경우 등
④ 운전자 과실 : 전·후·좌·우 주시가 태만한 경우, 전방 등 교통상황에 대한 파악 및 적절한 대처가 미흡한 경우 등

해설 ②의 문항은 예외사항으로 정답은 ②이며, 내용은 "통행우선권을 양보해야 하는 상대차량에게 충돌되어 피해를 입은 경우"가 있다.

Answer 25 ③ 26 ②

memo

제 2 편

자동차 관리요령

01 핵심이론

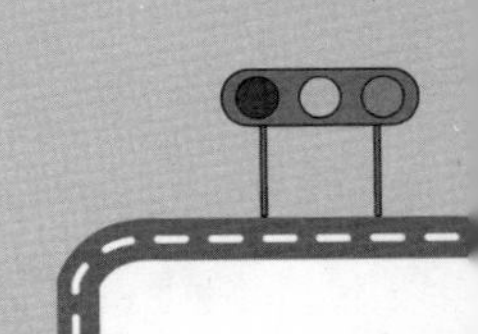

핵심 001 일상점검

자동차를 운행하는 사람이 매일 자동차를 운행하기 전에 점검하는 것

핵심 002 차의 외관 일상점검 항목 및 내용

① 완충스프링 : 스프링 연결부위의 손상 또는 균열
② 바퀴 : 타이어의 공기압, 타이어의 이상마모 또는 손상, 휠 볼트 및 너트의 조임상태
③ 배기가스 : 배기가스의 색깔

핵심 003 자동차 운행 전 점검사항 중 "운전석에서 점검" 사항

① 연료 게이지량
② 브레이크 페달 유격 및 작동상태
③ 에어압력 게이지 상태
④ 클러치 리저버 탱크 액량
⑤ 룸미러, 경음기, 계기 점등상태
⑥ 와이퍼 작동상태
⑦ 스티어링 휠 및 운전석 조정
⑧ 워셔액 수준점검

핵심 004 자동차 점검 중 "운행 전 점검"에서 "외관점검" 사항

유리 청결과 파손, 차체의 기울기, 휠 너트 조임상태, 파워스티어링 및 브레이크 오일 수준상태, 차체에서 오일, 연료, 냉각수 등 누출되는 곳 여부 등

핵심 005 안전벨트의 착용

① 가까운 거리라도 안전벨트를 착용 : 신체상해 발생 예방
② 안전벨트는 꼬이지 않도록 하여 아래 엉덩이 부분에 착용 : 신체보호 효과 감소를 방지
③ 허리부위 안전벨트는 골반 위치에 착용 : 복부에 착용할 때 장 파열 등 신체에 위해를 가할 수 있다.

핵심 006 인화성 · 폭발성 물질의 차내 반입금지 이유

여름철과 같이 차 안의 온도가 급상승하는 경우에는 인화성 · 폭발성 물질이 폭발할 수 있으므로 반입을 금지한다.

핵심 007 오르막 또는 내리막길 주차할 때의 주의사항

오르막길에서는 1단, 내리막길에서는 R(후진)로 놓고 바퀴에 고임목에 설치한다.

핵심 008 터보차져의 고장원인

① 대부분 윤활유 공급 부족
② 엔진오일 오염
③ 이물질 유입으로 인한 압축기 날개손상

핵심 009 자동차 연료로서 천연가스의 특징

① 천연가스는 메탄(CH_4)을 주성분으로(83~99%) 하는 탄소량이 적은 탄화수소 연료이며, 메탄 이외에 소량 에탄(C_2H_2), 프로판(C_3H_8), 부탄(C_4H_8) 등이 함유되어 있다.
② 메탄의 비등점은 −162°C이고, 상온에서는 기체이다.
③ 단위에너지당 연료 용적은 경유 연료를 1로 하였을 때 CNG는 3.7배, LNG는 1.65배이다.

④ 옥탄가가 비교적 높고(RON : 120~136), 세탄가는 낮다. 따라서 오토 사이클 엔진에 적합한 연료이다.

⑤ 가스상태로 엔진 내부로 흡입되어 혼합기 형상이 용이하고, 희박연소가 가능하다.

⑥ -20~-30℃의 저온인 대기온도에서도 가스상태로서 저온 시동성이 우수하다.

⑦ 불완전 연소로 인한 입자상 물질의 생성이 적다.

⑧ 탄소량이 적으므로 발열량당 CO_2 배출량이 적다.

⑨ 유황분을 포함하지 않으므로 SO_2 가스를 방출하지 않는다.

⑩ 탄화수소 연료 중의 탄소수가 적고 독성도 낮다.

⑪ 부품 재료의 내식성 등의 재료 특성은 가솔린, 경유와 유사한 특성을 갖는다.

핵심 010 천연가스 형태별 종류

① LNG(액화천연가스, Liquified Natural Gas)

② CNG(압축천연가스, Compressed Natural Gas)

※ LPG(액화석유가스 : 천연가스 형태의 종류가 아님)

핵심 011 가스공급라인 등 연결부에서 가스가 누출될 때의 조치

① 차량 부근으로 화기접근을 금하고, 엔진 시동을 끈 후 메인 전원 스위치를 차단한다.

② 탑승하고 있는 승객을 안전한 곳으로 대피시킨 후 누설부위를 비눗물 또는 가스 검진기 등으로 확인한다.

③ 스테인리스 튜브 등 가스공급라인의 몸체가 파열된 경우에는 교환한다.

④ 커넥터 등 연결부위에서 가스가 새는 경우에는 새는 부위의 너트를 조금씩 누출이 멈출 때까지 반복해서 조여준다. 만약 계속해서 가스가 누출되면 사람의 접근을 차단하고 실린더 내의 가스가 모두 배출될 때까지 기다린다.

핵심 012 자동차 운행 시 경제적인 운행방법

① 급발진, 급가속 및 급제동 금지

② 경제속도 준수

③ 불필요한 공회전금지

④ 에어컨은 필요한 경우에만 작동

⑤ 불필요한 화물적재 금지

⑥ 창문을 열고 고속주행 금지

⑦ 올바른 타이어 공기압 유지

⑧ 목적지를 확실하게 파악한 후 운행

핵심 013 자동차가 야간운행을 할 때 조작요령

① 마주 오는 자동차와 교행할 때에는 전조등을 하향등으로 작동시켜 교행하는 운전자의 눈부심을 방지한다.

② 비가 내리면 전조등의 불빛이 노면에 흡수되거나 젖은 장애물에 반사되어 더욱 보이지 않으므로 주의한다.

핵심 014 눈이 내려 타이어에 체인을 장착하였을 때의 주행속도

① 30km/h 이내

② 체인 제작사에서 추천하는 규정 속도 이하로 주행

핵심 015 ABS 브레이크 시스템에서 "ABS 경고등"이 키 스위치를 ON하면 경고등이 켜지는 그 시간(초)

일반적으로 3초(ABS가 정상이면 경고등은 소등되고 계속 점등된다면 점검이 필요하다)

핵심 016. 자동차 화물실 도어 개폐 요령

① 화물실 도어는 화물실 전용키를 사용한다.
② 도어를 열 때에는 키를 사용하여 잠금상태를 해제한 후 도어를 당겨 연다.
③ 도어를 닫은 후에는 키를 사용하여 잠근다.

핵심 017. 자동차 운전석 전후 위치 조절 순서

① 좌석 쿠션에 있는 조절 레버를 당긴다.
② 좌석을 전후 원하는 위치로 조절한다.
③ 조절 레버를 놓으면 고정된다.
④ 조절 후에는 좌석을 앞뒤로 가볍게 흔들어 고정되었는지 확인한다.

핵심 018. 자동차 운전석의 머리지지대(헤드 레스트 : Head rest) 역할

머리지지대는 주행 안락감과 충돌사고 발생 시 머리와 목을 보호하는 역할을 한다.

핵심 019. 자동차 운전석의 안전벨트 착용 시의 효과

안전벨트 착용은 충돌이나 급정차 시 전방으로 움직이는 것을 제한하여 차 내부와의 충돌을 막아 심각한 부상이나 사망의 위험을 감소시킨다.

핵심 020. 자동차 운전석의 계기판 용어

① 속도계 : 자동차의 시간당 주행속도를 나타낸다.
② 회전계(타코미터) : 엔진의 분당 회전수(rpm)를 나타낸다.
③ 수온계 : 엔진 냉각수의 온도를 나타낸다.
④ 연료계 : 연료탱크에 남아 있는 연료의 잔류량을 나타낸다.
※ 동절기에는 연료를 가급적 충만한 상태로 유지한다(연료탱크 내부의 수분 침투를 방지하는 데 효과적).
⑤ 주행거리계 : 자동차가 주행한 총거리(km 단위)를 나타낸다.
⑥ 엔진오일 압력계 : 엔진오일의 압력을 나타낸다.
⑦ 공기압력계 : 브레이크 공기 탱크 내의 공기압력을 나타낸다.
⑧ 전압계 : 배터리의 충전 및 방전 상태를 나타낸다.

핵심 021. 경고등 및 표시등(자동차에 따라 다를 수 있음)

명칭	경고등 및 표시등	내용
브레이크 에어 경고등	BRAKE AIR	키가 ON 상태에서 AOH 브레이크 장착 차량의 에어탱크에 공기압이 $4.5 \pm 0.5 kg/cm^2$ 이하가 되면 점등
주차 브레이크 경고등	PARKING	주차 브레이크가 작동되어 있을 경우에 경고등이 점등
배기 브레이크 표시등		배기 브레이크 스위치를 작동시키면 배기 브레이크가 작동 중임을 표시
제이크 브레이크 표시등		제이크 브레이크가 작동 중임을 표시

핵심 022. 자동차 전조등 1단계 조작 시 점등

차폭등, 미등, 번호판등 계기판등이 점등됨
※ 2단계 조작 시 : 전조등 추가 점등됨

핵심 023. 진동과 소리로 고장을 진단하는 요령

① 엔진의 이음(쇠가 마주치는 소리)
② 펜벨트(끼익)
③ 클러치(달달달)
④ 조향장치(극단적으로 흔들린다)
⑤ 현가장치(딸각딸각, 쿵쿵)

핵심 024 냄새가 나는 경우 진단 요령

① 전기장치 부분(고무타는 냄새)
② 브레이크 장치 부분(단내가 심하게 나는 경우)

핵심 025 배출가스로 구분할 수 있는 고장진단

① 무색(완전 연소 : 무색 또는 약간 엷은 청색)
② 검은색(불완전 연소)
③ 백색(다량의 엔진오일이 실린더 위로 올라와 연소되는 경우)

핵심 026 배터리가 방전되어 점프 케이블을 연결하여 시동을 한 후 분리요령

① 1차는 점프 케이블의 (−)단자를 분리한 후
② 2차로 (+)단자를 분리한다.
※ 점프 케이블을 연결(점프)할 때 : 먼저 (+)단자를 연결하고, 2차로 (−)단자는 방전된 차량의 (−)단자에 직접 연결하지 않고, 페인팅되지 않은 면에 연결한다.

핵심 027 자동차 엔진에 오버히트가 발생할 때의 징후

① 운행 중 수온계가 H 부분을 가르키는 경우
② 엔진출력이 갑자기 떨어지는 경우
③ 노킹 소리가 들리는 경우

핵심 028 고장자동차표지(비상용 삼각대) 설치방법

자동차 운전자는 고장자동차표지를 설치하는 경우 그 자동차의 후방에서 접근하는 자동차 운전자가 확인할 수 있는 위치에 설치하여야 한다(밤에는 사방 500m 지점에서 식별할 수 있는 적색의 섬광신호, 전기제등 또는 불꽃신호를 추가로 설치한다).

핵심 029 자동차 엔진의 시동모터는 작동되나 시동이 걸리지 않는 때의 추정원인

① 연료가 떨어졌다.
② 예열작동이 불충분하다.
③ 연료필터가 막혀 있다.

핵심 030 자동차의 엔진오일의 소비량이 많은 추정원인

① 사용되는 오일이 부적당하다.
② 엔진오일이 누유되고 있다.

핵심 031 자동차의 연료소비량이 많은 추정원인

① 연료누출이 있다.
② 타이어 공기압이 부족하다.
③ 클러치가 미끄러진다.
④ 브레이크가 제동된 상태에 있다.

핵심 032 자동차 배기가스 색이 검은 추정원인

① 에어클리너 필터가 오염되었다.
② 밸브 간극이 비정상이다.

핵심 033 "핸들이 무거워지는" 원인

① 앞바퀴의 공기압이 부족하다.
② 파워스티어링 오일이 부족하다.

핵심 034 자동차의 스티어링 휠(핸들)이 떨린 때의 추정원인

① 타이어의 무게 중심이 맞지 않는다.
② 휠 너트(허브 너트)가 풀려 있다.
③ 타이어 공기압이 각 타이어마다 다르다.
④ 타이어가 편마모되어 있다.

핵심 035 자동차의 브레이크 제동효과가 나쁠 때의 추정원인

① 공기압이 과다하다.
② 공기누설(타이어 공기가 빠져나가는 현상)이 있다.
③ 라이닝 간극 과다 또는 마모상태가 심하다.
④ 타이어 마모가 심하다.

핵심 036 자동차의 배터리가 자주 방전된 때의 추정원인

① 배터리 단자의 벗겨짐, 풀림, 부식이 있다.
② 팬 벨트가 느슨하게 되어 있다.
③ 배터리액이 부족하다.
④ 배터리 수명이 다 되었다.

핵심 037 클러치의 기능

엔진의 동력을 변속기에 전달하거나 차단하는 역할을 하며, 엔진 시동을 작동시킬 때나 기어를 변속할 때에는 동력을 끊고, 출발할 때에는 엔진의 동력을 서서히 연결하는 일을 한다.

핵심 038 자동차의 구조장치에서 클러치가 미끄러지는 원인

① 클러치 페달의 자유간극(유격)이 없다.
② 클러치 디스크의 마멸이 심하다.
③ 클러치 디스크에 오일이 묻어있다.
④ 클러치 스프링의 장력이 약하다.

핵심 039 변속기 개념과 기능

① 변속기는 도로의 상태, 주행속도, 적재하중 등에 따라 변하는 구동력에 대응하기 위해 엔진과 추진축 사이에 설치되어 있다.
② 변속기는 엔진의 출력을 자동차 주행속도에 알맞게 회전력과 속도로 바꾸어서 구동바퀴에 전달하는 장치를 말한다.

핵심 040 자동차 변속기의 필요성

① 엔진과 차축 사이에서 회전력을 변환시켜 전달한다.
② 엔진을 시동할 때 엔진을 무부하상태로 한다.
③ 자동차를 후진시키기 위하여 필요하다.

핵심 041 자동변속기의 오일 색깔

① 정상 : 투명도가 높은 붉은색
② 갈색 : 가혹한 상태에서 사용되거나, 장시간 사용한 경우
③ 투명도가 없어지고 검은색을 띨 때 : 자동변속기 내부의 클러치 디스크의 마멸분말에 의한 오손, 기어가 마멸된 경우
④ 니스 모양으로 된 경우 : 오일이 매우 고온에 노출된 경우
⑤ 백색 : 오일에 수분이 다량으로 유입되는 경우

핵심 042 타이어의 주요기능

① 자동차의 하중을 지탱하는 기능을 한다.
② 엔진의 구동력 및 브레이크의 제동력을 노면에 전달하는 기능을 한다.
③ 노면으로부터 전달되는 충격을 완화시키는 기능을 한다.
④ 자동차의 진행방향을 전환 또는 유지시키기 기능을 한다.

핵심 043 타이어의 형상에 따른 구분

① 바이어스 타이어
② 레디얼 타이어
③ 스노우 타이어

핵심 044 스탠딩 웨이브 현상 발생 기능 속도와 차종

일반구조의 승용차용 타이어의 경우 대략 150km/h 전후의 주행속도에서 발생한다.

핵심 045 수막현상이 발생할 수 있는 주행속도

① 60km/h까지 주행할 경우 : 수막현상이 일어나지 않는다.
② 80km/h로 주행할 경우 : 타이어의 옆면으로 물이 파고들기 시작하여 부분적으로 수막현상을 일으킨다.

③ 100km/h로 주행할 경우 : 노면과 타이어가 분리되어 수막현상을 일으킨다.

핵심 046 임계속도

수막현상이 발생할 때 타이어가 완전히 떠오를 때의 속도를 수막현상 발생 시의 임계속도라 한다.

핵심 047 현가장치의 구성

① 스프링(판스프링, 코일스프링, 토션바스프링, 공기스프링)
② 쇼크 업소버
③ 스테빌라이저

핵심 048 자동차 현가장치의 주요기능

① 적정한 자동차의 높이를 유지한다.
② 상하방향이 유연하여 차체가 노면에서 받는 충격을 완화시킨다.
③ 올바른 휠 얼라인먼트를 유지한다.
④ 앞바퀴의 정렬상태가 불량하다.
⑤ 타이어의 마멸이 과도하다.

핵심 049 자동차의 조향핸들이 무거운 원인

① 타이어의 공기압이 부족하다.
② 조향기어의 톱니바퀴가 마모되었다.
③ 조향기어 박스 내의 오일이 부족하다.
④ 앞바퀴의 정렬상태가 불량하다.
⑤ 타이어의 마멸이 과도하다.

핵심 050 휠 얼라이먼트(차륜정렬)

① 캠버(Camber)
② 캐스터(Caster)
③ 토인(Toe-in)
④ 조향축(킹핀)
⑤ 경사각

핵심 051 제동장치 중 "공기식 브레이크"를 주로 사용하는 차량

버스, 트럭 등 대형차량

핵심 052 공기식 브레이크의 구조

① 공기압축기
② 공기탱크
③ 브레이크 밸브
④ 릴레이 밸브
⑤ 퀵 릴리스 밸브
⑥ 브레이크 체임버
⑦ 저압표시기
⑧ 체크 밸브

핵심 053 감속 브레이크(제3의 브레이크 구분)

① 엔진 브레이크
② 제이크 브레이크
③ 배기 브레이크
④ 리타더 브레이크

핵심 054 자동차종합검사의 개념

자동차 정기검사와 배출가스 정밀검사 및 특정 경유자동차 배출가스 검사의 검사항목을 하나의 검사로 통합하고 검사시기를 자동차 정기검사시기로 통합하여 한 번의 검사로 모든 검사가 완료되도록 하는 자동차 검사

핵심 055 자동차종합검사 유효기간

① 사업용 승용자동차 : 차령이 2년 초과인 자동차 → 1년
② 사업용 경형·소형의 승합 및 화물자동차 : 차령이 2년 초과인 자동차 → 1년
③ 사업용 대형화물자동차 : 차령이 2년 초과인 자동차 → 6개월

핵심 056 자동차 소유자가 자동차종합검사를 받아야 하는 기간

자동차종합검사 유효기간의 마지막 날(검사 유효기간을 연장하거나 검사를 유예한 경우에는 그 연장 또는 유예된 기간의 마지막 날) 전후 각각 31일 이내에 받아야 한다.

※ 소유권 변동 또는 사용본거지 변경 등의 사유로 종합검사를 받지 못한 자동차는 변경등록을 한 날부터 62일 이내에 받아야 한다.

핵심 057 자동차종합검사기간 내에 종합검사를 신청한 경우

부적합 판정을 받은 날부터 자동차종합검사기간 만료 후 10일까지

핵심 058 자동차종합검사기간 전 또는 후에 종합검사를 신청한 경우

부적합 판정을 받은 날의 다음 날부터 10일 이내

핵심 059 자동차종합검사를 받지 아니한 경우의 과태료 부과기준

① 자동차종합검사를 받아야 하는 기간만료일부터 30일 이내인 경우 : 2만 원
② 자동차종합검사를 받아야 하는 기간만료일부터 30일 초과 114일 이내인 경우 : 2만 원에 31일째부터 계산하여 3일 초과 시마다 1만 원을 더한 금액
③ 자동차종합검사를 받아야 하는 기간만료일부터 115일 이상인 경우 : 30만 원

핵심 060 임시검사를 받는 경우

① 불법튜닝 등에 대한 안정성 확보를 위한 검사
② 사업용 자동차의 차령연장을 위한 검사
③ 자동차 소유자의 신청을 받아 시행하는 검사

핵심 061 신규검사 개념

수입자동차, 일시 말소 후 재등록하고자 하는 자동차 등 신규등록을 하고자 할 때 받는 검사

핵심 062 자동차 운행으로 다른 사람이 사망하거나 부상한 경우에 피해자(피해자가 사망한 경우에는 손해배상을 받을 권리를 가진 자)에게 책임보험금을 지급할 책임을 지는 책임보험이나 책임공제에 미가입한 경우(사업용 자동차)

① 가입하지 아니한 기간이 10일 이내인 경우 : 3만 원
② 가입하지 아니한 기간이 10일을 초과한 경우 : 3만 원에 11일째부터 1일마다 8천 원을 가산한 금액
③ 최고 한도금액 : 자동차 1대당 100만 원

핵심 063 책임보험 또는 책임공제에 가입하는 것 외에 자동차 운행으로 인하여 다른 사람이 사망하거나 부상한 경우에 피해자에게 책임보험 및 책임공제의 배상책임한도를 초과하여 피해자 1명당 1억 원 이상의 금액 또는 피해자에게 발생한 모든 손해액을 지급할 책임을 지는 보험업법에 따른 보험이나 여객자동차 운수사업법에 따른 공제에 미가입한 경우

① 가입하지 아니한 기간이 10일 이내인 경우 : 3만 원
② 가입하지 아니한 기간이 10일을 초과한 경우 : 3만 원에 11일째부터 1일마다 8천 원을 가산한 금액
③ 최고 한도금액 : 자동차 1대당 100만 원

02 출제예상문제

제2편

01 자동차 관리

01  **자동차를 운행하는 사람이 매일 자동차를 운행하기 전에 점검하는 것의 용어에 해당하는 문항은?**

① 수시점검
② 일상점검
③ 정기점검
④ 정밀점검

해설 ②의 일상점검이 맞아 정답은 ②이다.

02 **운전자가 일상점검할 때의 주의사항에 대한 설명이다. 잘못된 문항은?**

① 점검장소는 환기가 잘되지 않아도 나쁘지 않다.
② 경사가 없는 평탄한 장소에서 점검을 한다.
③ 엔진시동 상태에서 점검을 해야 할 사항이 아니면 엔진시동을 끄고 식은 다음에 한다(화상예방).
④ 배터리, 전기배선을 만질 때에는 미리 배터리의 ⊖단자를 분리한다(감전예방).

해설 ①은 "점검은 환기가 잘 되는 장소에서 실시한다"가 옳으며, ②, ③, ④ 이외에 "변속레버는 P(주차)에 위치시킨 후 주차브레이크를 당겨 놓는다", "연료장치나 배터리 부근에서는 불꽃을 멀리한다(화재예방)" 등이 있다. 정답은 ①이다.

03  **일상점검 중 "차의 외관"의 점검항목 및 내용이다. 점검항목 및 내용이 다른 문항은?**

① 완충스프링 : 스프링 연결부위의 손상 또는 균열
② 램프 : 점멸이 되고 파손 유무
③ 각종 계기 : 작동은 양호한가의 여부
④ 배기가스 : 배기가스의 색깔은 깨끗한가의 여부

해설 ③은 운전석에서의 점검사항으로 정답은 ③이다. ①, ②, ④ 이외에 바퀴 : 타이어의 공기압 적당, 이상마모 또는 손상 유무, 휠 볼트 및 너트의 조임의 충분 및 손상 유무, 등록번호판 : 번호판의 파손, 식별 가능 여부가 있다.

04  **운전자가 운행 전 점검사항으로 "엔진 점검"에 대한 설명이다. 점검사항이 다른 문항은?**

① 엔진오일의 양은 적당하며 점도는 이상이 없는지
② 냉각수 양은 적당하며 불순물이 섞였는지 유무
③ 차체에서 오일이나 연료, 냉각수 등이 누출 여부
④ 각종 벨트의 장력은 적당하며 손상된 곳 유무

해설 ③의 문항은 외관점검사항 중의 하나로 다르므로 정답은 ③이다.

Answer 01 ② 02 ① 03 ③ 04 ③

05 **운전자가 운행 전 자동차의 "외관점검"을 하여야 할 사항이다. 점검사항으로 다른 문항은?**

① 차체에 굴곡된 곳 유무와 후드(보닛)의 고정은 이상이 없는가
② 반사기 및 번호판의 오염 손상 여부, 파워스티어링 및 브레이크 오일 수준상태는 양호한가
③ 브레이크 페달의 유격 및 작동상태는 적당한가
④ 타이어의 공기압력 마모상태는 적절한가

해설 ③은 운행 전 운전석에서 점검사항이며, ①, ②, ④ 이외에 차체가 기울지는 않았는지, 후사경의 위치는 바르고 깨끗한가, 휠 너트 조임상태는 양호한지 등이 있다. 정답은 ③이다.

06 출제빈도 **자동차가 운행 중 휴식 후 "출발 전에 확인할 사항"에 대한 설명이다. 확인할 사항이 다른 문항은?**

① 시동 시 잡음이 없고 시동이 잘 되는가
② 브레이크, 엑셀레이터 페달 작동은 이상이 없는가
③ 클러치 작동과 기어접속은 이상이 없는가
④ 차체가 이상하게 흔들리거나 진동하지는 않는가

해설 ④는 운행 중 유의사항의 하나이며, ①, ②, ③ 이외에 엔진시동 시 배터리의 출력은 충분한가, 각종 계기장치 및 등화장치는 정상 작동하는가, 후사경의 위치와 각도는 적절한가, 엔진소리에 잡음은 없는가 등이 있다. 정답은 ④이다.

07 **자동차가 운행 후 외관점검을 하여야 할 사항에 대한 설명이다. 점검사항이 다른 문항은?**

① 차체가 기울지 않았는가
② 차체가 굴곡이나 손상된 곳은 없는가
③ 차체에 부품이 없어진 곳은 없는가
④ 냉각수, 엔진오일의 이상마모는 없는가

해설 ④는 운행 후 엔진점검의 사항이며, 정답은 ④이다. ①, ②, ③ 이외에 후드(보닛)의 고리가 빠지지는 않았는가가 있다.

08 **자동차가 운행 후 엔진점검을 하여야 할 사항에 대한 설명이다. 점검사항이 다른 문항은?**

① 냉각수, 엔진오일의 이상소모는 없는가
② 배터리액이 넘쳐 흐르지는 않았는가
③ 각종 벨트의 장력은 적당하며 손상된 곳은 없는가
④ 오일이나 냉각수가 새는 곳은 없는가

해설 ③은 운행 전 엔진의 점검사항이며, 정답은 ③이다. 이외에 "배선이 흐트러지거나 빠지거나 잘못된 곳은 없는가"가 있다.

09 출제빈도 **자동차가 운행 후 하체점검사항에 대한 설명이다. 점검사항으로 틀린 문항은?**

① 타이어는 정상으로 마모되고 있는가
② 조향장치, 완충장치의 나사 풀림은 없는가
③ 볼트·너트가 풀린 곳은 없는가
④ 휠 너트가 빠져 없거나 풀리지는 않았는가

Answer 05 ③ 06 ④ 07 ④ 08 ③ 09 ④

해설 ④의 문항은 "운행 후 외관점검사항"으로 정답은 ④이다. ①, ②, ③ 이외에 에어가 누설되는 곳은 없는가가 있다.

10 차의 운전자가 자동차를 운전하기 전 안전수칙이다. 운행 전 안전수칙이 아닌 문항은?

① 안전벨트의 착용 또는 올바른 운전복장
② 운전에 방해되는 물건 제거
③ 일상점검의 생활화 또는 좌석, 핸들, 후사경 조정
④ 인화성·폭발성·물질의 차내 방치 금지

해설 ①의 문항 중 "올바른 운전복장"은 틀리고, "올바른 운전자세"가 맞으므로 정답은 ①이다.

11 운행 전 안전수칙에서 "올바른 운전자세"에 대한 설명이다. 다른 것에 해당하는 문항은?

출제빈도

① 운전자 몸의 중심이 핸들 중심과 정면으로 일치되도록 한다.
② 등은 펴서 시트에 가까이 붙이고 앉는다.
③ 브레이크 페달, 클러치 페달을 끝까지 밟았을 때 무릎이 많이 펴지도록 한다.
④ 머리지지대의 높이가 조절되는 차량인 경우에는 운전자의 귀 상단 또는 눈의 높이가 머리지지대 중심에 올 수 있도록 조정한다.

해설 ③의 문항에 "많이 펴지도록"은 틀리고, "약간 굽혀지도록"이 맞으므로 정답은 ③이다. 이외에 손목이 핸들의 가장 먼 곳에 닿아야 한다.

12 운행 전 안전수칙에서 "일상점검의 생활화"에 대한 설명이다. 점검사항의 다른 문항은?

① 자동차 주위에 사람이나 물건 등이 없는지 확인한다.
② 타이어와 노면과의 접지상태를 확인하고, 타이어의 적정공기압을 유지한다.
③ 등은 펴서 시트에 가까이 붙이고 앉는다.
④ 자동차 하부의 누유, 누수 등을 점검하고, 자동차 외관의 이상 유무를 확인한다.

해설 ③의 문항은 올바른 운전자세 중의 하나로 다르며, 정답은 ③이다. 이외에 "예비타이어의 공기압도 수시로 점검한다"가 있다.

13 운전자의 운행 중 안전수칙에 대한 설명이다. 다른 문항은?

① 음주·과로한 상태에서의 운전 금지
② 창문 밖으로 손이나 얼굴 등을 내밀지 않도록 주의
③ 주행 중에는 엔진 정지 금물, 도어 개방상태에서의 운행금지, 터널 밖이나 다리 위 돌풍에 주의
④ 인화성·폭발성 물질의 차내 방치 금지

해설 ④의 문항은 "운행 전 안전수칙" 중의 하나로 달라 정답은 ④이다. 이외에 "높이 제한이 있는 도로를 주행할 때에는 항상 차량의 높이에 주의"가 있다.

Answer 10 ① 11 ③ 12 ③ 13 ④

14 자동차(터보차져)의 초기 시동 시 냉각된 엔진이 따뜻해질 때까지 공회전을 시키고 있는데 그 시간은?

① 3～5분 정도
② 3～10분 정도
③ 5～10분 정도
④ 5～15분 정도

해설 ②의 3～10분 정도로 정답은 ②이다.

15 터보차져 장착차 점검을 위하여 “에어 클리너 엘리먼트를 장착지 않고 고속 회전시킬 때” 발생하는 고장인 것의 문항은?

① 압축기 날개 손상
② 엔진오일 오염
③ 윤활유 공급 부족
④ 냉각수 부족

해설 ①의 고장은 압축기 날개 손상으로 정답은 ①이다.

16 자동차 관리에서 세차의 시기에 대한 설명이다. 세차의 시기가 아닌 경우의 문항은?

① 동결방지제(염화칼슘 등)를 뿌린 도로를 주행하였을 경우 또는 진흙 및 먼지 등이 현저하게 붙어 있는 경우
② 해안지대를 주행하였을 경우 또는 타르, 모래, 콘크리트 가루 등이 묻어 있는 경우
③ 옥외에서 잠시 정차·주차하였을 때
④ 새의 배설물, 벌레 등이 붙어 있는 경우

해설 ③의 문항은 “옥외에서 장시간 주차하였을 때”가 옳으며, 정답은 ③이다. 이외에 “매연이나 분진, 철분 등이 묻어 있는 경우”가 있다.

17 가스상태에서의 천연가스를 액화하면 그 부피는 줄어든다. 몇분의 몇으로 줄어드는가. 맞는 문항은?

① 1/300로 줄어든다.
② 1/400로 줄어든다.
③ 1/500로 줄어든다.
④ 1/600로 줄어든다.

해설 ④의 1/600로 줄어든다가 맞아 정답은 ④이다.

18 천연가스의 성분이다. 주성분에 해당하는 문항은?

① 에탄(C_2H_2)
② 메탄(CH_4)
③ 프로판(C_3H_8)
④ 부탄(C_4H_{10})

해설 ②의 메탄성분이 83～99%로 정답은 ②이다.

19 천연가스를 액화시켜 부피를 현저히 작게 만들어 저장, 운반 등 사용상의 효용성을 높이기 위한 액화가스의 명칭의 문항은?

① LNG(액화천연가스)
② CNG(압축천연가스)
③ ANG(흡착천연가스)
④ LPG(액화석유가스)

해설 ①의 액화천연가스(LNG)로 정답은 ①이다.

Answer 14 ② 15 ① 16 ③ 17 ④ 18 ② 19 ①

20 천연가스를 고압으로 압축하여 고압 압력용기에 저장한 기체상태의 연료 명칭의 문항은?

출제빈도

① LPG(액화석유가스)
② CNG(압축천연가스)
③ LNG(액화천연가스)
④ ANG(흡착천연가스)

해설 ②의 압축천연가스(CNG)이므로 정답은 ②이다.
※ LPG(액화석유가스)는 천연가스의 형태별 종류가 아니다.

21 천연가스자동차 연료장치 구성품에 대한 설명이다. 몇 개의 부품으로 구성되어 있는가?

① 자동실린더 외 16개
② 수동실린더 외 15개
③ 과류방지벨부 외 14개
④ 리셉터클 외 13개

해설 ①과 같이 17개 부품으로 구성되어 정답은 ①이며, ②, ③, ④의 부품 외 체크밸브, 플렉시블 연료호스, CNG 필터, 압력조정기, 가스・공기혼소기, 압력계 등이 있다.

22 자동차 운행 시 브레이크 조작요령에 대한 설명이다. 잘못되어 있는 문항은?

① 브레이크를 밟을 때 2~3회에 나누어 밟는다.
② ①과 같이 밟으면 제동정보제공으로 후미 추돌을 방지할 수 있다.
③ 내리막길에서 운행할 때 기어를 중립에 두고 탄력 운행을 하여도 된다.
④ 고속주행상태에서 엔진 브레이크를 사용할 때에는 주행 중인 단보다 한단 낮은 저단으로 변속하면서 속도를 줄인다(한번에 여러 단을 급격하게 낮추면 변속기와 엔진에 치명적인 손상을 가져옴).

해설 ③의 문항 중 "탄력 운행을 하여도 된다"는 틀리고 "탄력 운행을 하여서는 아니 된다"가 맞아 정답은 ③이다. 이외에 "주행 중에 제동할 때에는 핸들을 붙잡고 기어가 들어가 있는 상태에서 제동한다"가 있다.

23 험한 도로를 주행할 때의 요령이다. 잘못된 문항은?

① 비포장도로, 눈길, 빙판길, 진흙탕길을 주행할 때에는 속도를 낮추고 제동거리를 충분히 확보한다.
② 눈길, 진흙길, 모랫길인 경우에는 2단 기어를 사용하여 차바퀴가 헛돌지 않도록 천천히 가속한다.
③ 제동할 때에는 자동차가 멈출 때까지 브레이크 페달을 한번에 힘 있게 밟는다.
④ 비포장도로와 같은 험한 도로를 주행할 때에는 저단기어로 가속페달을 일정하게 밟고 기어변속이나 가속은 피한다.

해설 ③의 문항 중 "브레이크 페달을 한번에 힘 있게 밟는다"는 틀리고 "브레이크 페달을 펌프질하듯이 가볍게 위・아래로 밟아준다"가 맞아 정답은 ③이다.

Answer 20 ② 21 ① 22 ③ 23 ③

24 차바퀴가 빠져 헛도는 경우 빠져나오는 요령에 대한 설명이다. 틀린 문항은?

① 차바퀴가 빠져 헛도는 경우에는 엔진을 갑자기 가속하면 바퀴가 헛돌면서 더 깊이 빠질 수 있다.
② 변속레버를 "전진"과 "R(후진)" 위치로 번갈아 두면서 가속페달을 부드럽게 밟으며 탈출을 시도한다.
③ 필요한 경우에는 납작한 돌, 나무 또는 타이어의 미끄럼을 방지할 수 있는 물건을 타이어 밑에 놓은 다음 자동차를 앞뒤로 반복하며 움직이면서 탈출을 시도한다.
④ 차바퀴가 빠져 헛도는 경우에도 엔진을 가속하여 탈출을 시도한다.

해설 ④의 경우 계속하면 더욱 더 빠질 수 있어 틀리므로 정답은 ④이다.

25 자동차 운행 시 경제적인 운행방법에 대한 설명이다. 틀린 문항은?

① 급발진, 급가속 및 급제동 금지
② 경제속도 준수, 불필요한 공회전 금지
③ 불필요한 화물적재 금지, 창문 열고 고속주행 금지
④ 올바른 타이어의 공기압은 연료절약과는 무관하다.

해설 ④의 문항은 "올바른 타이어 공기압 유지"가 옳으므로 정답은 ④이다. 이외에 "목적지를 확실하게 파악한 후 운행"이 있다.

26 겨울철에 타이어에 체인을 장착하고 주행할 수 있는 속도(km/h)로 맞는 문항은?

출제빈도

① 50km/h 이내 또는 체인제작사에서 추천하는 규정속도 이하로 주행한다.
② 40km/h 이내 또는 체인제작사에서 추천하는 규정속도 이하로 주행한다.
③ 30km/h 이내 또는 체인제작사에서 추천하는 규정속도 이하로 주행한다.
④ 20km/h 이내 또는 체인제작사에서 추천하는 규정속도 이하로 주행한다.

해설 ③의 속도로 주행하여야 하므로 정답은 ③이다.

27 고속도로 운행에 대한 설명이다. 맞지 않는 문항은?

① 운행 전 점검 : 연료·냉각수·엔진오일, 각종 벨트, 타이어 공기압 등 점검
② 고속도로를 벗어날 경우에는 미리 출구를 확인하고 방향지시등을 작동시킨다.
③ 터널출구 부분을 나올 경우에는 바람의 영향으로 차체가 흔들릴 수 있으므로 속도를 줄인다.
④ 고인 물을 통과한 경우에는 빠른 속도로 진행하면서 브레이크를 부드럽게 몇 번에 걸쳐 밟아 브레이크를 건조시켜 준다.

해설 ④의 문항 중 "빠른 속도로 진행하면서"가 아니고 "서행하면서"가 옳으므로 정답은 ④이다.

24 ④ 25 ④ 26 ③ 27 ④

28 ABS브레이크 경고등은 키 스위치를 On하면 일반적으로 경고등이 점등된 후 ABS가 정상이면 경고등은 소등되는데 그 시간으로 맞는 문항은?

① 일반적으로 1초 후
② 일반적으로 2초 후
③ 일반적으로 3초 후
④ 일반적으로 4초 후

해설 ③문항 "일반적으로 3초 후 소멸된다"이므로 정답은 ③이다.

02 자동차 장치 사용요령

01 자동차 키(Key)의 사용 및 관리의 설명이다. 잘못된 문항은?

① 차를 떠날 때에는 짧은 시간일지라도 안전을 위해 반드시 키를 뽑아 지참한다.
② 자동차 키에는 시동키와 화물실 전용 키 2종류가 있다.
③ 시동 키 스위치가 ST에서 No상태로 되돌아오지 않게 되면 시동 후에도 스타터가 계속 작동되어 스타터 손상 및 배선의 과부하는 화재의 원인이 아니 된다.
④ 시동 키를 꽂지 않더라도 키를 차 안에 두고 어린이들만 차내에 남겨두지 않는다(차 안의 다른 조작 스위치 등을 작동시킬 수 있다).

해설 ③의 문항 끝에 "아니 된다"는 틀리고, "된다"가 맞으므로 정답은 ③이다.

02 차 밖에서 도어(문) 개폐 설명이다. 틀린 문항은?

① 키를 이용하여 도어를 닫고 열 수 있고, 해제할 수 있다.
② 도어 개폐 스위치에 키를 꽂고 왼쪽으로 돌리면 열리고 오른쪽으로 돌리면 닫힌다.
③ 키 홈이 얼어 열리지 않을 때에는 가볍게 두드리거나 키를 뜨겁게 하여 연다.
④ 도어 개폐 시에는 도어 잠금 스위치에 해제 여부를 확인한다.

해설 ②의 문항 중 "왼쪽으로 돌리면 열리고 오른쪽으로 돌리면 닫힌다"는 반대로 되어 있어 틀려, "오른쪽으로 돌리면 열리고 왼쪽으로 돌리면 닫힌다"가 맞아 정답은 ②이다.

03 차 안에서 도어 개폐 요령에 대한 설명이다. 다른 것에 해당한 문항은?

① 차내 개폐 버튼을 사용하여 도어를 열고 닫는다.
② 주행 중에는 도어를 개폐하지 않는다 : 승객이 추락하여 사고가 발생할 수 있다.
③ 도어를 개폐할 때에는 후방으로부터 오는 보행자 등에 주의한다.
④ 도어 개폐 시에는 도어 잠금 스위치의 해제 여부를 확인한다.

해설 ④의 문항은 "차 밖에서 도어 개폐 방법"의 하나로 달라 정답은 ④이다.

28 ③ | 01 ③ 02 ② 03 ④

04 차를 떠날 때 도어 개폐에 대한 설명이다. 다른 것에 해당한 문항은?

① 차에서 떠날 때에는 엔진을 정지시키고 도어를 반드시 잠근다.
② 엔진시동을 끈 후 자동도어 개폐조작을 반복하면 에어탱크의 공기압이 급격히 저하된다.
③ 장시간 자동으로 문을 열어 놓으면 배터리가 방전될 수 있다.
④ 차내 개폐 버튼을 사용하여 도어를 열고 닫는다.

해설 ④의 문항은 차 밖에서 도어 개폐 방법의 하나로 달라 정답은 ④이다.

05 자동차 화물실 도어 개폐 요령이다. 다른 문항은?

출제빈도

① 화물실 도어는 화물실 전용키를 사용한다.
② 도어 개폐 시에는 잠금 스위치의 해제 여부를 확인한다.
③ 도어를 열 때에는 키를 사용하여 잠금상태를 해제한 후 도어를 당겨 연다.
④ 도어를 닫은 후에는 키를 사용하여 잠근다.

해설 ②의 문항은 "차 밖에서 도어 개폐" 사용 요령의 하나로 정답은 ②이다.

06 연료 주입구 개폐할 때의 주의사항이다. 틀린 문항은?

① 연료 캡을 열 때에는 연료에 압력이 가해져 있을 수 있으므로 천천히 분리한다.
② 연료 캡에서 연료가 새거나 바람 빠지는 소리가 들리면 연료 캡을 완전히 분리하기 전에 이런 상황이 멈출 때까지 대기한다.
③ 시계 반대방향으로 돌려 연료 주입구 캡을 분리한다.
④ 연료를 충전할 때에는 항상 엔진을 정지시키고 연료 주입구 근처에 불꽃이나 화염을 가까이하지 않는다.

해설 ③의 문항은 "연료 주입구 개폐 절차"의 하나로 달라 정답은 ③이다.

07 운전석 의자 주변 정리 방법이다. 다른 문항은?

출제빈도

① 운행 전에 좌석의 전후, 각도, 높이를 조절한다.
② 운전 중 좌석을 조절하면 순간적으로 운전능력을 상실하게 되어 사고 발생의 원인이 될 수 있다.
③ 운전석 시트 주변에 있는 움직이는 물건이 페달 밑으로 들어가면 브레이크, 클러치 또는 가속 페달의 조작이 어려워 사고 발생 원인이 될 수 있다.
④ 운전석 좌석을 전후 원하는 위치로 조절한다.

해설 ④의 문항은 운전석 전후위치 조절순서의 하나로 달라 정답은 ④이다.

Answer 04 ④ 05 ② 06 ③ 07 ④

08 **운전석 전후위치 조절순서이다. 잘못된 문항은?**

① 좌석 쿠션 옆에 있는 조절 레버를 당긴다.
② 좌석을 전후 원하는 위치로 조절한다.
③ 조절 레버를 놓으면 고정된다.
④ 조절 후에는 좌석을 앞뒤로 가볍게 흔들어 고정되었는지 확인한다.

해설 ①의 문항 중 "쿠션 옆에"는 틀리고, "쿠션 아래에"가 맞는 문항으로 정답은 ①이다.

09 **운전석 등받이 각도 조절 순서이다. 잘못된 문항은?**

① 등을 앞으로 약간 숙인 후 좌석에 있는 등받이 각도 조절 레버를 당긴다.
② 좌석에 앉아서 원하는 위치까지 조절한다.
③ 조절 레버에서 손을 놓으면 고정된다.
④ 조절이 끝나면 조절 레버가 고정되었는지 확인한다.

해설 ②의 문항 중 "좌석에 앉아서"가 아니고, "좌석에 기대어"가 맞으므로 정답은 ②이다.

10 출제빈도 **자동차 좌석에 설치된 머리지지대(헤드 레스트-Head rest)의 역할에 대한 설명이다. 틀린 문항은?**

① 머리지지대는 자동차의 좌석의 등받이 맨 위쪽의 머리를 지지하는 부분을 말한다.
② 머리지지대는 사고 발생 시 머리와 목을 보호하는 역할을 하지 못한다.
③ 머리지지대 제거상태에서 주행은 머리나 목의 상해를 초래할 수 있다.
④ 머리지지대와 머리 사이는 주먹 하나 사이가 될 수 있도록 한다.

해설 ②의 문항 중 "보호하는 역할을 하지 못한다"는 틀리고, "보호하는 역할을 한다"가 옳으므로 정답은 ②이다. 이외에 "머리지지대의 높이는 머리지지대 중심부분과 운전자의 귀 상단이 일치하도록 조절한다"가 있다.

11 **자동차의 히터 사용 중 발열, 저온 및 화상 등의 위험이 발생할 수 있는 승객이다. 해당 없는 문항은?**

① 피부가 연약한 승객, 피로(과로)가 누적된 승객
② 술을 많이 마신 승객(과음한 승객)
③ 졸음이 올 수 있는 수면제 또는 감기약 등을 복용한 승객
④ 얼굴색 등 표정이 밝은 승객

해설 ④의 문항은 해당 없는 승객이며, 정답은 ④이다. 이외에 "유아, 어린이, 노인, 신체가 불편한 사람, 기타 질병이 있는 사람, 등"이 있다.

12 출제빈도 **안전벨트 착용 방법과 착용했을 때의 효과에 대한 설명이다. 잘못된 문항은?**

① 안전벨트 착용은 좌석 등받이에 기대어 똑바로 앉는다.
② 어깨벨트는 어깨 위와 가슴 부위를 지나도록 한다.
③ 차 내부와의 충돌을 막아 심각한 부상이나 사망의 위험을 감소시킨다.
④ 안전벨트의 착용 시 꼬여도 무방하다.

08 ① 09 ② 10 ② 11 ④ 12 ④

해설 ④의 문항은 "안전벨트는 꼬이지 않도록 착용한다"가 맞으며, 정답은 ④이다. 이외에 "허리벨트는 골반 위를 지나 엉덩이 부위를 지나도록 하고" "안전벨트에는 별도의 보조장치를 장착하지 않으며, 복부에 착용하지 않는다"가 있다.

13 자동차 계기판 용어의 설명이다. 틀린 문항은?

① 회전계(타고메터) : 엔진 분당 회전수(rpm)를 나타낸다.
② 주행거리계 : 자동차가 주행한 총 거리(km)를 나타낸다.
③ 전압계 : 배터리 충전 및 방전상태를 나타낸다.
④ 속도계 : 자동차의 현재의 주행속도를 나타낸다.

해설 ④의 문항 중 "현재의 주행속도"가 아니고, "시간당 주행속도"가 맞는 문항으로 정답은 ④이다. 이외에 수온계, 연료계, 엔진오일 압력계, 공기압력계가 있다.

14 자동차 경고등 및 표시등의 명칭이다. 틀린 문항은?

출제빈도

① 안전벨트 미착용 경고등

② 엔진오일 압력경고등

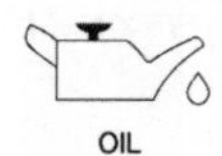

③ 배기 브레이크 표시등

④ 자동정속주행 표시등

해설 ③의 표시는 "제이크 브레이크 표시"이므로 틀려, 정답은 ③이다.

15 자동차 전조등 1단계 스위치를 조절하였을 때 점등되는 것으로 맞는 문항은?

출제빈도

① 차폭등, 미등, 번호판등, 계기판등
② 차폭등, 미등, 번호판등, 계기판등, 전조등
③ 차폭등, 전조등, 미등, 번호판등
④ 미등, 차폭등, 계기판등, 전조등

해설 ①의 문항 점등이 1단계 스위치의 점등이며, 정답은 ①이다. ②의 문항은 2단계 스위치 조절을 하였을 때 점등되는 것이다.

16 전자제어 현가장치 시스템(ECS)의 주요 기능에 대한 설명이다. 잘못된 문항은?

① 차량 주행 중에 에어 소모가 감소한다.
② 차량 하중 변화에 따른 조정이 자동으로 늦게 이루어진다.
③ 도로조건이나 기타 주행조건에 따라서 운전자가 스위치를 조작하여 차량의 높이를 조정할 수 있다.
④ 안정성이 확보된 상태에서 차량의 높이 조정 및 닐링(Kneeling : 차체의 앞부분을 내려가게 만드는 차체 기울임 시스템) 기능을 할 수 있다.

해설 ②의 문항 중 "자동으로 늦게"는 틀리고, "자동으로 빠르게"가 옳아 정답은 ②이다. 이외에 자기진단 기능을 보유하고 있어 정비성이 용이하고 안전하다가 있다.

Answer 13 ④ 14 ③ 15 ① 16 ②

03 자동차 응급조치 요령

01 엔진의 회전수에 비례하여 "쇠가 마주치는 소리"가 날 때가 있다. 이런 이음이 나는 고장 부분과 고칠 수 있는 방법에 해당하는 문항은?

① 밸브 장치에서 나는 소리로 밸브 간극 조정으로 고칠 수 있다.
② 팬 벨트가 이완되어 나는 소리로 밸브 간극 조정으로 고칠 수 있다.
③ V벨트가 이완되어 나는 소리로 밸브 간극 조정으로 고칠 수 있다.
④ 풀리와의 미끄러짐에 의해 나는 소리로 밸브 간극 조정으로 고칠 수 있다.

해설 ①의 "밸브 장치에서 나는 소리로 밸브 간극 조정으로 고칠 수 있다"가 맞으므로 정답은 ①이다.

02 진동과 소리가 날 때 고장 부분의 설명이다. 틀린 문항은?

① 가속 페달을 힘껏 밟는 순간 '끼익' 소리 : 팬 벨트 또는 기타 V벨트가 이완되어 걸려 있는 풀리와의 미끄러짐에 의해 일어난다.
② 클러치를 밟고 있을 때 '달달달' 떨리는 소리와 함께 차체가 떨리고 있다면 : 클러치 릴리스 베어링의 고장이다.
③ 비포장도로의 울퉁불퉁한 험한 노면을 달릴 때 '딱각딱각', '쿵쿵'하는 소리 : 브레이크 라이닝 마모나 라이닝에 오일이 묻어 있을 때 일어난다.
④ 핸들이 어느 속도에 이르면 극단적으로 흔들리고 핸들 자체에 진동이 일어나면 : 앞바퀴 불량이 원인과 앞차륜 정열 및 휠 밸런스가 맞지 않을 때

해설 ③의 문항의 경우 고장은 "완충장치인 쇼크 업소버의 고장으로 볼 수 있다"가 옳으며, 정답은 ③이다. ③의 설명은 바퀴에서 '끼익'하는 소리가 나는 경우의 고장이다.

03 냄새와 열이 나는 이상이 있는 부분의 설명이다. 다른 문항은?

① 전기장치 부분: 전기배선 합선으로 전선이 탄다.
② 브레이크장치 부분: 치과병원에서 이를 갈 때 단내
③ 조향장치 부분: 바퀴 자체 휠 밸런스가 맞지 않다.
④ 바퀴 부분 : 브레이크 라이닝 간격이 좁아 끌린다.

해설 ③은 "진동과 소리로 고장 부분을 찾는 방법"이 정답은 ③이다.

04 배출가스로 고장의 이상 유무를 구분할 수 있는 방법이다. 틀린 문항은?

① 무색 : 완전 연소 시 색(무색 또는 약간 엷은 청색)
② 검은색 : 불완전 연소되는 경우(연료 장치 고장)
③ 청색 : 오일이 실린더 위로 올라와 연소되는 경우
④ 백색 : 엔진 안에서 다량의 엔진오일이 실린더 위로 올라와 연소되는 경우(헤드 개스킷 파손 등)

해설 ③의 문항은 없는 내용으로 틀리다. 정답은 ③이다.

01 ① 02 ③ 03 ③ 04 ③

05 엔진시동이 걸리지 않는 경우이다. 틀린 문항은?

① 시동모터가 회전하지 않을 때 : 배터리 방전상태

② 시동모터는 회전하나 시동이 걸리지 않을 때 : 연료 유무 점검

③ 배터리가 방전되어 있을 때 : 주차 브레이크를 작동시켜 차량이 움직이지 않도록 한다.

④ 전기장치에 고장이 있을 때 : 높은 용량 퓨즈 교체

해설 ④의 "높은 용량 퓨즈 교체"는 틀리고, "규정된 용량의 퓨즈만을 사용하여 교체"하는 것이 맞다. 정답은 ④이다.

06 배터리가 방전되어 타 차량의 배터리에 점프 케이블을 연결하여 시동이 걸린 후 점프 케이블의 분리 요령이다. 방법이 잘못된 문항은?

① 점프 케이블의 양극(+)과 음극(−)이 서로 닿으면 위험하므로 닿지 않도록 한다.

② 시동이 걸린 후 점프 케이블 분리는 양극(+)단자를 먼저 분리 후, 음극(−)단자는 2차로 분리한다.

③ 시동이 걸린 후 점프 케이블의 분리는 음극(−)단자를 1차로 먼저 분리하여야 한다.

④ 점프 케이블의 분리는 첫 번째 음극(−)단자를, 두 번째 양극(+)단자의 순서로 분리한다.

해설 ②의 문항의 분리 순서가 반대로 설명되었으므로 잘못되어 있다. 정답은 ②이다.

07 차의 엔진에 오버히트가 발생하는 원인과 징후에 대한 설명이다. 다른 문항은?

① 냉각수가 부족한 경우

② 여름에는 에어컨, 겨울에는 히터의 작동을 중지시킨다.

③ 운행 중 수온계가 H 부분을 가리키는 경우

④ 엔진 내부가 얼어 냉각수가 순환하지 않는 경우

해설 ②는 엔진 오버히트가 발생할 때 안전조치의 하나이며, 정답은 ②이다. 이외에 "엔진 출력이 갑자기 떨어지는 경우 · 노킹소리가 들리는 경우와 냉각수에 부동액이 들어있지 않는 경우(추운 날씨)"가 있다.

08 엔진에 오버히트가 발생할 때의 징후가 아닌 문항은?

출제빈도

① 엔진 내부가 얼어 냉각수가 순환하지 않는 경우

② 운행 중 수온계가 H 부분을 가리키는 경우

③ 엔진 출력이 갑자기 떨어지는 경우

④ 노킹소리가 들리는 경우

해설 ①는 "오버히트가 발생하는 원인 중"의 하나이다. 정답은 ①이다.

09 오버히트가 발생할 때의 안전조치이다. 다른 문항은?

① 비상경고등을 작동한 후 도로 가장자리로 안전하게 이동하여 정차한다.

② 운행 중 수온계가 H 부분을 가르키는 경우

③ 여름에는 에어컨, 겨울에는 히터의 작동을 중지시킨다.

④ 엔진이 작동하는 상태에서 보닛(Bon-net)을 열어 엔진을 냉각시킨다.

05 ④ 06 ② 07 ② 08 ① 09 ②

해설 ②는 "오버히트가 발생할 때의 징후"의 하나이며, 정답은 ②이다. ①, ③, ④ 이외에 "엔진을 충분히 냉각시킨 다음에는 냉각수의 양 점검, 라지에이터 호스 연결부위 등의 누수 여부" 등을 확인한다.

10 타이어에 펑크가 났을 때 조치방법이다. 다른 문항은?

출제빈도

① 운행 중 타이어가 펑크 났을 경우에는 핸들이 돌아가지 않도록 견고히 잡고, 비상경고등을 작동시킨다(한쪽으로 쏠리는 현상 예방).

② 가속페달에서 발을 떼어 속도를 서서히 감속시키면서 길 가장자리로 이동한다(급브레이크를 밟게 되면 양쪽 바퀴의 제동력 차이로 자동차가 회전하는 것을 예방).

③ 잭을 사용할 때에는 평탄하고 안전한 장소에서 사용한다.

④ 잭을 사용하여 차체를 들어 올릴 때 자동차가 밀려나가는 현상을 방지하기 위해 교환할 타이어의 대각선에 있는 타이어에 고임목을 설치한다.

해설 ③의 문항은 "타이어에 펑크가 난 경우 잭을 사용할 때 주의사항 중의 하나이다" 정답은 ③이다. ①, ②, ④ 이외에 "브레이크를 밟아 차를 도로 옆 평탄하고 안전한 장소에 주차한 후 주차 브레이크를 당겨 놓는다" 등이 있다.

11 자동차의 타이어 펑크 또는 그 밖의 고장으로 주차할 때 고장자동차의 표지(비상용 삼각대) 설치 방법이다. 잘못된 문항은?

출제빈도

① 자동차 운전자는 고장 자동차 표지를 설치할 의무가 있다.

② 고장 자동차 표지를 설치하는 경우 그 자동차의 후방에서 접근하는 차의 운전자가 확인할 수 있는 위치에 설치하여야 한다.

③ 밤에는 사방 500m 지점에서 식별할 수 있는 적색의 섬광신호, 전기제등 또는 불꽃신호를 추가로 설치한다.

④ 낮이나 밤의 경우 비상용 삼각대나 불꽃신호 등이 없으면 운전자가 수신호를 한다.

해설 ④의 문항은 "위험하므로 절대 하여서는 아니된다." 정답은 ④이다.

12 타이어가 펑크 났을 때 잭을 사용할 경우의 주의사항이다. 아닌 문항은?

① 잭을 사용할 때에는 평탄하고 안전한 장소에서 사용한다.

② 잭을 사용하는 동안에 시동을 걸면 위험하다.

③ 잭으로 차량을 올린 상태에서 차량 하부로 들어가면 위험하다.

④ 잭을 사용할 때에 후륜의 경우에는 리어 액슬 위의 부분에 설치한다.

해설 ④의 문항 중 "위의 부분에"가 아니고, "아래 부분에"가 맞는 문항이다. 정답은 ④이다.

10 ③ 11 ④ 12 ④

13 **시동모터가 작동되지 않거나 천천히 회전하는 경우의 추정원인과 조치사항이다. 다른 문항은?**

① 배터리가 방전되었다 → 배터리를 충전하거나 교환한다.
② 배터리 단자의 부식, 이완, 빠짐 현상이 있다 → 배터리 단자의 부식 부분을 깨끗하게 처리하고 단단하게 고정한다.
③ 엔진오일점도가 너무 낮다 → 적정 점도의 오일로 교환한다.
④ 접지 케이블이 이완되어 있다 → 접지 케이블을 단단하게 고정한다.

해설 ③의 문항 추정원인에 "너무 낮다"는 틀리고, "너무 높다"가 옳으므로 정답은 ③이다.

14 **"장치별 응급조치에서 오버히트 한다(엔진이 과열되었다)"의 추정원인과 조치사항이다. 틀린 문항은?**

① 냉각수 부족 또는 누수되고 있다 → 냉각수 보충 또는 누수 부위를 수리한다.
② 냉각팬이 작동되지 않는다 → 냉각팬 전기배선 등을 수리한다.
③ 라지에이터 캡의 장착이 미비하다 → 라지에이터 캡을 확실하게 장착한다.
④ 서모스탯(온도조절기 : Thermostat)이 정상 작동하지 않는다 → 서모스탯을 교환한다.

해설 ③의 추정원인 문항 중 "미비하다"는 틀리고, "불완전하다"가 옳은 문항으로 정답은 ③이다. 이외에 오버히트 추정원인으로 "팬벨트의 장력이 지나치게 느슨하다 : 팬벨트 장력을 조정한다"가 있다.

15 **조향계통 응급조치 중 "핸들이 무겁다"의 추정원인과 조치사항이다. 다른 것은?**

① 원인 : 앞바퀴의 공기압이 부족하다.
② ①조치 : 타이어를 점검하여 무게 중심을 조정한다.
③ 원인 : 파워스티어링 오일이 부족하다.
④ ③조치 : 파워스티어링 오일을 보충한다.

해설 ②의 문항 조치는 "스티어링 휠(핸들)이 떨릴 때"의 조치사항의 하나로 정답은 ②이다.

04 자동차의 구조 및 특성

01 **자동차의 동력전달장치이다. 해당되지 않는 문항은?**

출제빈도

① 클러치　② 변속기
③ 타이어　④ 스테빌라이져

해설 ④는 현가장치 중의 하나로 정답은 ④이다.

02 **동력전달장치 중 클러치의 기능이다. 아닌 문항은?**

① 엔진의 동력을 변속기에 전달한다.
② 엔진의 동력을 변속기에서 차단한다.
③ 엔진시동을 작동시킬 때나 기어를 변속할 때에는 동력을 끊어준다.
④ 정지할 때에는 엔진의 동력을 서서히 연결하는 일을 한다.

해설 ④의 문항 중 "정지할 때에는"은 틀리고, "출발할 때에는"이 맞아 정답은 ④이다.

Answer 13 ③ 14 ③ 15 ② | 01 ④ 02 ④

03 자동차에 클러치가 필요한 이유이다. 틀린 문항은?

① 엔진을 작동시킬 때 엔진을 무부하 상태로 유지한다.
② 변속기의 기어를 변속할 때 엔진의 동력을 일시차단한다.
③ 관성운전을 가능하게 한다.
④ 퓨얼 컷(Fuel cut) 현상은 관계가 없다.

해설 ④의 퓨얼 컷 현상이 관성운전과 관계가 있어 정답은 ④이다.
※ 퓨얼 컷 : 가속페달에서 발을 떼면 특정 속도로 떨어질 때까지 연료공급이 차단되는 현상을 말한다.

04 클러치의 구비조건이다. 틀린 문항은?

① 구조가 간단하고, 다루기 쉬우며 고장이 적어야 한다. 또는 냉각이 잘 되어 과열하지 않아야 한다.
② 회전력 단속 작용이 확실하며, 조작이 쉬워야 한다.
③ 회전관성이 많아야 한다.
④ 회전부분의 평형이 좋아야 한다.

해설 ③의 문항 중 "많아야 한다"는 틀리고, "적어야 한다"가 맞아 정답은 ③이다.

05 자동차의 클러치가 미끄러지는 원인으로 틀린 문항은?

출제빈도

① 클러치 페달의 자유 간극(유격)이 있다.
② 클러치 디스크의 마멸이 심하다.
③ 클러치 디스크에 오일이 묻어 있다.
④ 클러치 스프링의 장력이 약하다.

해설 ①의 문항 중 "자유 간극(유격)이 있다"는 틀리고, "자유 간극(유격)이 없다"가 맞아 정답은 ①이다.

06 클러치가 미끄러질 때의 영향이다. 틀린 문항은?

출제빈도

① 연료 소비량이 증가한다.
② 구동력이 감소해 출발이 어렵고, 증속이 잘 되지 않는다.
③ 엔진이 과열한다.
④ 등판능력이 증가한다.

해설 ④의 문항 중 "증가한다"는 틀리고, "감소한다"가 맞아 정답은 ④이다.

07 클러치 차단이 잘 안 되는 원인이다. 틀린 문항은?

① 유압장치에 공기가 혼입되었다.
② 클러치 페달의 자유 간극이 작다.
③ 릴리스 베어링이 손상되었거나 파손되었다.
④ 클러치 디스크의 흔들림이 크다.

해설 ②의 문항 중 "작다"는 틀리고, "크다"가 맞으므로 정답은 ②이다. 외에 "클러치 구성부품이 심하게 마멸되었다"가 있다.

08 엔진의 출력을 자동차 주행속도에 알맞게 회전력과 속도로 바꾸어 구동바퀴에 전달하는 장치의 명칭에 해당하는 문항은?

출제빈도

① 클러치
② 변속기
③ 완충장치
④ 동력전달장치

해설 ②의 문항 변속기로 정답은 ②이다.

03 ④ 04 ③ 05 ① 06 ④ 07 ② 08 ②

09 변속기의 구비조건에 대한 설명이다. 틀린 문항은?

① 무겁고, 단단하며, 다루기가 쉬워야 한다.
② 연속적으로 또는 자동적으로 변속이 되어야 한다.
③ 동력전달 효율이 좋아야 한다.
④ 조작이 쉽고, 신속 확실하며, 작동 소음이 적어야 한다.

해설 ①의 문항 중 "무겁고"는 틀리고, "가볍고"가 맞는 문항으로 정답은 ①이다.

10 자동변속기의 오일 색깔에 대한 설명이다. 틀린 문항은?

출제빈도

① 정상 : 투명도가 높은 붉은색
② 갈색 : 가혹한 상태에서 사용되거나. 단시간 사용한 경우
③ 니스 모양으로 된 경우 : 오일이 매우 고온에 노출된 경우
④ 백색 : 오일에 수분이 다량으로 유입된 경우

해설 ②의 문항 중 "단시간"이 아니라 "장시간"이 맞는 문장으로 정답은 ②이다. ①, ③, ④ 외에 "투명도가 없어지고 검은색을 띨 때 : 자동변속기 내부의 클러치 디스크의 마멸분말에 의한 오손, 기어가 마멸된 경우"가 있다.

11 타이어의 주요기능에 대한 설명이다. 잘못된 문항은?

출제빈도

① 자동차의 하중을 지탱하는 기능을 한다.
② 차체로부터 전달되는 충격을 완화시키는 기능을 한다.
③ 자동차 진행방향을 전환 또는 유지시키는 기능을 한다.
④ 엔진의 구동력 및 브레이크의 제동력을 노면에 전달하는 기능을 한다.

해설 ②의 문항 중 "차체로부터"는 틀리고, "노면으로부터"가 옳은 문항으로 정답은 ②이다.

12 타이어의 구조 및 형상에 따라 구분하는 종류가 아닌 문항은?

① 바이어스 타이어
② 레디얼 타이어
③ 스노 타이어
④ 사계절 타이어

해설 ④는 튜브리스 타이어이므로 정답은 ④이다.

13 스노 타이어 특성에 대한 설명이다. 틀린 문항은?

① 스핀을 일으키면 견인력이 감소하므로 출발을 천천히 해야 한다.
② 구동 바퀴에 걸린 하중을 크게 해야 한다.
③ 눈길에서 미끄러짐이 적게 주행할 수 있도록 제작된 타이어로 바퀴가 고정되면 제동거리가 짧아진다.
④ 트레드 부가 50% 이상 마멸되면 제 기능을 발휘하지 못한다.

해설 ③의 문항 중 "짧아진다"는 틀리고, "길어진다"가 맞으므로 정답은 ③이다.

Answer 09 ① 10 ② 11 ② 12 ④ 13 ③

14 **자동차가 고속으로 주행하여 타이어의 회전속도가 빨라지면 접지부에서 받은 타이어의 변형(주름)이 다음 접지 시점까지도 복원되지 않고 접지의 뒤쪽에 물결이 일어나는 현상의 명칭 문항은?**

① 모닝 록 현상
② 스탠딩 웨이브 현상
③ 수막현상
④ 워터 페이드 현상

해설 ②의 스탠딩 웨이브 현상으로 정답은 ②이다.
※ 일반구조의 승용차용 타이어의 경우 대략 150km/h 전후의 주행속도에서 발생하나, 150km/h 이하의 저속력에서도 발생할 수 있다.

15 **자동차가 물이 고인 노면(비 오는 날 도로)을 고속으로 주행할 때 일어나는 수막현상들이다. 잘못되어 있는 문항은?**

① 60km/h로 주행 시 : 시속 60km/h까지 주행할 경우에는 수막현상이 일어나지 않는다.
② 70km/h로 주행 시 : 시속 70km/h로 주행할 때에는 수막현상이 일어난다.
③ 80km/h로 주행 시 : 타이어의 옆면으로 물이 파고들기 시작하여 부분적으로 수막현상을 일으킨다.
④ 100km/h로 주행 시 : 노면과 타이어가 분리되어 수막현상을 일으킨다.

해설 ②의 문항 속도 70km/h에서는 일어나지 않으므로 정답은 ②이다.

16  **수막현상이 발생 시 타이어가 완전히 떠오를 때 속도 명칭에 해당되는 문항은?**

① 주행속도
② 임계속도
③ 규정속도
④ 제한속도

해설 ②의 "임계속도"로 정답은 ②이다.

17  **수막현상이 발생하는 물 깊이는 타이어의 속도, 마모 정도, 노면의 거침 등에 따라 다르지만 물 깊이는 어느 정도인가 맞는 문항은?**

① 2.5~10mm 정도
② 2.5~11mm정도
③ 2.5~12mm 정도
④ 2.5~13mm 정도

해설 ①의 2.5mm~10mm 정도의 물 깊이로 정답은 ①이다.

18 **수막현상을 방지하기 위한 주의가 필요하다. 틀린 문항은?**

① 저속 주행
② 마모된 타이어를 사용하지 않는다.
③ 공기압을 조금 낮게 한다.
④ "리브형" 배수 효과가 좋은 타이어를 사용한다.

해설 ③의 문항은 "공기압을 조금 높게 한다"가 맞으므로 정답은 ③이다.

Answer 14 ② 15 ② 16 ② 17 ① 18 ③

19 **완충(현가)장치의 구성과 역할이다. 다른 문항은?**

① 스프링 : 노면에서의 충격이나 진동을 흡수하여 차체에 전달되지 않게 하는 것이다.
② 스태빌라이져 : 좌우 바퀴가 서로 다르게 상하운동을 할 때 작용하여 차체의 기울기를 감소시켜주는 장치이다.
③ 쇼크 업소버 : 움직임을 멈추려고 하지 않는 스프링에 대하여 역방향으로 힘을 발생시켜 진동의 흡수를 앞당긴다.
④ 휠 얼라인먼트 : 캠버, 캐스터, 토인, 조향축(킹핀), 경사각 등이 있다.

해설 ④의 문항은 조향장치 구성부분의 설명으로 달라 정답은 ④이다.

20 **완충(현가)장치의 주요 기능이다. 잘못된 문항은?**

출제빈도

① 적정한 자동차의 높이를 유지한다.
② 올바른 휠 얼라인먼트를 유지한다.
③ 주행방향을 전부 조정한다.
④ 타이어의 접지상태를 유지한다.

해설 ③의 문항 중 "전부"는 틀리고, "일부"가 맞으며, 정답은 ③이다. 이외에 "상하 방향이 유연하여 차체가 노면에서 받는 충격을 완화시킨다와 차체의 무게를 지탱한다"가 있다.

21 **완충장치 중 "판 스프링"에 대한 설명이다. 다른 것에 해당된 문항은?**

① 버스나 화물차에 사용한다.
② 외부의 힘을 받으면 비틀려진다.
③ 판간 마찰에 의한 진동의 억제작용이 크다.
④ 내구성이 강하고, 판간 마찰이 있기 때문에 작은 진동은 흡수가 곤란하다.

해설 ②의 문항은 "코일 스프링"의 특성으로 정답은 ②이다. ①, ③, ④ 이외에 "스프링 자체의 강성으로 차축을 정해진 위치에 지지할 수 있어 구조가 간단하다"가 있다.

22 **완충(현가)장치 중 "코일 스프링"의 설명이다. 다른 문항은?**

① 내구성이 크다.
② 외부의 힘을 받으면 비틀려진다.
③ 진동에 대한 감쇠작용을 못한다.
④ 옆 방향 작용력에 대한 저항력도 없다.

해설 ①의 문항은 "판 스프링"의 특성 중 하나로 정답은 ①이다. ②, ③, ④ 이외에 "차축을 지지할 때는 링크기구나 쇼크 업소버를 필요로 하고 구조가 복잡하다", "승용차에 많이 사용한다"가 있다.

23 **스프링을 비틀었을 때 탄성에 의해 원위치하려는 성질을 이용한 스프링 강의 막대인 스프링 명칭에 해당하는 문항은?**

① 코일 스링　　② 토션바 스프링
③ 판 스프링　　④ 공기 스프링

해설 ②의 "토션바 스프링"이므로 정답은 ②이다.

24 **노면에서 발생한 스프링의 진동을 재빨리 흡수하여 승차감을 향상시키고 동시에 스프링의 피로를 줄이기 위해 설치하는 장치에 해당한 명칭의 문항은?**

출제빈도

① 판 스프링　　② 코일 스프링
③ 스태빌라이져　　④ 쇼크 업소버

Answer 19 ④　20 ③　21 ②　22 ①　23 ②　24 ④

해설 ④의 문항 "쇼크 업소버" 장치로 정답은 ④이다.

25 좌우 바퀴가 동시에 상하운동을 할 때에는 작용을 하지 않으나, 좌우 바퀴가 서로 다르게 운동을 할 때 작용하여 차체의 기울기를 감소시켜 주는 장치의 명칭 문항은?

출제빈도

① 쇼크 업소버 ② 스태빌라이져
③ 토션바 스프링 ④ 판 스프링

해설 ②의 문항 "스태빌라이져"로 정답은 ②이다.

26 조향장치의 구비조건에 대한 설명이다. 해당 없는 문항은?

① 조향조작이 주행 중의 충격에 영향을 받지 않아야 한다.
② 조작이 쉽고, 방향 전환이 원활하게 이루어져야 한다.
③ 고속주행에서도 조향 조작이 안정적이어야 한다.
④ 조향기어의 톱니바퀴가 마모되었다.

해설 ④의 문항은 "조향핸들이 무거운 원인"의 하나로 정답은 ④이다. ①, ②, ③ 이외에 "진행방향을 바꿀 때 섀시 및 바디 각 부에 무리한 힘이 작용하지 않아야 한다", "조향핸들의 회전과 바퀴 선회 차이가 크지 않아야 한다", "수명이 길고 정비하기 쉬워야 한다"가 있다.

27 조향핸들이 무거운 원인이다. 틀린 문항은?

출제빈도

① 타이어의 공기압이 과다하다.
② 앞바퀴의 정렬상태가 불량하다.
③ 조향기어의 톱니바퀴가 마모되었다.
④ 조향기어 박스 내의 오일이 부족하다.

해설 ①의 문항 중 "과다하다"는 틀리고, "부족하다"가 옳은 문항으로 정답은 ①이다. 이외에 "타이어 마멸이 과다하다"가 있다.

28 조향핸들이 한쪽으로 쏠리는 원인에 대한 설명이다. 틀린 문항은?

출제빈도

① 타이어의 공기압이 균일하다.
② 앞바퀴의 정렬상태가 불량하다.
③ 쇼크 업소버의 작동상태가 불량하다.
④ 허브 베어링의 마멸이 과다하다.

해설 ①의 문항 중 "균일하다"는 틀리고, "불균일하다"가 옳은 문항으로 정답은 ①이다.

29 동력조향장치의 장점이다. 단점에 해당되는 문항은?

출제빈도

① 조향 조작력이 작아도 된다.
② 노면에서 발생한 충격 및 진동을 흡수한다.
③ 앞바퀴의 시미현상(바퀴가 좌우로 흔들리는 현상)을 방지한다.
④ 고장이 발생한 경우에는 정비가 어렵다.

해설 ④의 문항은 단점 중의 하나로 정답은 ④이다. 이외에 "기계식에 비해 구조가 복잡하고 값이 비싸다와 오일펌프 구동에 엔진의 출력이 일부 소비된다"가 있다. 장점은 "조향조작이 신속하고 경쾌하다와 앞바퀴가 펑크 났을 때 조향핸들이 갑자기 꺾이지 않아 위험도가 낮다"가 있다.

30 휠 얼라인먼트의 역할에 대한 설명이다. 틀린 문항은?

① 조향핸들의 조작을 확실하게 하고 안전성을 준다 → 캐스터의 작용
② 조향핸들에 복원성을 부여한다 → 캐스터와 조향축(킹핀) 경사각의 작용
③ 조향핸들의 조작을 가볍게 한다 → 캠버와 조향축(킹핀) 경사각의 작용
④ 타이어의 마멸을 최대로 한다 → 토인의 작용

Answer 25 ② 26 ④ 27 ① 28 ① 29 ④ 30 ④

해설 ④의 문항 중 "최대로"는 틀리고 "최소로"가 맞아 정답은 ④이다.

31 출제빈도

자동차를 앞에서 보았을 때 앞바퀴가 수직선에 대해 어떤 각도를 두고 설치되어 있는 장치의 명칭에 해당되는 용어는?

① 캐스터(Caster)
② 캠버(Camber)
③ 토인(Toe-in)
④ 조향축(킹핀) 경사각

해설 ②의 문항 "캠버(Camber)"로 정답은 ②이다.

32 출제빈도

자동차 앞바퀴를 옆에서 보았을 때 앞 차축을 고정하는 조향축(킹핀)이 수직선과 어떤 각도를 두고 설치되어 있는 장치의 명칭에 해당되는 용어는?

① 캐스터(Caster)
② 캠버(Camber)
③ 토인(Toe-in)
④ 조향축(킹핀) 경사각

해설 ①의 문항 "캐스터(Caster)"로 정답은 ①이다.

33

자동차 앞바퀴를 위에서 내려다보면 양쪽 바퀴의 중심선 사이의 거리가 앞쪽이 뒤쪽보다 약간 작게 되어 있는 것을 보게 되는데 이 장치의 명칭 용어는?

① 캠버(Camber)
② 캐스터(Caster)
③ 조향축(킹핀) 경사각
④ 토인(Toe-in)

해설 ④의 문항 "토인(Toe-in)"으로 정답은 ④이다.

34

제동장치의 공기식 브레이크의 구조로 다른 문항은?

① 공기압축기, 공기탱크, 브레이크 밸브
② 릴레이 밸브, 퀵 릴리스 밸브
③ 브레이크 체임버, 저압표시기, 체크 밸브
④ ABS 브레이크, 감속 브레이크(엔진 또는 배기)

해설 ④의 문항은 "제동장치 중 브레이크의 구분"을 할 때의 종류로 정답은 ④이다.

35

공기식 브레이크의 장단점이다. 단점에 해당되는 문항은?

① 엔진출력을 사용하므로 연료소비량이 많다.
② 자동차 중량에 제한을 받지 않는다.
③ 베이퍼 록 현상이 발생할 염려가 없다.
④ 페달을 밟는 양에 따라 제동력이 조절된다.

해설 ①의 문항은 단점에 해당되어 정답은 ①이다. 이 외에 "구조가 복잡하고 유압 브레이크보다 값이 비싸다"가 있으며, 장점에는 "압축공기의 압력을 높이면 더 큰 제동력을 얻을 수 있다", "공기가 다소 누출되어도 제동성능이 현저하게 저하되지 않아 안전도가 높다"가 있다.

Answer 31 ② 32 ① 33 ④ 34 ④ 35 ①

36 출제빈도

자동차 주행 중 제동할 때 타이어의 고착 현상을 미연에 방지하여 노면에 달라붙는 힘을 유지하므로 사전에 사고의 위험성을 감소시키는 예방 안전장치 명칭의 문항은?

① 감속 브레이크
② ABS 브레이크
③ 공기 브레이크
④ 유압배력식 브레이크

해설 ②의 문항 ABS 브레이크로 정답은 ②이다.

37 출제빈도

ABS 브레이크의 특징에 대한 설명이다. 틀린 문항은?

① 바퀴 미끄러짐이 없는 제동효과를 얻을 수 있다.
② 자동차의 방향 안전성. 조종성능의 확보가 안 된다.
③ 앞바퀴의 고착에 의한 조향능력 상실을 방지한다.
④ 노면의 상태가 변해도 최대 제동효과를 얻을 수 있다.

해설 ②의 문항 중 "확보가 안 된다"는 틀리며, "확보해준다"가 맞아 정답은 ②이다. 이외에 "뒷바퀴의 조기 고착으로 인한 옆 방향 미끄러짐을 방지한다"가 있다.

38 출제빈도

엔진의 회전저항을 이용한 것으로 언덕길을 내려갈 때 가속페달을 놓거나 저속기어를 사용하면 회전저항에 의한 제동력이 발생한 브레이크 명칭 용어는?

① ABS 브레이크
② 감속 브레이크
③ 엔진 브레이크
④ 배기 브레이크

해설 ③의 문항 "엔진 브레이크"로 정답은 ③이다.

39 출제빈도

엔진 내 피스톤 운동을 억제시키는 브레이크로 일부 피스톤 내부의 연료분사를 차단하고 강제로 배기밸브를 개방하여 작동이 줄어든 피스톤 운동량만큼 엔진의 출력이 저하되어 제동력이 발생한다는 브레이크 명칭의 용어는?

① 제이크 브레이크
② 감속 브레이크
③ 리타터 브레이크
④ 배기 브레이크

해설 ①의 문항 제이크 브레이크로 정답은 ①이다.

40 출제빈도

배기관 내에 설치된 밸브를 통해 배기가스 또는 공기를 압축한 후 배기 파이프 내의 압력이 배기 밸브 스프링 장력과 평형이 될 때까지 높게 하여 제동력을 얻는 제동장치의 명칭 용어는?

① 감속 브레이크
② 배기 브레이크
③ 엔진 브레이크
④ 공기식 브레이크

해설 ②의 "배기 브레이크"로 정답은 ②이다.

41 출제빈도

별도의 오일을 사용하고 기어 자체에 작은 터빈(자동변속기) 또는 별도의 리타터용 터빈(수동변속기)이 장착되어 유압을 이용하여 동력이 전달되는 회전방향과 반대로 터빈을 작동시켜 제동력을 발생시키는 브레이크에 해당하는 명칭의 용어는?

① 제이크 브레이크
② 감속 브레이크
③ 리타터 브레이크
④ 배기 브레이크

해설 ③의 리타터 브레이크로 정답은 ③이다.

Answer 36 ② 37 ② 38 ③ 39 ① 40 ② 41 ③

42 감속 브레이크의 장점에 대한 설명이다. 틀린 문항은?

① 브레이크 슈, 드럼 혹은 타이어의 마모를 줄인다.
② 눈, 비 등으로 인한 타이어 미끄럼이 많아진다.
③ 브레이크가 작동할 때 이상 소음을 내지 않아 승객에게 불쾌감을 주지 않는다.
④ 클러치 사용횟수가 줄게 됨에 따라 클러치 관련 부품의 마모가 감소한다.

해설 ②의 문항 중 "미끄럼이 많아진다"는 틀리고, "미끄럼을 줄일 수 있다"가 맞아 정답은 ②이다. 이외에 "풋 브레이크를 사용하는 횟수가 줄기 때문에 주행할 때의 안전도가 향상되고, 운전자의 피로를 줄일 수 있다"가 있다.

05 자동차의 검사 및 보험

01 자동차 검사의 필요성에 대한 설명이다. 잘못된 문항은?

① 자동차 결함으로 인한 교통사고 예방으로 국민의 생명보호
② 자동차 배출가스로 인한 대기오염 최대화
③ 불법개조 등 안전기준 위반 차량 색출로 운행질서 확립
④ 자동차보험 미가입 자동차의 교통사고로부터 운전자 피해 예방

해설 ④의 문항 중 말미에 "운전자"는 틀리고 "국민"이 맞는 문항으로 정답은 ④이다.

02 자동차 정기검사와 배출가스 정밀검사 또는 특정 경유 자동차 배출가스 검사의 검사항목을 하나의 검사로 통합하고 검사 시기를 자동차 정기검사 시기로 통합하여 한 번의 검사로 모든 검사가 완료되는 검사의 명칭 문항은?

① 정기검사
② 종합검사
③ 임시검사
④ 수시검사

해설 ②의 "종합검사"에 해당되어 정답은 ②이다.

03 사업용 승용자동차에서 "차령이 2년 초과인 자동차의 검사유효기간"이다. 옳은 기간의 문항은?

① 6월
② 1년
③ 2년
④ 3년

해설 ②의 문항 1년이 맞아 정답은 ②이다. "차령이 4년 초과인 비사업용 승용자동차는 2년"이 맞다.

04 "차령이 2년 초과인 사업용 대형화물 자동차의 검사유효기간"이다. 옳은 문항은?

① 6개월
② 1년
③ 1년 6월
④ 2년

해설 ①의 "6개월"이 옳다. 정답은 ①이다. 경형・소형의 승합 및 화물자동차의 검사유효기간은 "차령이 2년 초과인 사업용 자동차는 1년이며, 차령이 3년 초과인 비사업용 자동차도 1년"이다.

Answer 42 ② | 01 ④ 02 ② 03 ② 04 ①

05 출제빈도

자동차종합검사는 유효기간 마지막 날을 기준하여 전후 며칠 이내에 받아야 하는가에 맞는 문항은?

① 전후 각각 10일 이내
② 전후 각각 20일 이내
③ 전후 각각 30일 이내
④ 전후 각각 31일 이내

해설 ④의 문항 기간 내에 받아야 하므로 정답은 ④이다.

06 출제빈도

소유권 변동 또는 사용본거지 변경 등의 사유로 자동차종합검사의 대상이 된 자동차 중 자동차정기검사의 기간이 지난 자동차는 변경등록을 한 날부터 며칠 이내에 자동차종합검사를 받아야 하는 기간에 해당하는 문항은?

① 변경등록을 한 날부터 15일 이내
② 변경등록을 한 날부터 20일 이내
③ 변경등록을 한 날부터 31일 이내
④ 변경등록을 한 날부터 62일 이내

해설 ④의 문항 "변경등록을 한 날부터 62일 이내"에 종합검사를 받아야 하므로 정답은 ④이다.

07 출제빈도

자동차종합검사를 받지 아니한 경우의 과태료 부과 기준이다. 틀린 문항은?

① 자동차종합검사를 받아야 하는 기간만료일부터 30일 이내인 경우 : 2만 원
② 자동차종합검사를 받아야 하는 기간만료일부터 30일을 초과 114일 이내인 경우 : 2만 원에 31일째부터 계산하여 매 3일 초과 시마다 1만 원 더한 금액
③ 자동차종합검사를 받아야 하는 기간만료일부터 115일 이상인 경우 : 30만 원
④ 과태료 최저 한도액 : 30만 원

해설 ④의 문항 "과태료 최저 한도액"은 없어 정답은 ④이다.

08

비사업용 승용자동차 및 피견인 자동차의 정기검사유효기간으로 맞는 문항은? (신조차는 제외)

① 1년 ② 2년
③ 3년 ④ 4년

해설 ②의 2년마다이므로 정답은 ②이다. ④의 문항 4년은 신조차로서 신규검사를 받은 것으로 보는 자동차의 최초검사유효기간이다.

09

사업용 승용자동차의 정기검사유효기간으로 옳은 문항은?

① 1년 ② 2년
③ 3년 ④ 4년

해설 ①의 문항 1년이며 정답은 ①이다. ②의 2년은 신조차로서 신규검사를 받은 것으로 보는 자동차의 최초검사유효기간이다.

10 출제빈도

차령이 2년 이하인 사업용 대형화물자동차의 정기검사유효기간에 대한 설명이다. 맞는 문항은?

① 6월 ② 1년
③ 2년 ④ 3년

해설 ②의 문항 1년이며 정답은 ②이다. ①의 6월은 "차령이 2년 초과인 경우의 검사유효기간"이다.

Answer 05 ④ 06 ④ 07 ④ 08 ② 09 ① 10 ②

11 정기검사 미시행에 따른 과태료부과에 대한 설명이다. 잘못된 문항은?

① 정기검사를 받아야 하는 기간만료일부터 30일 이내인 경우 : 2만 원
② 정기검사를 받아야 하는 기간만료일부터 30일을 초과 114일 이내인 경우 : 2만 원에 31일째부터 계산하여 매 3일 초과 시마다 1만 원을 더한 금액
③ 최고 한도금액 : 50만 원
④ 정기검사를 받아야 하는 기간만료일부터 115일 이상인 경우 : 30만 원

해설 ③의 문항 최고 한도금액은 규정에 없어 틀린다. 정답은 ③이다.

12 튜닝승인은 승인신청 접수일부터 며칠 이내에 처리되며, 튜닝승인을 받은 날부터 며칠 이내에 자동차 검사소에서 안전기준 적합 여부 및 승인받은 내용대로 변경하였는가에 대하여 검사를 받아야하는가 맞는 문항은?

① 5일 이내 처리 : 30일 이내 튜닝검사
② 7일 이내 처리 : 35일 이내 튜닝검사
③ 10일 이내 처리 : 40일 이내 튜닝검사
④ 10일 이내 처리 : 45일 이내 튜닝검사

해설 ④의 문항 기일이 맞아 정답은 ④이다.

13 튜닝변경승인 불가 항목에 대한 설명이다. 아닌 문항은?

① 속도계, 주행거리계, 완충장치, 조종장치 등
② 총중량이 증가되는 튜닝
③ 승차정원 또는 최대적재량의 증가를 가져오는 승차장치 또는 물품적재장치의 튜닝
④ 자동차 종류가 변경되는 튜닝

해설 ①의 문항은 "승인이 필요 없는 구조변경 항목"으로 정답은 ①이다.

14 자동차 튜닝승인 대상 항목에 대한 설명이다. 아닌 문항은?

① 구조 : 길이, 너비, 높이, 총중량
② 장치 : 원동기(동력발생장치), 주행장치, 조향장치, 차체 및 차대, 소음방지장치, 승차장치 및 물품적재장치, 배기가스발산방지장치 등
③ 장치 : 연료장치, 견인장치, 소음방지장치
④ 장치 : 최저지상고, 중량분포, 경음기 및 경보장치

해설 ④의 문항은 승인 불필요 대상으로 정답은 ④이다.
※ 벌칙 : 1년 이하의 징역 또는 1천만 원 이하의 벌금

15 자동차가 임시검사를 받는 경우이다. 아닌 문항은?

① 자동차 자기인증을 하기 위해 등록한 자(교육 · 연구목적)
② 불법튜닝 등에 대한 안전성 확보를 위한 검사
③ 사업용 자동차의 차령연장을 위한 검사
④ 자동차의 소유자의 신청을 받아 시행하는 검사

해설 ①은 신규검사를 받아야 하는 경우로 정답은 ①이다.

Answer 11 ③ 12 ④ 13 ① 14 ④ 15 ①

16 **도난당한 자동차를 회수한 후 재등록을 하고자 할 때 해당하는 등록의 문항은?**

① 임시검사
② 종합검사
③ 신규검사
④ 재검사

해설 ③의 문항 "신규검사"에 해당하여 정답은 ③이다.

17 출제빈도 **자동차 운행으로 다른 사람이 사망하거나 부상한 경우 피해자에게 지급할 책임을 지는 책임보험 또는 책임공제에 미가입한 때의 과태료이다. 틀린 문항은? (단, 사업용 자동차)**

① 가입하지 아니한 기간이 10일 이내인 경우 : 3만 원
② 가입하지 아니한 기간이 10일을 초과한 경우 : 3만 원에 11일째부터 1일마다 8천 원을 가산한 금액
③ 최고 한도금액 : 자동차 1대당 100만 원
④ 최고 한도금액 : 자동차 1대당 150만 원

해설 ④문항은 "규정에 없어" 틀려 정답은 ④이다.

18 출제빈도 **책임보험 또는 책임공제에 가입하는 것 외에 자동차의 운행으로 다른 사람의 재물이 멸실되거나 훼손된 경우(사고 1건당 1천만 원 범위)에 피해자에게 발생한 손해액을 지급할 책임을 지는 보험업법에 따른 보험이나 여객자동차 운수사업법에 따른 공제에 미가입한 경우의 과태료이다. 틀린 문항은? (단, 사업용 자동차)**

① 가입하지 아니한 기간이 10일 이내인 경우 : 5천 원
② 가입하지 아니한 기간이 10일을 초과한 경우 : 5천 원에 11일째부터 1일마다 2천 원을 가산한 금액
③ 최고 한도금액 : 자동차 1대당 30만 원
④ 최고 한도금액 : 자동차 1대당 50만 원

해설 ④의 문항은 규정에 없어 틀려 정답은 ④이다.

19 **책임보험 또는 책임공제에 가입하는 것 외에 자동차 운행으로 인하여 다른 사람이 사망하거나 부상한 경우에 피해자에게 책임보험 및 책임공제의 배상책임한도를 초과하여 피해자 1명당 1억 원 이상의 금액 또는 피해자에게 발생한 모든 손해액을 지급할 책임을 지는 보험업법에 따른 보험이나 여객자동차 운수사업법에 따른 공제에 미가입한 경우 과태료이다. 틀린 문항은?**

① 가입하지 아니한 기간이 10일 이내인 경우 : 3만 원
② 가입하지 아니한 기간이 10일을 초과한 경우 : 3만 원에 11일째부터 1일마다 8천 원을 가산한 금액
③ 최고 한도금액 : 자동차 1대당 100만 원
④ 최저 한도금액 : 자동차 1대당 100만 원

해설 ④의 문항은 "규정에 없어" 정답은 ④이다.

Answer 16 ③ 17 ④ 18 ④ 19 ④

memo

제 3 편

안전운행 요령

01 핵심이론

02 출제예상문제

01 핵심이론

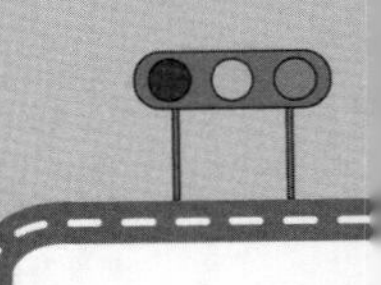

핵심 001 교통사고의 구성(위험)요인

① 인간(사람)
② 도로환경
③ 차량의 측면

핵심 002 교통사고의 간접원인으로 영향 정도가 큰 것

① 알코올에 의한 기능저하
② 약물에 의한 기능저하
③ 피로
④ 경험부족

핵심 003 정지시력

일정 거리에 일정한 시표를 보고 모양을 확인할 수 있는지를 가지고 측정하는 시력이다.

핵심 004 동체시력의 의미

움직이는 물체 또는 움직이면서 다른 자동차나 사람 등의 물체를 보는 시력을 말한다.

핵심 005 동체시력의 특성

① 동체시력은 물체의 이동속도가 빠를수록 저하된다.
② 정지시력이 1.2인 사람이 시속 50km로 운전한다면 동체시력은 0.7 이하로 떨어지며, 시속 90km이라면 동체시력은 0.5 이하로 떨어진다.
③ 동체시력은 정지시력과 어느 정도 비례관계를 갖는다. 정지시력이 저하되면 동체시력도 저하된다.
④ 동체시력은 조도(밝기)가 낮은 상황에서는 쉽게 저하되며, 50대 이상에서는 야간에 움직이는 물체를 제대로 식별하지 못하는 것이 주요 사고요인으로도 작용한다.

핵심 006 정지상태에서의 시야의 도

정상인의 경우 한쪽 눈의 기준은 대략 160° 정도이고, 양안(양쪽 눈)의 시야는 보통 180~200°이다.

핵심 007 시야가 다음과 같은 조건에서 받는 영향

① 시야가 움직이는 상태에 있을 때는 움직이는 속도에 따라 축소되는 특성을 갖는다(운전자가 시속 40km로 주행 중일 때 → 약 100° 정도로 축소되고, 시속 100km로 주행 중인 때는 약 40° 정도로 축소된다).
② 한 곳에 주의가 집중되어 있을 때에 인지할 수 있는 시야 범위는 좁아지는 특성이 있다. 운전 중 교통사고가 발생한 곳으로 시선이 집중되어 있다면 이에 비례하여 시야의 범위가 좁아진다.

핵심 008 섬광 회복력

운전자의 시각기능을 섬광을 마주하기 전단계로 되돌리는 신속성의 정도를 의미한다.

핵심 009 현혹현상

운행 중 갑자기 빛이 눈에 비치면 순간적으로 장애물을 볼 수 없는 현상으로 마주 오는 차량의 전조등 불빛을 직접 보았을 때 순간적으로 시력이 상실되는 현상을 말한다.

핵심 010 증발현상

야간에 대향차의 전조등 눈부심으로 인해 순간적으로 보행자를 잘 볼 수 없게 되는 현상으로 보행자가 교차하는 차량의 불빛 중간에 있게 되면 운전자가 순간적으로 보행자를 전혀 보지 못하는 현상을 말한다.

핵심 011 피로가 운전과정에 미치는 영향

① 정신적 주의력 : 교통표지를 간과하거나 보행자를 알아보지 못한다.
② 신체적 감각능력 : 교통신호를 잘못 보거나 위험신호를 제대로 파악하지 못한다.

핵심 012 술에 대한 잘못된 상식의 대표적인 것

① 운동을 하거나 사우나를 하는 것, 그리고 커피를 마시면 술이 빨리 깬다(알코올의 1시간당 분해의 양 : 혈중알코올농도 기준 0.008~0.020%).
② 알코올은 음식이나 음료일 뿐이다(향정신성 약물이며, 인간의 정신과 두뇌기능에 장애를 주며, 중독성이 있다).
③ 술을 마시면 생각이 더 명료해진다(중추신경계의 활동을 둔화시키는 억제제(진정제)의 기능이 있다).
④ 술 마시면 얼굴이 빨개지는 사람은 건강하기 때문이다(알코올의 분해요소가 적은 사람은 체내에 아세트알데히드가 축적되기 때문에 적은 양으로도 숨이 가쁘고 얼굴이나 전신이 붉게 된다).

핵심 013 혈중알코올농도와 행동적 증후

① 2잔(0.02~0.04% : 초기) : 기분이 상쾌해짐, 판단력이 조금 흐려짐
② 6~7잔(0.11~0.15% : 완취기) : 화를 자주 냄, 서면 휘청거림
③ 21잔 이상(0.41~0.5% : 사망 가능) : 흔들어도 일어나지 않음 등

핵심 014 간에서 맥주 한 캔 정도의 알코올을 분해하는 시간

1시간 정도 걸린다.

핵심 015 혈중알코올농도에 따른 사고 가능률

① 0.05% 상태에서는 음주를 하지 않을 때보다 : 2배
② 만취상태인 0.1%에서는 음주를 하지 않을 때보다 : 6배
③ 0.15% 상태에서는 음주를 하지 않을 때보다 : 25배

핵심 016 음주운전차량 증후의 특징적인 패턴 (0.05~0.10%의 상태)

① 야간에 아주 천천히 달리는 자동차
② 전조등이 미세하게 좌우로 왔다 갔다 하는 자동차
③ 과도하게 넓은 반경으로 회전하는 차량
④ 2개 차로에 걸쳐서 운전하는 차량
⑤ 신호에 대한 반응이 과도하게 지연되는 차량
⑥ 운전행위와 반대되는 방향지시등을 조작하는 차량
⑦ 지그재그 운전을 수시로 하는 차량
⑧ 경찰관이 정차 명령을 하였을 때 제대로 정차하지 못하거나 급정차하는 경우
⑨ 단속현장을 보고 멈칫하거나 눈치를 보는 자동차 등

핵심 017 약물이 인체에 미치는 영향

① 진정제 : 반사능력을 둔화시키고, 조정능력을 약화시킨다.
② 흥분제 : 도취감을 낳아 위험감행성을 높인다.
③ 환각제 : 인간의 인지, 판단, 조작 등 제반 기능을 왜곡시킴

핵심 018 보행자 옆을 지나갈 때

안전거리를 두고 서행해야 한다.

① 도로에 차도가 설치되지 아니한 좁은 도로, 안전지대 등 보행자의 옆을 지나는 때에는 안전한 거리를 두고 서행해야 한다.

② 주·정차하고 있는 차 옆을 지나는 때에는 차문을 열고 사람이 내리거나 갑자기 사람이 튀어나오는 경우가 있으므로 서행한다.

핵심 019 횡단하는 보행자의 보호의 경우

① 횡단보도가 없는 교차로나 그 부근을 보행자가 횡단하고 있는 경우

② 횡단하는 사람이나 자전거 등이 없는 경우 외에는 그 직전이나 정지선에서 정지할 수 있는 속도를 줄이고 일시정지하여 보행자 등의 통행을 방해해서는 안 된다.

③ 교통정리가 행하여지고 있는 교차로에서 좌우회전하려는 경우와 보행자전용도로가 설치된 경우

④ 신호기 또는 경찰공무원 등의 신호나 지시에 따라 도로를 횡단하는 보행자의 통행을 방해하여서는 안 된다.

핵심 020 어린이나 신체장애인의 보호

① 일시정지하거나 서행 : 어린이가 보호자 없이 걸어가고 있을 때, 도로를 횡단하고 있을 때

② 일시정지

㉠ 앞을 보지 못하는 사람이 흰색 지팡이를 이용하거나, 맹인안내견을 이용하여 도로를 횡단하고 있는 때

㉡ 지하도, 육교 등 도로횡단시설을 이용할 수 없는 신체장애인이 도로를 횡단하고 있는 때

핵심 021 대형버스나 트럭의 특성

① 대형차 운전자들이 볼 수 없는 곳(사각)이 늘어난다.

② 정지하는 데 더 많은 시간이 걸린다.

③ 움직이는 데 점유하는 공간이 늘어난다.

④ 다른 차를 앞지르는 데 걸리는 시간도 더 길어진다.

핵심 022 원심력의 개념

차가 길모퉁이나 커브를 돌 때에 핸들을 돌리면 주행하던 차로나 도로를 벗어나려는 힘이 작용하게 되는 힘을 원심력이라 한다.

핵심 023 원심력의 특성

① 원심력은 속도의 제곱에 비례하여 커지고, 커브의 반경이 작을수록 크게 작용하며, 차의 중량에도 비례하여 커진다.

② 일반적으로 매시 50km로 커브를 도는 차는 매시 25km로 도는 차보다 4배의 원심력이 발생한다.

③ 이 경우 속도를 줄이지 않으면 속도는 2배 증가하였지만 차는 커브를 도는 힘보다 직진하려는 힘이 4배가 작용하여 도로를 이탈하게 된다.

④ 원심력은 속도가 빠를수록, 커브 반경이 작을수록, 차의 중량이 무거울수록 커지게 되며, 특히 속도의 제곱에 비례해서 커진다.

핵심 024 스탠딩 웨이브 현상(Standing wave)

① 개념 : 고속으로 주행할 때에는 타이어의 회전속도가 빨라지면 접지면에서 발생한 타이어의 변형이 다음 접지 시점까지 복원되지 않고 진동의 물결로 남게 되는 현상을 스탠딩 웨이브라 한다.

② 발생증상 : 스탠딩 웨이브 현상이 계속되면 타이어 내부의 고열로 인해 타이어는 쉽게 과열되어 파손될 수 있다.

③ 스탠딩 웨이브 현상을 예방하기 위한 조치
  ㉠ 주행 중인 속도를 줄인다.
  ㉡ 타이어공기압은 평상시보다 높인다.
  ㉢ 과다 마모된 타이어나 재생타이어의 사용을 자제한다.

핵심 025 수막(Hydroplaning)현상 개념

자동차가 물이 고인 노면을 고속으로 주행할 때 타이어의 트레드 홈 사이에 있는 물을 헤치는 기능이 감소되어 노면 접지력을 상실하게 되는 현상으로 타이어 접지면 앞쪽에서 들어오는 물의 압력에 의해 타이어가 노면으로부터 떠올라 물 위를 미끄러지는 현상을 수막현상이라 한다.

※ 수막현상 발생 시 물의 압력은 자동차 속도의 2배 그리고 유체밀도에 비례한다.

핵심 026 수막현상 발생에 영향을 주는 요인

① 차의 속도
② 고인 물의 깊이
③ 타이어의 패턴
④ 타이어의 마모 정도
⑤ 타이어의 공기압
⑥ 노면상태 등

핵심 027 수막현상을 예방하기 위한 조치

① 고속으로 주행하지 않는다.
② 과다 마모된 타이어를 사용하지 않는다.
③ 공기압을 평상시보다 조금 높게 한다.
④ 배수효과가 좋은 타이어 패턴(리브형 타이어)을 사용한다.

핵심 028 주행속도에 따라 발생하는 수막현상

① 60km/h로 주행 시 : 시속 60km/h까지 주행할 경우에는 수막현상이 일어나지 않는다.
② 80km/h로 주행 시 : 시속 80km/h까지 주행 시 타이어의 옆면으로 물이 파고들기 시작하여 부분적으로 수막현상을 일으킨다.
③ 100km/h로 주행 시 : 시속 100km/h까지 주행할 경우 노면과 타이어가 분리되어 수막현상을 일으킨다.

핵심 029 페이드(Fade) 현상 개념

내리막길을 내려갈 때 브레이크를 반복하여 사용하면 마찰열이 라이닝에 축적되어 마찰계수의 저하로 브레이크의 제동력이 저하되는 현상을 페이드(Fade)라 한다.

핵심 030 워터 페이드(Water fade) 현상과 원상회복

① 브레이크 마찰재가 물에 젖으면 마찰계수가 작아져 브레이크의 제동력이 저하되는 현상을 워터 페이드라 한다.
② 물이 고인 도로에 자동차를 정차시켰거나 수중 주행을 하였을 때 이 현상이 일어날 수 있으며 브레이크가 전혀 작용되지 않을 수도 있다.
③ 워터 페이드 현상이 발생하면 마찰열에 의해 브레이크가 회복되도록 브레이크 페달을 반복해 밟으면서 천천히 주행해야 한다.

핵심 031 베이퍼 록(Vapour lock) 현상 개념

① 긴 내리막길에서 브레이크를 지나치게 사용하면 차륜 부분의 마찰열 때문에 휠 실린더나 브레이크 파이프 속에서 브레이크액이 기화된다.

② ①의 현상으로 브레이크 회로 내에 공기가 유입된 것처럼 기포가 발생하여 브레이크 페달을 밟아도 스펀지를 밟는 것 같고 유압이 제대로 전달되지 않아 브레이크가 작용하지 않는 현상을 베이퍼 록이라 한다.

핵심 032 모닝 록(Morning lock) 현상 개념

비가 자주 오거나 습도가 높은 날 또는 오랜 시간 주차한 후에는 브레이크 드럼에 미세한 녹이 발생하게 되는데 이러한 현상을 모닝 록(Morning lock)이라 한다.

핵심 033 외륜차(外輪差)

바깥 바퀴의 궤적 간의 차이를 말한다.

① 소형차에 비해 축간거리가 긴 대형차에서 내륜차 또는 외륜차가 크게 발생한다.
② 차가 회전할 때에는 내륜차나, 외륜차에 의한 여러 가지 교통사고 위험이 발생한다.

핵심 034 내륜차에 의한 사고 위험

전진(前進)주차를 위해 주차공간으로 진입 도중 차의 뒷부분이 주차되어 있는 차와 충돌할 수 있다.

핵심 035 외륜차에 의한 사고 위험

후진주차를 위해 주차공간으로 진입 도중 차의 앞부분이 다른 차량이나 물체와 충돌할 수 있다.

핵심 036 타이어 마모에 영향을 주는 요소

① 타이어 공기압
② 차의 하중
③ 차의 속도
④ 커브
⑤ 브레이크(급제동, 밟는 횟수)
⑥ 노면
⑦ 기타(정비불량, 기온, 운전자의 운전습관)

핵심 037 공주거리

운전자가 자동차를 정지시켜야 할 상황임을 인지하고 브레이크로 발을 옮겨 브레이크가 작동을 시작하기 전까지 이동한 거리

핵심 038 제동거리

운전자가 브레이크에 발을 올려 브레이크가 막 작동을 시작하는 순간부터 자동차가 완전히 정지할 때까지 이동한 거리

※ 제동시간 : 제동거리 동안 자동차가 진행한 시간

핵심 039 정지거리

운전자가 위험을 인지하고 자동차를 정지시키려고 시작하는 순간부터 자동차가 완전히 정지할 때까지 이동한 거리

① 정지시간 : 정지거리 동안 자동차가 진행한 시간을 정지시간(공주시간+제동시간)
② 정지거리 : 공주거리와 제동거리를 합한 거리를 말한다(공주거리+제동시간).
③ 정지시간 : 공주시간과 제동시간을 합한 시간을 말한다(공주시간+제동시간).

핵심 040 가변차로의 정의

가변차로는 방향별 교통량이 특정 시간대에 현저하게 차이가 발생하는 도로에서 교통량이 많은 쪽으로 차로수가 확대될 수 있도록 신호기에 의하여 차로의 진행방향을 지시하는 차로를 말한다.

핵심 041 양보차로 개념

양방향 2차로 앞지르기 금지 구간에서 자동차의 원활한 소통을 도모하고, 도로 안전성을 제고하기 위해 길어깨 쪽으로 설치하는 저속 자동차의 주행차로를 말한다.

핵심 042 차로수

양방향 차로(오르막차로, 회전차로, 변속차로, 양보차로를 제외)의 수를 합한 것을 말한다.

① 오르막차로 : 오르막 구간에서 저속 자동차를 다른 자동차와 분리하여 통행시키기 위해 설치하는 차로
② 회전차로 : 자동차가 우회전, 좌회전 또는 유턴을 할 수 있도록 직진하는 차로와 분리하여 설치하는 차로
③ 변속차로 : 자동차를 가속시키거나 감속시키기 위하여 설치하는 차로로 교차로, 인터체인지 등에 주로 설치되며 가・감속차로라고도 한다.

핵심 043 측대

길어깨(갓길) 또는 중앙분리대의 일부분으로 포장 끝부분 보호, 측방의 여유 확보, 운전자의 시선을 유도하는 기능을 갖는다.

핵심 044 주・정차대

자동차의 주차 또는 정차에 이용하기 위하여 차도에 설치하는 도로의 부분을 말한다.

핵심 045 분리대

자동차의 통행방향에 따라 분리하거나 성질이 다른 같은 방향의 교통을 분리하기 위하여 설치하는 도로의 부분이나 시설물을 말한다.

핵심 046 편경사

평면곡선부에서 자동차가 원심력에 저항할 수 있도록 하기 위하여 설치하는 횡단경사를 말한다.

핵심 047 도류화

자동차와 보행자를 안전하고 질서 있게 이동시킬 목적으로 회전차로, 변속차로, 교통섬, 노면표시 등을 이용하여 상충하는 교통 분류를 분리시키거나 통제하여 명확한 통행경로를 지시해 주는 것을 말한다.

핵심 048 교통섬

자동차의 안전하고 원활한 교통처리나 보행자도로횡단의 안전을 확보하기 위하여 교차로 또는 차도의 분기점에 설치하는 섬 모양의 시설로 설치하는 것을 말한다.

핵심 049 교통섬을 설치하는 목적

① 도로교통의 흐름을 안전하게 유도
② 보행자가 도로를 횡단할 때 대피섬 제공
③ 신호등, 도로표지, 안전표지, 조명 등 노상시설의 설치장소 제공

핵심 050 교통약자

장애인, 고령자, 임산부, 영유아를 동반한 사람, 어린이 등 생활함에 있어 이동에 불편을 느끼는 사람을 말한다.

핵심 051 시거(視距)

운전자가 자동차 진행방향에 있는 장애물 또는 위험요소를 인지하고 제동하여 정지하거나 또는 장애물을 피해서 주행할 수 있는 거리를 말한다.

① 주행상의 안전과 쾌적성을 확보하는 데 매우 중요한 요소이다.
② 종류 : 정지시거와 앞지르기시거가 있다.

핵심 052 평면곡선도로를 주행할 때에는 원심력에 의해 곡선 바깥쪽으로 진행하려는 힘을 받게 된다. 이때 원심력과 관련 있는 것은?

① 자동차의 속도 및 중량
② 평면곡선 반지름
③ 타이어와 노면의 횡방향 마찰력
④ 편경사

핵심 053 방호울타리의 주요기능

① 자동차의 차도이탈을 방지하는 것
② 탑승자의 상해 및 자동차의 파손을 감소시키는 것
③ 자동차를 정상적인 진행방향으로 복귀시키는 것
④ 운전자의 시선을 유도하는 것

핵심 054 종단선형과 교통사고의 발생관계

종단경사(오르막 내리막 경사)가 커짐에 따라 자동차의 속도 변화가 커 사고발생이 증가할 수 있으며, 내리막길에서의 사고율이 오르막길에서보다 높은 것으로 나타나고 있다.

핵심 055 도로의 횡단면 구성

차도, 중앙분리대, 길어깨, 주・정차대, 자전거도로, 보도 등이 있다.

핵심 056 일반적으로 횡단면 구성

지역 특성(주택지역 또는 공업지역 등), 교통수요(차로폭, 차로수 등), 도로의 기능(이동로, 접근로 등), 도로이용자(자동차, 보행자 등) 등을 반영하여 구성된다.

핵심 057 차로와 교통사고

① 횡단면의 차로폭이 넓을수록 운전자의 안정감이 증진되어 교통사고 예방 효과가 있다.
② 차로폭이 과다하게 넓으면 운전자의 경각심이 사라져 제한속도보다 높은 속도로 주행하여 교통사고가 발생할 수 있다.
③ 차로를 구분하기 위한 차선을 설치한 경우에는 차선을 설치하지 않은 경우보다 교통사고 발생률이 낮다.

핵심 058 길어깨(갓길)의 기능

① 고장차가 대피할 수 있는 공간을 제공하여 교통혼잡을 방지하는 역할을 한다.
② 도로 측방의 여유폭은 교통의 안전성과 쾌적성을 확보할 수 있다.
③ 도로관리 작업공간이나 지하매설물 등을 설치할 수 있는 장소를 제공한다.
④ 곡선도로의 시거가 증가하여 교통의 안전성이 확보된다.
⑤ 보도가 없는 도로에서 보행자의 통행장소로 제공된다.

핵심 059 포장된 길어깨(갓길)의 장점

① 긴급자동차의 주행을 원활하게 한다.
② 차도 끝의 처짐이나 이탈을 방지한다.
③ 물의 흐름으로 인한 노면 패임을 방지한다.
④ 보도가 없는 도로에서는 보행의 편의를 제공한다.

핵심 060 교량과 교통사고

① 교량의 폭, 교량 접근도로의 형태 등이 교통사고와 밀접한 관계가 있다.
② 교량 접근도로의 폭에 비해 교량의 폭이 좁으면 사고 위험이 증가한다.
③ 교량 접근도로의 폭과 교량의 폭이 같을 때에는 사고 위험이 감소한다.
④ 교량 접근도로의 폭과 교량이 폭이 서로 다른 경우에도 안전표시, 시선유도시설, 접근도로에 노면표시 등을 설치하면 운전자의 경각심을 불러일으켜 사고 감소 효과가 발생할 수 있다.

핵심 061 회전교차로 설치를 통한 교통안전 측면의 목적

① 교통사고가 잦은 곳으로 지정된 교차로
② 교차로의 사고유형 중 직각 충돌사고 및

정면 충돌사고가 빈번하게 발생하는 교차로

③ 주도로와 부도로의 통행속도차가 큰 교차로

④ 부상, 사망사고 등의 심각도가 높은 교통사고 발생 교차로

핵심 062 회전교차로 설치를 통한 교차로서비스 향상

① 교통소통 측면
② 교통안전 측면(교차로 안전성 향상)
③ 도로미관 측면(교차로 미관 향상)
④ 비용절감 측면(교차로 유지관리 비용 절감)

핵심 063 도로의 안전시설에서 "시선유도시설"

① 시선유도표지 : 직선, 곡선 구간 설치
② 갈매기표지 : 급한 곡선구간 설치
③ 표지병 : 운전자의 시선을 유도하기 위해
④ 시인성 증진 안전시설 : 시선유도봉 등

핵심 064 방호울타리의 구분

① 설치위치에 따라 구분(노측용 등)
② 시설물 강도에 따라 구분(가요성 또는 강성방호울타리(가드레일, 콘크리트 등))
③ 중앙분리대용 방호울타리
④ 보도용 방호울타리
⑤ 교량용 방호울타리

핵심 065 조명시설의 주요기능

① 주변이 밝아짐에 따라 교통안전에 도움이 된다.
② 도로이용자인 운전자 및 보행자의 불안감을 해소해 준다.
③ 운전자의 피로가 감소한다.
④ 범죄 발생을 방지하고 감소시킨다.
⑤ 운전자의 심리적 안정감 및 쾌적감을 제공한다.
⑥ 운전자의 시선유도를 통해 보다 편안하고 안전한 주행여건을 제공한다.

핵심 066 긴급제동시설이란?

제동장치에 이상이 발생하였을 때 자동차가 안전한 장소로 진입하여 정지하도록 함으로써 도로이탈 및 충돌사고 등으로 인한 위험을 방지하는 시설을 말한다.

핵심 067 버스정류시설의 종류 및 의미

① 버스정류장(Bus bay) : 버스승객의 승하차를 위하여 본선 차로에서 분리하여 설치된 띠 모양의 공간을 말한다.
② 버스정류소(Bus stop) : 버스승객의 승하차를 위하여 본선의 오른쪽 차로를 그대로 이용하는 공간을 말한다.
③ 간이버스정류장 : 버스승객의 승하차를 위하여 본선 차로에서 분리하여 최소한의 목적을 달성하기 위하여 설치하는 공간을 말한다.

핵심 068 가로변 버스정류장 교차로 통과 전(Near-side) 정류장 또는 정류소의 위치에 따른 장단점

① 장점 : 일반 운전자가 보행자 및 접근하는 버스의 움직임 확인이 용이하다. 버스에 승차하려는 사람이 횡단보도에 인접한 버스 접근이 용이하다.
② 단점 : 정차하려는 버스와 우회전하려는 자동차가 상충될 수 있다. 횡단하는 보행자가 정차되어 있는 버스로 인해 시야를 제한받을 수 있다.

핵심 069 비상주차대가 설치되는 장소

① 고속도로에서 길어깨(갓길) 폭이 2.5m 미만으로 설치되는 경우

② 길어깨(갓길)를 축소하여 건설되는 긴 교량의 경우
③ 긴 터널의 경우 등

핵심 070 규모에 따른 휴게시설의 종류

① 일반 휴게소 : 사람과 자동차가 필요로 하는 서비스를 제공할 수 있는 시설로 주차장, 녹지공간, 화장실, 급유소, 식당, 매점 등으로 구성된다.
② 간이 휴게소 : 짧은 시간 내에 차의 점검 및 운전자의 피로회복을 위한 시설로 주차장, 녹지공간, 화장실 등으로 구성된다.
③ 화물차 전용 휴게소 : 화물차 운전자를 위한 전용 휴게소로 이용자 특성을 고려하여 식당, 숙박시설, 샤워실, 편의점 등으로 구성된다.
④ 쉼터 휴게소(소규모 휴게소) : 운전자의 생리적 욕구만 해소하기 위한 시설로 최소한의 주차장, 화장실과 최소한의 휴식공간으로 구성된다.

핵심 071 안전운전의 기술순서

① 인지 ② 확인 ③ 예측
④ 판단 ⑤ 실행

핵심 072 자동차 운전을 할 때 중요한 정보 90% 이상을 얻는 정보기관

시각정보기관

핵심 073 확인

① 운전 중 주변의 모든 것을 빠르게 보고 한눈에 파악하는 것
② 가능한 한 멀리까지, 즉 적어도 12~15초 전방까지 문제가 발생할 가능성이 있는지를 미리 확인하는 것이다.
③ 이 거리는 시가지 도로에서 40~60km 정도로 주행할 경우 200여 미터의 거리이다.

핵심 074 확인 과정에서 주의해서 보아야할 것

① 전방 탐색 시 : 다른 차로의 차량, 보행자, 자전거 교통의 흐름과 신호를 살핀다(특히 화물차, 대형차).
② 주변을 확인할 때 : 주차차량이 있을 때는 후진등이나 제동등, 방향지시기의 상태를 살핀다.

핵심 075 예측

예측한다는 것은 운전 중에 확인한 정보를 모으고, 사고가 발생할 수 있는 지점을 판단하는 것이다.

핵심 076 예측을 하려고 할 때 평가의 내용

① 주행로 : 다른 차의 진행방향과 거리는?
② 행동 : 다른 차의 운전자가 할 것으로 예상되는 행동은?
③ 타이밍 : 다른 차의 운전자가 행동하게 될 시점은?
④ 위험원 : 특정 차량, 자전거 이용자 또는 보행자는 잠재적으로 어떤 위험을 야기할 수 있는가?
⑤ 교차지점 : 정확하게 어떤 지점에서 교차하는 문제가 발생하는가?

핵심 077 판단과정에 작용하는 요인

① 운전자의 경험 ② 성격
③ 태도 ④ 동기

핵심 078 예측회피운전의 기본적 방법

① 속도 가·감속 : 때로는 속도를 낮추거나 높이는 결정을 해야 한다(자전거 운전자, 보행자, 앞에서 오는 차).

② 위치 바꾸기(진로변경) : 현명한 운전자라면 사고 상황이 발생할 경우를 대비해서 주변에 긴급 상황 발생 시 회피할 수 있는 완충공간을 확보하면서 운전한다.

③ 다른 운전자에게 신호하기 : 차에 설치된 방향지시등, 전조등, 미등(尾燈), 제동등, 비상등, 경적 등을 이용하여 필요하다면 다른 사람에게 자신의 의도를 알려주거나, 주의를 환기시켜 주어야 한다.

핵심 079 안전운전의 5가지 기본 기술

① 운전 중에 전방을 멀리 본다(좌우를 더 넓게 관찰 가능).
② 전체적으로 살펴본다(교통상황을 폭 넓게 전반적으로 확인).
③ 눈을 계속해서 움직인다.
④ 다른 사람들이 자신을 볼 수 있게 한다(어두울 때는 주차등, 전조등을 사용).
⑤ 차가 빠져나갈 공간을 확보한다(주행 시 앞뒤 공간 또는 좌우 안전공간 확보, 앞차와의 간격은 최소 2초 확보).

핵심 080 3단계 시계열적 과정의 핵심요소

① 방어운전은 자신과 다른 사람을 위험한 상황으로부터 보호하는 기술이다.
② 방어운전자는 다른 사람들의 행동을 예상하고 적절한 때에 차의 속도와 위치를 바꿀 수 있는 사람이다.
③ 방어운전은 주요 사고유형 패턴의 실수를 예방하기 위한 방법으로서 위험의 인지, 방어의 이해, 제시간 내의 정확한 행동이다.

핵심 081 대형차량과의 정면 충돌사고를 회피하는 방법

① 전방의 도로상황을 파악한다(내 차로로 들어오거나 앞지르려고 하는 차나 보행자에 주의).
② 정면으로 마주칠 때 핸들조작은 오른쪽으로 한다(상대차로 쪽으로 틀지 않도록 주의).
③ 속도를 줄인다(주행거리와 충격력을 줄이는 효과).
④ 오른쪽으로 방향을 조금 틀어 공간을 확보한다(차도를 벗어나 길 가장자리 쪽으로 주행).

핵심 082 공간을 다루는 법(자기 차와 앞차, 옆차 및 뒤차와의 거리를 다루는 문제)에서 속도와 시간, 거리 관계

① 정지거리는 속도의 제곱에 비례한다.
② 속도를 2배 높이면 정지에 필요한 거리는 4배 필요하다(건조한 도로를 50km의 속도로 주행 시 → 필요 정지거리 13m. 그러나 100km에서는 52m(4×13m) 정도이다).

핵심 083 젖은 도로노면을 다루는 법

① 비가 오면 노면의 마찰력이 감소하기 때문에 정지거리가 늘어난다. 노면의 마찰력이 가장 낮아지는 시점은 비 오기 시작한지 5~30분 이내이다.
② 비가 많이 오게 되면 이번에는 수막현상을 주의해야 한다.
③ 수막현상은 속도가 높을수록 쉽게 일어난다.

핵심 084 교차로에서 방어운전을 할 때 내륜차에 의한 사고에 주의

① 우회전할 때에는 뒷바퀴로 자전거나 보행자를 치지 않도록 주의한다.
② 좌회전할 때에는 정지해 있는 차와 충돌하지 않도록 주의한다.

핵심 085 시가지 이면도로에서의 방어운전을 할 때 주요 주의사항

어린이 보호구역에서는 시속 30km 이하로 운행

① 항상 보행자의 출현 등 돌발 상황에 대비한 방어운전을 한다.
　㉠ 차량의 속도를 줄인다.
　㉡ 자동차나 어린이가 갑자기 출현할 수 있다는 생각을 가지고 운전한다.
　㉢ 언제라도 곧 정지할 수 있는 마음의 준비를 갖춘다.

② 위험한 대상물은 계속 주시한다.
　㉠ 돌출된 간판 등과 충돌하지 않도록 주의한다.
　㉡ 위험스럽게 느껴지는 자동차나 자전거, 손수레, 보행자 등을 발견하였을 때에는 그의 움직임을 주시하면서 운행한다.
　　• 자전거나 이륜차가 통행하고 있을 때에는 통행공간을 배려하면서 운행한다.
　　• 자전거나 이륜차의 갑작스런 회전 등에 대비한다.
　　• 주・정차된 차량이 출발하려고 할 때에는 감속하여 안전거리를 확보한다.

핵심 086 원심력

① 어떠한 물체가 회전운동을 할 때 회전변경으로부터 밖으로 뛰쳐나가려고 하는 힘의 작용을 말한다.
② 자동차의 원심력은 속도의 제곱에 비례하여 크게 작용하게 되며, 커브의 반경이 짧을수록 커진다.
③ 회전반경이 짧은 커브 길에서 속도를 높이면 높일수록 원심력은 한층 더 높아지고 전복사고의 위험도 그만큼 커진다.

핵심 087 커브 길에서 주행방법

① 슬로우-인, 패스트-아웃(Slow-in, Fast-out) : 커브 길에 진입할 때에는 속도를 줄이고, 진출할 때에는 속도를 높이라는 뜻이다.
② 아웃-인-아웃(Out-In-Out) : 차로 바깥쪽에서 진입하여 안쪽, 바깥쪽 순으로 통과하라는 뜻이다.
③ 커브 진입 직전에 속도를 감속하여 원심력 발생을 최소화하고, 커브가 끝나는 조금 앞에서 차량의 방향을 바르게 하면서 속도를 가속하여 신속하게 통과할 수 있도록 핸들을 조작한다.

핵심 088 배기 브레이크를 내리막길에서 사용할 때 효과

① 브레이크액의 온도상승 억제에 따른 베이퍼 록 현상을 방지한다.
② 드럼의 온도상승을 억제하여 페이드 현상을 방지한다.
③ 브레이크 사용 감소로 라이닝의 수명을 연장시킬 수 있다.

핵심 089 철길 건널목에서의 방어운전

① 철길 건널목에 접근할 때에는 속도를 줄여 접근한다(감속 및 정지준비).
② 일시정지 후에는 철도 좌우의 안전을 확인한다(안전 확인 후 진입).
③ 건널목을 통과할 때에는 기어를 변속하지 않는다(수동변속기차의 경우).
④ 건널목 건너편 여유공간을 확인한 후에 통과한다(교통정체 여부 확인).

핵심 090 철길 건널목 통과 중에 시동이 꺼졌을 때의 조치방법

① 즉시 동승자를 대피시키고, 차를 건널목 밖으로 이동시키기 위해 노력한다.

② 철도공무원, 건널목 관리원이나 경찰에게 알리고 지시에 따른다.
③ 건널목 내에서 움직일 수 없을 때에는 열차가 오고 있는 방향으로 뛰어가면서 옷을 벗어 흔드는 등 기관사에게 위급상황을 알려 열차가 정지할 수 있도록 안전조치를 취한다.

핵심 091 고속도로 진입부에서의 안전운전

① 주행차로 진입의도를 다른 차량에게 방향지시등으로 알린다.
② 주행차로 진입 전 충분히 가속하여 본선 차량의 교통흐름을 방해하지 않도록 한다.
③ 진입을 위한 가속차로 끝부분에서 감속하지 않도록 주의한다.
④ 고속도로 주행차로를 저속으로 진입하거나 진입시기를 잘못 맞추면 추돌사고 등 교통사고가 발생할 수 있다.

핵심 092 진출부에서의 안전운전

① 주행차로 진출의도를 다른 차량에게 방향지시등으로 알린다.
② 진출부 진입 전에 충분히 감속하여 진출이 용이하도록 한다.
③ 주행차로 차로에서 천천히 진출부로 진입하여 출구로 이동한다.

핵심 093 앞지르기 순서와 방법상의 주의사항

① 앞지르기 금지 장소 여부를 확인한다.
② 전방의 안전을 확인하는 동시에 후사경으로 좌측 및 좌후방을 확인한다.
③ 좌측방향지시등을 켠다.
④ 최고속도의 제한범위 내에서 가속하여 진로를 서서히 좌측으로 변경한다.
⑤ 차가 일직선이 되었을 때 방향지시등을 끈 다음 앞지르기 당하는 차의 좌측을 통과한다.
⑥ 앞지르기 당하는 차를 후사경으로 볼 수 있는 거리까지 주행한 후 우측 방향지시등을 켠다.
⑦ 진로를 서서히 우측으로 변경한 후차가 일직선이 되었을 때 방향지시등을 끈다.

핵심 094 앞지르기를 해서는 아니 되는 경우

① 앞차가 좌측으로 진로를 바꾸려고 하거나 다른 차를 앞지르려고 할 때
② 앞차의 좌측에 다른 차가 나란히 가고 있을 때
③ 뒤차가 자기 차를 앞지르려고 할 때
④ 마주 오는 차의 진행을 방해하게 될 염려가 있을 때
⑤ 앞차가 교차로나 철길 건널목 등에서 정지 또는 서행하고 있을 때
⑥ 앞차가 경찰공무원 등의 지시에 따르거나 위험방지를 위하여 정지 또는 서행하고 있을 때
⑦ 어린이 통학버스가 어린이 또는 유아를 태우고 있다는 표시를 하고 도로를 통행할 때

핵심 095 앞지르기할 때 발생하기 쉬운 사고 유형

① 최초 진로를 변경할 때에는 동일방향 좌측 후속 차량 또는 나란히 진행하던 차량과의 충돌
② 중앙선을 넘어 앞지르기할 때에는 반대차로에서 횡단하고 있는 보행자나 주행하고 있는 차량과의 충돌
③ 앞지르기를 하고 있는 중에 앞지르기 당하는 차량이 좌회전하려고 진입하면서 발생하는 충돌
④ 앞지르기를 시도하기 위해 앞지르기 당하는 차량과의 근접주행으로 인한 후미추돌

⑤ 앞지르기한 후 주행차로로 재진입하는 과정에서 앞지르기 당하는 차량과의 충돌

핵심 096 안갯길 안전운전

① 전조등, 안개등 및 비상점멸표시등을 켜고 운행한다.
② 가시거리가 100m 이내인 경우에는 최고속도를 50% 정도 감속하여 운행한다.
③ 앞차와의 차간거리를 충분히 확보하고, 앞차의 제동이나 방향지시등의 신호를 예의주시하며 운행한다.
④ 앞을 분간하지 못할 정도의 짙은 안개로 운행이 어려울 때에는 차를 안전한 곳에 세우고 미등과 비상점멸표시등(비상등) 등을 점등시키고 기다린다.

핵심 097 에코드라이빙

여러 가지 외적 조건(기상, 도로, 차량, 교통상황 등)에 따라 운전방식을 맞추어 감으로써 연료소모율을 낮추고, 공해배출을 최소화하며, 심지어는 안전의 효과를 가져오고자 하는 운전방식이다.

핵심 098 경제운전의 기본적인 방법

① 가・감속을 부드럽게 한다.
② 불필요한 공회전을 피한다.
③ 급회전을 피한다. 차가 전방으로 나가려는 운동에너지를 최대한 활용해서 부드럽게 회전한다.
④ 일정한 차량속도를 유지한다.

핵심 099 경제운전의 효과

① 차량관리 비용, 고장수리 비용, 타이어 교체 비용 등의 감소 효과
② 고장수리 작업 및 유지관리 작업 등의 시간손실 감소 효과
③ 공해배출 등 환경문제의 감소 효과
④ 교통안전 증진 효과
⑤ 운전자 및 승객의 스트레스 감소 효과

핵심 100 타이어의 공기압 관계

① 공기압이 낮으면 : 트레드가 구실을 못하게 되며, 차량의 안정성이 낮아진다.
② 공기압이 높으면 : 접지력이 떨어지고, 타이어 손상 가능성도 높아진다.
③ 적정 공기압일 때 : 제동거리도 최소화되며, 노면에 대한 주행 및 제동력의 전달이 가장 좋아지고 타이어의 내구성도 최대가 된다.

핵심 101 타이어의 공기압과 연료소모량

타이어의 공기압이 적정 압력보다 15~20% 낮으면 연료소모량은 약 5~8% 증가하는 것으로 나타나고 있다.

핵심 102 속도와 연료소모율의 관계

① 일정 속도로 주행하는 것이 매우 중요하다.
② 일정 속도란 평균속도가 아니고, 도중에 가・감속이 없는 속도를 의미한다.
③ 가・감속과 제동을 자주하며 공격적인 운전으로 평균 시속 40km를 유지하는 것이 시속 40km의 일정 속도로 주행할 때보다 연료소모가 훨씬 많다.
④ 평균속도와 일정 속도에서의 연료소모량의 차이는 20%에까지 이른다.

핵심 103 기어변속과 연료소모율의 관계

① 기어변속은 엔진회전속도가 2,000~3,000rpm 상태에서 고단 기어 변속이 바람직하다.
② 기어는 가능한 한 빨리 고단 기어로 변속하는 것이 좋다.

핵심 104 제동과 관성 주행

연료공급이 차단되어 연료소모가 줄어들고, 제동장치와 타이어의 불필요한 마모도 줄일 수 있다.

핵심 105 진로변경 위반에 해당하는 경우

① 두 개의 차로에 걸쳐 운행하는 경우
② 한 차로로 운행하지 않고 두 개 이상의 차로를 지그재그로 운행하는 행위
③ 갑자기 차로를 바꾸어 옆 차로로 끼어드는 행위
④ 여러 차로를 연속적으로 가로지르는 행위
⑤ 진로변경이 금지된 곳에서 진로를 변경하는 행위 등

핵심 106 봄철 기상 특성

① 푄 현상으로 경기 및 충청지방으로 고온 건조한 날씨가 지속된다.
② 저기압이 한반도에 영향을 주면 약한 강우를 동반한 지속성이 큰 안개가 자주 발생한다.

핵심 107 춘곤증으로 의심되는 현상

나른한 피로감, 졸음, 집중력 저하, 권태감, 식욕부진, 소화불량, 현기증, 손·발의 저림, 두통, 눈의 피로, 불면증 등이 있다.

핵심 108 여름철 계절 특성

① 봄철에 비해 기온이 상승하며, 주로 6월 말부터 7월 중순까지 장마전선의 북상으로 비가 많이 내리고 장마 이후에는 무더운 날이 지속된다.
② 저녁 늦게까지 무더운 현상이 지속되는 열대야 현상이 나타나기도 한다.

핵심 109 여름철 기상 특성

① 국지적으로 집중호우가 발생한다.
② 따뜻하고 습한 공기가 차가운 지표면이나 수면 위를 이동해 오면 밑부분이 식어서 생기는 이류안개가 빈번히 발생하며, 연안이나 해상에서 주로 발생한다.

핵심 110 가을철 기상 특성

① 복사안개가 발생한다.
② 해안안개는 해수온도가 높아 수면으로부터 증발이 잘 일어나고, 습윤한 공기는 육지로 이동하여 야간에 냉각되면서 생기는 이류안개가 빈번히 형성된다. 특히 하천이나 강을 끼고 있는 곳에서는 짙은 안개가 자주 발생한다.

핵심 111 가을철 교통사고 위험요인(운전자)

추수철 국도 주변에는 저속으로 운행하는 경운기·트랙터 등의 통행이 늘고, 단풍 등 주변 환경에 관심을 가지게 되면 집중력이 떨어져 교통사고 발생 가능성이 존재한다(특히 경운기 등 농기계에 주의한다).

핵심 112 겨울철 계절 특성

① 겨울철은 차가운 대륙성 고기압의 영향으로 북서계절풍이 불어와 날씨는 춥고 눈이 많이 내리는 특성을 보인다.
② 교통의 3대 요소인 사람, 자동차, 도로환경 등 모든 조건이 다른 계절에 비하여 열악한 계절이다.

핵심 113 겨울철 기상 특성

① 한반도는 북서풍이 탁월하고 강하여, 습도가 낮고 공기가 매우 건조하다.
② 겨울철 안개는 서해안에 가까운 내륙지역과 찬 공기가 쌓이는 분지지역에서 주로 발생하며, 빈도는 적으나 지속기간이 긴 편이다.

핵심 114 구동력을 완화시켜 바퀴가 헛도는 것을 방지하는 미끄러운 도로(길)에서 출발하는 기어의 단수

2단

핵심 115 자동차가 미끄러운 도로에서 주행 중에 차체가 미끄러질 때 핸들을 돌려주는 방향

핸들을 미끄러지는 방향으로 틀어주면 스핀(Spin) 현상을 방지할 수 있다.

핵심 116 겨울철 월동장구 및 냉각수 점검

① 스크래치 : 유리에 끼인 성에를 제거할 수 있도록 비치한다.
② 스노우타이어 또는 차량의 타이어에 맞는 체인을 구비하고, 체인의 절단이나 마모된 부분은 없는지 점검한다.
③ 냉각수의 동결을 방지하기 위해 부동액의 양 및 점도를 점검한다.

핵심 117 고속도로 편도 3차로 이상 지정차로제

1차로	앞지르기를 하려는 승용자동차 및 앞지르기를 하려는 경형・소형・중형 승합자동차. 다만, 차량통행량 증가 등 도로상황으로 인하여 부득이하게 시속 80킬로미터 미만으로 통행할 수밖에 없는 경우에는 앞지르기를 하는 경우가 아니라도 통행할 수 있다.
왼쪽 차로	승용자동차 및 경형・소형・중형 승합자동차
오른쪽 차로	대형 승합자동차, 화물자동차, 특수자동차, 법 제2조 제18호 나목에 따른 건설기계

02 출제예상문제

01 교통사고의 제요인

01  **교통사고요인의 복합적 연쇄과정의 설명이다. 틀린 문항은?**

① 인간요인에 의한 연쇄과정 : 원인–아내와 싸우다, 결과–출근이 늦어졌다.
② 인간요인에 의한 연쇄과정 : 원인–출근이 늦어졌다, 결과–과속으로 운전한다.
③ 차량요인에 의한 연쇄과정 : 원인–점검미스, 결과–브레이크 제동력 약화됨을 미발견
④ 환경요인에 의한 연쇄과정 : 원인–비가 오고 있다, 결과–젖은 도로

해설 ②의 "결과 : 과속으로 운전한다"는 틀리고, "결과 : 초조하게 운전을 한다"가 맞아 정답은 ②이다.

02 **교통사고는 시간적으로 연쇄과정을 거치면서 상호작용적으로 발생한다. 틀린 문항은?**

① 차량 운행 후의 심신상태
② 차량정비요인
③ 날씨 등에 의한 도로 환경요인
④ 운전 중의 예측 및 판단 과정

해설 ①의 문항은 "차량 운행 후의 심신상태"는 틀리고, "차량 운행 전의 심신상태"가 맞아 정답은 ①이다.

03 **인간에 의한 "사고원인"이다. 잘못된 문항은?**

① 신체–생리적 요인 : 피로, 음주, 신경성 질환 유무
② 운전태도 요인 : 교통법규 및 단속에 대한 인식과 속도지향성 및 자기중심성 등
③ 사고에 대한 태도 : 운전상황에서의 위험에 대한 경험과 사고발생확률에 대한 믿음과 사고의 심리적 측면을 의미
④ 사회 환경적 요인 : 근무조건, 직업에 대한 만족도, 주행환경에 대한 친숙성 등

해설 ④의 문항 중 "근무조건"이 아니라 "근무환경"이 옳으므로 정답은 ④이다. 위의 요인 외 "운전기술 요인 : 차로유지 및 대상의 회피와 같은 처리에 주의 분할 또는 이를 통합하는 능력 등이 해당된다"가 있다.

04 **교통사고는 차량 운행 전의 심신상태, 차량 정비요인, 날씨 등의 환경요인, 운전 중의 예측 및 판단 과정 등이 상호작용하여 시간적으로 연쇄과정을 반복하는 데 이중 기여도가 가장 큰 요인의 문항은?**

① 인간요인 ② 태도요인
③ 도로요인 ④ 환경요인

해설 ①의 "인간요인(91%)"으로 정답은 ①이다.

Answer 01 ② 02 ① 03 ④ 04 ①

05 **인간에 의한 사고원인을 구분할 때 아닌 문항은?**

① 신체요인(신체－생리적 요인)
② 태도요인(운전태도와 사고에 대한 태도)
③ 도로환경요인(근무환경과 직업에 대한 만족도)
④ 운전기술요인(차로유지 및 대상의 회피)

해설 ③의 문항은 "도로환경요인"이 아니고, "사회환경요인"이 맞아 정답은 ③이다.

06 **신체－생리적 요인에 포함되는 사항이다. 틀린 문항은?**

① 피로
② 음주
③ 약물
④ 정신적 질환의 유무

해설 ④의 "정신적 질환의 유무"가 아니고 "신경성 질환의 유무"가 옳다. 정답은 ④이다.

07 출제빈도 **운전태도요인과 사고에 대한 태도요인에 대한 설명이다. 아닌 문항은?**

① 운전태도요인 : 교통법규 및 단속에 대한 인식
② 운전태도요인 : 속도지향성 및 자기중심성
③ 사고에 대한 태도요인 : 근무환경, 직업에 대한 만족도
④ 사고에 대한 태도요인 : 사고발생 확률에 대한 믿음과 심리적 측면

해설 ③의 문항은 "사회적 환경요인"의 설명이며, "운전상황에서의 위험에 대한 경험"이 맞는 설명으로 정답은 ③이다.

08 **버스 교통사고의 주요 요인이 되는 특성에 대한 설명이다. 아닌 문항은?**

① 버스의 길이는 승용차의 2배 정도 길이가 된다.
② 무게는 승용차보다 10배 이상이나 된다.
③ 버스의 운전석에서 잘 볼 수 없는 부분이 승용차에 비해 훨씬 좁다.
④ 버스의 좌·우 회전 시의 내륜차는 승용차에 비해 훨씬 크다.

해설 ③의 문항에 "좁다"는 틀리고 "넓다"가 맞아 정답은 ③이다. 이외에 버스의 급가속, 급제동은 승객의 안전에 영향을 바로 미친다와 버스는 버스정류장에서 승객의 승하차 관련 위험에 노출되어 있다.

09 출제빈도 **버스의 특성과 관련된 대표적인 사고 유형 10가지 중에 사고 빈도가 1위인 문항은?**

① 회전, 급정거 등으로 인한 차내 승객사고
② 동일 방향 앞차량 추돌사고
③ 진로변경 중 접촉사고
④ 회전(좌회전, 우회전) 중 접촉사고

해설 ①의 문항이 1위로 정답은 ①이다. ②는 2위, ③은 3위, ④는 4위이다.

02 운전자 요인과 안전운행

01 출제빈도 **운전능력에 영향을 미치는 감각들 중에서 가장 중요한 것의 문항은?**

① 시력(시각) ② 청력(청각)
③ 촉각 ④ 후각(냄새)

05 ③ 06 ④ 07 ③ 08 ③ 09 ① | 01 ①

해설 ①의 "시력(시각)"이 제일 중요하므로 정답은 ①이다.

02 우리나라 자동차 운전면허를 취득하는 데 필요한 정지시력 기준이다. 틀린 문항은?

출제빈도

① 제1종 운전면허 : 두 눈을 동시에 뜨고 잰 시력이 0.8 이상이어야 한다.
② 제1종 운전면허 : 두 눈의 시력이 각각 0.5 이상이어야 한다.
③ 제2종 운전면허 : 두 눈을 동시에 뜨고 잰 시력이 0.6 이상이어야 한다.
④ 제2종 운전면허 : 한쪽 눈을 보지 못하는 사람은 다른 쪽 눈의 시력이 0.6 이상이어야 한다.

해설 ③의 문항 중 "0.6 이상이어야"는 틀리고, "0.5 이상이어야"가 맞는 문항으로 정답은 ③이다.

03 움직이는 물체 또는 움직이면서 다른 자동차나 사람 등의 물체를 보는 시력의 용어에 대한 설명이다. 맞는 문항은?

출제빈도

① 정지시력 ② 동체시력
③ 주간시력 ④ 야간시력

해설 ②의 "동체시력"으로 정답은 ②이다.

04 동체시력의 특성에 대한 설명이다. 틀린 문항은?

출제빈도

① 물체의 이동속도가 빠를수록 저하된다.
② 동체시력은 정지시력과 어느 정도 비례 관계를 갖는다.
③ 동체시력은 조도(밝기)가 낮은 상황에서는 쉽게 저하된다.
④ 정지시력이 저하되면 동체시력은 증가한다.

해설 ④의 문항 중 "동체시력은 증가한다"는 틀리고, "동체시력도 저하된다"가 맞아 정답은 ④이다.

05 인간이 전방의 어떤 사물을 주시할 때 그 사물을 분명하게 볼 수 있게 하는 눈의 영역의 용어 명칭에 해당하는 문항은?

출제빈도

① 시력 ② 시야
③ 중심시 ④ 주변시

해설 ③의 문항 "중심시"가 맞아 정답은 ③이다.

06 중심시와 주변시를 포함해서 물체를 확인할 수 있는 범위 또는 바로 눈의 위치를 바꾸지 않고도 볼 수 있는 좌우의 범위의 용어에 대한 설명이다. 옳은 문항은?

① 시야 ② 시력
③ 중심시 ④ 주변시

해설 ①의 문항 "시야"로서 정답은 ①이다.

07 정상인의 경우 정지상태에서의 시야의 도(한쪽 눈 기준)에 대한 설명이다. 틀린 문항은?

출제빈도

① 한쪽 눈 기준은 대략 160° 정도이다.
② 두 눈의 시야는 보통 약 180~200° 정도이다.
③ WHO에서 운전에 요구되는 최소한의 한쪽 눈 시야는 140° 이상 권고하고 있다.
④ WHO에서 운전에 요구되는 최소한의 한쪽 눈 시야는 150° 이상 권고하고 있다.

해설 ④의 문항 중 "150°"는 틀리고, "140°"가 맞으므로 정답은 ④이다.

Answer 02 ③ 03 ② 04 ④ 05 ③ 06 ① 07 ④

08 시야가 다음과 같은 조건에서 받는 영향이다. 틀린 것은?

① 시야는 움직이는 상태에 있을 때는 움직이는 속도에 따라 : 축소되는 특성을 갖는다.
② 운전 중인 운전자의 시야는 시속 40km로 주행 중일 때 : 약 100도 정도로 축소된다.
③ 운전 중인 운전자의 시야는 시속 100km로 주행 중인 때 : 약 50도 정도로 축소된다.
④ 한 곳에 주의가 집중되어 있을 때에 인지할 수 있는 시야 범위 : 좁아지는 특성이 있다.

해설 ③은 "약 50도"는 틀리고 "약 40도"가 옳으므로 정답은 ③이다. 이외에 "운전 중 교통사고가 발생한 곳으로 시선이 집중되어 있다면 : 이에 비례하여 시야의 범위는 좁아진다"가 있다.

09 두 눈(양안) 또는 한쪽(단안) 눈의 단서를 이용하여 물체의 거리를 효과적으로 판단하는 능력의 용어에 해당하는 명칭 문항은?

① 깊이지각 ② 중심시
③ 주변시 ④ 입체시

해설 ①의 "깊이지각"으로 정답은 ①이다.
※ 입체시 : 깊이를 지각하는 능력을 말한다.

10 "운전자 눈의 동공은 밝은 빛에 맞추어 좁아진다. 이렇게 빛을 적게 받아들여 어두운 부분까지 볼 수 있게 하는 과정"의 용어에 해당되는 문항은?

① 암순응 ② 명순응
③ 현혹현상 ④ 증발현상

해설 ②의 "명순응"으로 정답은 ②이다(터널 운행을 벗어날 경우).

11 "운전자의 눈은 불빛이 사라지면 동공은 어두운 곳을 잘 보려고 빛을 많이 받아들이기 위해 확대되는 과정"에 대한 설명이다. 해당되는 용어의 명칭 문항은?

① 증발현상 ② 현혹현상
③ 명순응 ④ 암순응

해설 ④의 암순응으로 정답은 ④이다(낮에 터널 안 운행 경우).

12 운행 중 갑자기 빛이 눈에 비치(전조등 불빛을 직접 보았을 때)면 순간적으로 시력을 상실하여 장애물을 볼 수 없는 현상의 용어 명칭의 문항은?

① 증발현상 ② 현혹현상
③ 명순응 ④ 암순응

해설 ②의 "현혹현상"으로 정답은 ②이다.

13 야간에 대향차의 전조등 눈부심으로 인해 순간적으로 보행자(보행자가 교차하는 차량의 불빛 중간에 있게 된 경우)를 잘 볼 수 없게 되는 현상의 용어 명칭의 문항은?

① 증발현상 ② 현혹현상
③ 중심시 ④ 주변시

해설 ①의 "증발현상"으로 정답은 ①이다.

14 피로가 야기될 수 있는 것들이다. 아닌 문항은?

① 수면 부족 ② 지루함. 질병
③ 스트레스 ④ 단시간 운전

Answer 08 ③ 09 ① 10 ② 11 ④ 12 ② 13 ① 14 ④

해설 ④의 "단시간 운전"이 아니고, "장시간 및 지루한 운전"이 옳아 정답은 ④이다.

15 신체적 피로의 영향과 피로가 운전에 미치는 영향이다. 다른 문항은? (단, 앞 설명은 현상 / 뒷 설명은 미친 영향)

① 감각능력 : 빛에 민감하고 작은 소음에도 과잉반응을 보인다/교통신호를 잘못 보거나 위험신호를 제대로 파악하지 못한다.

② 운동능력 : 손 또는 눈꺼풀이 떨리고 근육이 경직된다/필요할 때에 손과 발이 제대로 움직이지 못해 신속성이 결여된다.

③ 졸음 : 시계변화가 없는 단조로운 도로를 운행하면 졸게 된다/평상시보다 운전능력이 현저하게 저하되고 심하면 졸음운전을 하게 된다.

④ 의지력 : 자발적인 행동이 감소한다/당연히 해야 할 일을 태만하게 된다.

해설 ④의 문항 "정신적 피로 현상과 운전에 미치는 영향"의 하나로 다르므로 정답은 ④이다.

16 졸음운전의 징후와 대처요령에 대한 설명이다. 틀린 문항은?

출제빈도

① 눈이 스르르 감기거나 전방을 제대로 주시할 수 없다.

② 하품이 자주 나고, 머리를 똑바로 유지하기가 힘들지 않다.

③ 지난 몇 km를 어디를 운전해 왔는지 가물가물하며, 이 생각 저 생각이 나면서 생각이 단절된다.

④ 우선적으로 신선한 공기 흡입이 중요하며, 창문을 연다든가 에어컨의 외부 환기 시스템을 가동해서 신선한 공기를 마시며, 가볍게 목운동과 어깨 운동을 하면 도움이 된다.

해설 ②의 문항 중 "유지하기가 힘들지 않다"는 틀리고 "유지하기가 힘들어진다"가 맞는 문항으로 정답은 ②이다. 위의 징후 이외에 "차선을 제대로 유지 못하고, 차가 좌우로 조금씩 왔다 갔다 하며, 앞차에 바짝 붙어가고, 교통신호를 놓친다"가 있다.

17 술을 마신 후 간에서 1시간에 분해할 수 있는 %는 몇 %에 해당하는지 맞는 문항은?

출제빈도

① 0.013% 정도

② 0.014% 정도

③ 0.015% 정도

④ 0.016% 정도

해설 ③의 0.015% 정도가 간에서 분해되므로 정답은 ③이다.

18 혈중알코올농도에 따른 행동적 증후로 다른 문항은?

① 캔 맥주를 6잔 내지 7잔을 마신 때

② 혈중알코올농도는 0.11~0.15%

③ 취한상태 : 마음이 관대해짐, 상당히 큰소리를 냄, 화를 자주 낸다, 갈지자걸음, 서면 휘청거림

④ 취한기간 구분 : 완취기

해설 ③의 문항 중에 "갈지자걸음"은 "8~14잔, 0.16~0.30%, 구토 만취기"의 취한상태의 하나로 다르다. 정답은 ③이다.

Answer 15 ④ 16 ② 17 ③ 18 ③

19 (출제빈도) **알코올이 운전에 끼치는 영향에 대한 설명이다. 아닌 문항은?**

① 심리－운동 협응능력 저하 : 걸음이 비틀거린다.

② 시력의 지각능력 저하 : 안구의 운동능력 둔화, 시야의 인식영역이 줄어든다. 정확하게 사물을 지각하는 데 영향을 받게 된다.

③ 주의집중능력 감소 : 차선 준수, 운전신호, 앞의 차, 보행자, 진행방향 등의 정보에 주의를 한다.

④ 정보처리능력 증가 : 알코올은 우리의 두뇌가 정보를 처리하는 속도를 증가시킨다.

해설 ④의 문항 중 "증가시킨다"는 틀리고 "둔화시킨다"가 옳은 문항으로 정답은 ④이다. 이외에 "판단능력 감소 : 수집한 정보를 종합 판단하여 결정"과 "차선을 지키는 능력 감소 : 전방과 측면의 거리의 판단능력 감소로 차선을 제대로 지키기 어렵다"가 있다.

20 **음주운전이 위험한 이유에 대한 설명이다. 틀린 문항은?**

① 발견지연으로 인한 사고 위험 증가 : 대뇌활동이 억제되어 주의력과 판단력이 떨어진다.

② 운전에 대한 통제력 약화로 과잉조작에 의한 사고 증가 : 자제력 상실과 과다한 자신감을 유발하여 위험을 감수하는 경향을 높이다.

③ 시력저하와 졸음 등으로 인한 사고의 증가 : 안구 회복력이 늦어져 추돌사고로 연결될 수 있다.

④ 2차 사고 유발 : 음주운전은 그 자체로써 사고의 간접적 원인이다.

해설 ④의 문항 끝에 "간접적 원인"이 아니고 "직접적 원인"이 맞는 문항으로 정답은 ④이며, 이외에 "사고의 대형화 : 법규위반 사고에 비해 사망 가능성이 매우 높다" 와 "마신 양에 따른 사고 위험도의 지속적 증가 : 혈중알코올농도가 높아감에 따라 사고로 이어질 가능성도 높다"가 있다.

21 (출제빈도) **술을 마신 양에 따른 사고 위험도의 지속적인 증가 확률에 대한 설명이다. 틀린 문항은?**

① 혈중알코올농도가 0.05% 상태 : 음주를 하지 않을 때보다 확률이 2배

② 만취상태인 0.1% 상태 : 6배

③ 혈중알코올농도가 0.15% 상태 : 사고확률이 25배

④ 소주 2잔 반(약 120ml) 마시고 운전하면 : 음주 않고 운전했을 때보다 발생률이 약 3배로 증가

해설 ④의 문항 중 "약 3배로 증가"는 틀리고 "약 2배로 증가"가 맞는 문항으로 정답은 ④이다.

22 (출제빈도) **음주운전(혈중알코올농도 0.05%~0.10% 수준 이상) 차량의 특징적인 증후(패턴)이다. 틀린 문항은?**

① 단속현장을 보고 멈칫하거나 눈치를 보는 자동차, 지그재그 운전을 수시로 하는 차량

② 야간에 아주 빨리 달리는 자동차, 과도하게 넓은 반경으로 회전하는 차량

③ 앞차의 뒤를 너무 가까이 따라가는 차량, 신호에 대한 반응이 과도하게 지연되는 차량

④ 2개 차로에 걸쳐서 운전하는 차량, 전조등이 미세하게 좌우로 왔다 갔다 하는 자동차

Answer 19 ④ 20 ④ 21 ④ 22 ②

해설 ②의 문항 중 "빨리"는 틀리고 "천천히"가 맞는 문항으로 정답은 ②이다.

23 약물의 종류와 인체에 미치는 영향이다. 틀린 문항은?

① 진정제 : 반사능력을 둔화시키고, 조정능력을 약화시킨다.
② 흥분제 : 중추신경계통의 활동을 활발하게 하는 약물이다.
③ 환각제 : 인간의 시각을 포함한 제반 감각기관과 인지능력, 사고기능을 변화시킨다.
④ 마리화나 : 혈관 속으로 천천히 침투하여 뇌와 주요 신경조직에 영향을 미치는 강력한 마약이다. 인간의 판단, 기억, 조정능력에 영향을 준다.

해설 ④의 문항 중 "천천히"는 틀리고 "빠르게"가 맞는 문항으로 정답은 ④이다.

24 모든 차의 운전자는 "차도가 설치되지 않은 좁은 도로", "안전지대", "주·정차하고 있는 차 옆" 등 보행자 옆을 지나는 때의 통행방법으로 맞는 문항은?

출제빈도

① 안전한 거리를 두고 서행해야 한다.
② 안전한 거리를 두고 일시정지 후 진행한다.
③ 안전한 거리를 두고 일단정지 후 진행한다.
④ 즉시 정지할 수 있는 속도로 통행한다.

해설 ①의 통행방법이 옳은 방법으로 정답은 ①이다.

25 어린이가 보호자 없이 걸어가고 있거나, 도로를 횡단하고 있을 때의 운전자가 통행해야 할 방법으로 맞는 문항은?

출제빈도

① 일시정지하여 안전하게 통행할 수 있도록 하여야 한다.
② 일단정지를 하여야 한다.
③ 서행하여야 한다.
④ 일단정지 후 서행하여야 한다.

해설 ①의 문항이 맞는 문항으로 정답은 ①이다.

26 앞을 보지 못하는 사람이 흰색 지팡이를 이용하거나, 맹인 안내견(맹도견)을 이용하여 도로를 횡단하고 있거나, 지하도, 육교 등 도로 횡단시설을 이용할 수 없는 신체장애인이 도로를 횡단하고 있는 때 운전자의 통행방법으로 맞는 문항은?

출제빈도

① 일단정지 ② 일시정지
③ 서행 ④ 일단 멈춤

해설 ②의 일시정지가 옳은 통행방법으로 정답은 ②이다.

27 대형버스나 트럭을 운전을 할 때에 항상 염두에 두고 운전을 하여야 하는 사항이다. 틀린 문항은?

출제빈도

① 큰 차가 아니라 크면 클수록 대형차 운전자들이 볼 수 없는 곳(사각)이 늘어난다.
② 대형차는 정지하는 데 더 많은 시간이 걸린다.
③ 대형차는 다른 차를 앞지르는 데 걸리는 시간은 더 짧아진다.
④ 대형차가 움직이는 데 점유하는 공간이 늘어난다.

23 ④ 24 ① 25 ① 26 ② 27 ③

해설 ③의 문항 중 "시간은 더 짧아진다"는 틀리고 "시간도 더 길어진다"가 옳은 문항으로 정답은 ③이다.

28 출제빈도 **대형차를 운전할 때 주의사항이다. 아닌 문항은?**

① 같은 대형차와는 충분한 안전거리를 유지한다.
② 승용차 등이 대형차의 사각지점에 들어오지 않도록 주의한다.
③ 앞지르기할 때는 충분한 공간 간격을 유지한다.
④ 대형차로 회전을 할 때는 회전을 할 수 있는 충분한 공간 간격을 확보한다.

해설 ①의 문항 중 "같은 대형차와는" 틀리고, "다른 차와는"이 맞는 문항으로 정답은 ①이다.

03 자동차 요인과 안전운행

01 출제빈도 **차가 길모퉁이나 커브를 돌 때에 핸들을 돌리면 주행하던 차로나 도로를 벗어나려는 힘이 작용하게 되는데 이 힘의 용어 명칭의 문항은?**

① 구심력
② 원심력
③ 낙하력
④ 관성력

해설 ②의 문항 "원심력"으로 정답은 ②이다.

02 출제빈도 **자동차가 일반적으로 매시 50km로 커브를 도는 차는 매시 25km로 도는 차보다 몇 배의 원심력이 발생하는가에 대한 설명이다. 옳은 문항은?**

① 2배의 원심력 발생
② 4배의 원심력 발생
③ 6배의 원심력 발생
④ 8배의 원심력 발생

해설 ②의 문항 "4배의 원심력이 발생한다"로 정답은 ②이다.

03 출제빈도 **원심력이 커지는 상황의 설명이다. 틀린 문항은?**

① 원심력은 속도가 빠를수록 커진다.
② 원심력은 커브 반경이 작을수록 커진다.
③ 원심력은 차의 중량이 무거울수록 커진다.
④ 원심력은 속도의 제곱에 반비례해서 커진다.

해설 ④의 문항 중 "반비례해서"는 틀리고 "비례해서"가 옳은 문항으로 정답은 ④이다.

04 출제빈도 **차가 고속으로 주행할 때에는 타이어의 회전속도가 빨라지면 접지면에서 발생한 타이어의 변형이 다음 접지 시점까지 복원되지 않고 물결로 남게 되는 현상의 용어 문항은?**

① 베이퍼 록 현상
② 페이드 현상
③ 스탠딩 웨이브 현상
④ 수막현상

해설 ③의 문항 "스탠딩 웨이브 현상"으로 정답은 ③이다.

Answer 28 ① | 01 ② 02 ② 03 ④ 04 ③

※ 예방법 : 주행 중 속도를 줄인다. 타이어 공기압을 평소보다 높인다. 과다 마모된 타이어나 재생 타이어를 사용하지 않는다.

05 **자동차가 물이 고인 노면을 고속으로 주행할 때 타이어의 트레드 홈 사이에 있는 물을 헤치는 기능이 감소되어 노면 접지력을 상실하게 되어 타이어 접지면 앞쪽에서 들어오는 물의 압력에 의해 타이어가 노면으로부터 떠올라 물 위를 미끄러지는 현상의 용어인 문항은?**

① 수막(Hydroplaning)현상
② 워터 페이드(Water Fade) 현상
③ 모닝 록(Morning lock) 현상
④ 베이퍼 록(Vapour lock) 현상

해설 ①의 "수막(Hydroplaning)현상"으로 정답은 ①이다.
※ 발생에 영향을 받는 상황 : 차의 속도・고인 물의 깊이・타이어의 패턴・타이어의 마모정도・타이어의 공기압, 노면상태 등

06 출제빈도 **수막현상이 발생 시 타이어가 완전히 노면으로부터 떨어질 때의 속도 용어 명칭의 문항은?**

① 주행속도
② 임계속도
③ 수막속도
④ 추가속도

해설 ②의 문항 "임계속도"로 정답은 ②이다.

07 출제빈도 **수막현상을 예방하기 위해서는 다음과 같은 조치가 필요하다. 예방조치로 틀린 문항은?**

① 공기압을 평소와 같이 주입하고 운행한다.
② 고속으로 주행하지 아니한다.
③ 과다 마모된 타이어를 사용하지 않는다.
④ 배수효과가 좋은 타이어 패턴(리브형 타이어)을 사용하며, 공기압을 평소보다 조금 높게 한다.

해설 ①의 경우 "공기압을 평소보다 조금 높게 한다"가 맞아, 틀린 문항이므로 정답은 ①이다.

08 출제빈도 **내리막길을 내려갈 때 브레이크를 반복하여 사용하면 마찰열이 라이닝에 축적되어 브레이크의 제동력이 저하되는 현상의 용어 명칭 문항은?**

① 모닝 록(Morning lock) 현상
② 베이퍼 록(Vapour lock) 현상
③ 페이드(Fade) 현상
④ 워터 페이드(Water fade) 현상

해설 ③의 "페이드(Fade) 현상"으로 정답은 ③이다. 발생하는 이유는 "브레이크 라이닝의 온도상승으로 과열되어 라이닝의 마찰계수가 저하되어 발생한다"

09 출제빈도 **브레이크 마찰재가 물에 젖으면 마찰계수가 작아져 브레이크의 제동력이 저하되는 현상의 용어 명칭 문항은?**

① 모닝 록(Morning lock) 현상
② 워터 페이드(Water fade) 현상
③ 수막(Hydroplaning)현상
④ 스탠딩 웨이브(Standing wave) 현상

해설 ②의 "워터 페이드(Water fade) 현상"으로 정답은 ②이다.
※ 해소방법 : 브레이크 페달을 반복해 밟으면서 천천히 주행하면 해소된다.

05 ① 06 ② 07 ① 08 ③ 09 ②

10 출제빈도 **긴 내리막길에서 브레이크를 지나치게 사용하면 차륜 부분의 마찰열 때문에 휠 실린더나 브레이크 파이프 속에서 브레이크 액이 기화되고 브레이크 회로 내에 공기가 유입된 것처럼 기포가 발생하여 브레이크 페달을 밟아도 브레이크가 작용하지 않는 현상의 용어는?**

① 베이퍼 록(Vapour lock) 현상
② 페이드(Fade) 현상
③ 모닝 록(Morning lock) 현상
④ 워터 페이드(Water fade) 현상

해설 ①의 문항 "베이퍼 록(Vapour lock) 현상"으로 정답은 ①이며, 방지 대책은 엔진브레이크를 사용하여 저단기어를 유지하면서 풋 브레이크 사용을 줄이면 방지할 수 있다.

11 출제빈도 **비가 자주 오거나 습도가 높은 날 또는 오랜 시간 주차한 후에는 브레이크 드럼에 미세한 녹이 발생하게 되어 브레이크 드럼과 라이닝, 브레이크 패드와 디스크의 마찰계수가 높아져 평소보다 브레이크가 지나치게 예민하게 작동하는 현상의 문항은?**

① 모닝 록(Morning lock) 현상
② 워터 페이드(Water fade) 현상
③ 스탠딩 웨이브(Standing wave) 현상
④ 하이드로 플레이닝(Hydroplaning) 현상

해설 ①의 "모닝 록(Morning lock) 현상"으로 정답은 ①이다.
※ 해소요령 : 운행을 시작하는 경우에는 출발 시 서행하면서 브레이크를 몇 차례 밟아주면 녹이 자연스럽게 제거되면서 모닝 록(Morning lock)이 해소된다.

12 출제빈도 **자동차의 핸들을 돌렸을 때 바퀴가 모두 제각기 서로 다른 원을 그리면서 통과하여 앞바퀴의 궤적과 뒷바퀴의 궤적 간에는 차이가 발생하게 되는데 "앞바퀴의 안쪽과 뒷바퀴의 안쪽 궤적 간의 차이"의 용어 명칭의 문항은?**

① 내륜차(内輪差)
② 언더 스티어(Under steer)
③ 외륜차(外輪差)
④ 오버 스티어(Over steer)

해설 ①의 "내륜차(内輪差)"가 옳아 정답은 ①이며, "외륜차((外輪差)는 바깥 바퀴의 궤적 간의 차이를 외륜차"라 하며, 축간거리가 긴 대형차에서 내륜차 또는 외륜차가 크게 발생하고, 차가 전진할 때는 내륜차에, 후진할 때는 외륜차에 주의한다.

13 출제빈도 **타이어의 공기압에 대한 설명이다. 잘못된 문항은?**

① 타이어의 공기압은 승차감에는 무관하다.
② 타이어 공기압이 낮으면 숄더 부분에 마찰력이 집중되어 타이어 수명이 짧아지게 된다.
③ 타이어 공기압이 높으면 승차감이 나빠진다.
④ 타이어 공기압이 높으면 승차감이 나빠지며, 트레드 중앙부분의 마모가 촉진된다.

해설 ①의 문항 "승차감에는 무관하다"는 틀리고, "타이어의 공기압이 낮으면 승차감이 좋아진다"가 맞는 문항으로 정답은 ①이다.

Answer 10 ① 11 ① 12 ① 13 ①

14 타이어 마모에 영향을 주는 요소들에 대한 설명이다. 틀린 문항은?

① 타이어 공기압 : 승차감, 수명, 마모에 영향을 준다.
② 차의 하중 : 타이어 마모촉진, 내마모성 저하
③ 커브 : 미끄러짐 현상으로 타이어 마모 촉진
④ 노면 : 포장도로(마모 감소), 아스팔트 포장도로보다 콘크리트 포장도로(타이어의 마모가 덜 발생한다)

해설 정답 ④의 괄호 안의 문항 중 "마모가 덜"은 틀리고, "마모가 더"가 맞는 문항으로 정답은 ④이며, 이외에 "차의 속도", "브레이크", "기타 : 정비불량, 기온, 운전자의 운전습관"이 있다.

15 운전자가 자동차를 정지시켜야 할 상황임을 인지하고 브레이크를 발로 옮겨 브레이크가 작동을 시작하기 전까지 이동한 거리와 걸리는 시간 설명으로 맞는 용어의 문항은?

출제빈도

① 공주거리와 공주시간
② 정지거리와 정지시간
③ 제동거리와 제동시간
④ 공주거리와 제동시간

해설 ①의 "공주거리와 공주시간"으로 정답은 ①이다.

16 운전자가 브레이크 페달에 발을 올려 브레이크가 작동을 시작하는 순간부터 자동차가 완전히 정지할 때까지 이동한 거리의 용어와 그 거리만큼 진행한 시간의 용어로 맞는 문항은?

출제빈도

① 정지거리와 정지시간
② 제동거리와 제동시간
③ 공주거리와 공주시간
④ 제동거리와 정지시간

해설 ②의 "제동거리와 제동시간"으로 정답은 ②이다.

17 정지거리는 다음 요인에 따라 차이가 발생할 수 있다. 해당이 없는 문항은?

① 운전자 요인 : 인지반응속도, 신체적 특성 등
② 자동차 요인 : 타이어 마모 정도, 브레이크 성능
③ 도로요인 : 노면의 종류(아스팔트), 노면상태 등
④ 환경(구조)요인 : 교통여건변화, 차량점검 등

해설 ④의 문항은 "교통사고의 요인"의 하나로 해당 없어 정답은 ④이다.

18 정지거리가 발생하는 "운전자 요인"에 대한 설명이다, 운전자 요인이 아닌 문항은?

① 인지반응시간
② 운행속도
③ 신체적 특성
④ 노면 종류

해설 ④의 "노면 종류"는 도로요인 중에 하나로 달라 정답은 ④이다. ①, ②, ③ 외에 "피로도"가 있다.

Answer 14 ④ 15 ① 16 ② 17 ④ 18 ④

04 도로요인과 안전운행

01 방향별 교통량이 특정시간대에 현저하게 차이가 발생하는 도로에서 교통량이 많은 쪽으로 차로수가 확대될 수 있도록 신호기에 의하여 차로의 진행방향을 지시하는 차로의 용어 명칭의 문항은?

① 변속차로　② 양보차로
③ 회전차로　④ 가변차로

해설 ④의 "가변차로"로 정답은 ④이다.

02 차로의 수란 양방향 차로의 수를 합한 차로를 말하는데 제외되는 차로가 아닌 문항은?

① 오르막차로　② 회전차로
③ 앞지르기 차로　④ 변속차로

해설 ③의 문항 "앞지르기 차로"가 맞아 정답은 ③이다.

03 도로법에서 사용하는 용어의 의미로 틀린 문항은?

① 측대 : 길어깨(갓길) 또는 중앙분리대의 일부분으로 포장 끝부분 보호, 측방의 여유 확보, 운전자의 시선을 유도하는 기능을 갖는다.
② 주·정차대 : 자동차의 주차 또는 정차에 이용하기 위하여 차도에 설치하는 도로의 부분을 말한다.
③ 상충 : 1개 이상의 교통류가 동일한 도로공간을 사용하려 할 때 발생되는 교통류의 교차, 합류 또는 분류되는 현상을 말한다.
④ 분리대 : 자동차의 통행 방향에 따라 분리하거나 성질이 다른 방향의 교통을 분리하기 위하여 설치하는 도로의 부분이나 시설물을 말한다.

해설 ③의 문항 중 "1개 이상의"는 틀리고, "2개 이상의"가 맞는 문항으로 정답은 ③이다.

04 도로법상의 용어의 정의로 틀린 문항은?

① 도류화 : 자동차와 보행자를 안전하고 질서 있게 이동시킬 목적으로 회전차로, 변속차로, 교통섬, 노면표시등을 이용하여 상충하는 교통류를 분리시키거나 통제하여 명확한 통행경로를 지시해 주는 것을 말한다.
② 교통섬 : 자동차의 안전하고 원활한 교통처리나 보행자 도로횡단의 안전을 확보하기 위하여 교차로 또는 차도의 분기점에 설치하는 섬모양의 시설로 설치하는 것을 말한다.
③ 교통약자 : 장애인, 고령자, 임산부, 영유아를 동반한 사람, 어린이 등 생활함에 있어 이동에 불편을 느끼는 사람을 말한다.
④ 시거(視距) : 운전자가 자동차 진행방향에 있는 장애물 또는 위험요소를 인지하고 제동하여 정지하거나 또는 장애물을 향해서 주행할 수 있는 거리를 말한다.

해설 ④의 문항 중 "향해서"는 틀리고, "피해서"가 맞는 문항으로 정답은 ④이다.

Answer 01 ④　02 ③　03 ③　04 ④

05 도류화를 설치하는 목적이다. 틀린 문항은?

① 교차로 면적을 조정함으로써 자동차 간에 상충되는 면적을 줄인다.
② 안전성과 쾌적성을 향상시키기 위함이다.
③ 두 개 이상 자동차 진행방향이 교차하도록 통행경로를 제공한다.
④ 자동차가 진행해야 할 경로를 명확히 제공한다.

해설 ③의 문항 중 "교차하도록"은 틀리고, "교차하지 않도록"이 맞는 문항으로 정답은 ③이며, 이외에 "자동차가 합류, 또는 교차하는 위치와 각도를 조정한다와 자동차의 통행속도를 안전한 상태로 통제한다. 분리된 회전차로는 회전차량의 대기장소를 제공한다. 보행자 안전지대를 설치하기 위한 장소를 제공한다"가 있다.

06 교통섬을 설치하는 목적이다. 다른 문항은?

① 도로교통의 흐름을 안전하게 유도
② 신호등, 도로표지, 안전표지, 조명 등 노상시설의 설치장소 제공
③ 보행자가 도로를 횡단할 때 대피섬 제공
④ 보행자 안전지대를 설치할 장소를 제공한다.

해설 ④의 문항은 "도류화의 목적" 중의 하나로 정답은 ④이다.

07 교통약자란 어떠한 사람들을 말하는가에 대한 설명이다. 아닌 사람의 문항은?

① 장애인 ② 고령자
③ 임산부 ④ 치산자

해설 ④는 해당 없는 자로 정답은 ④이며, 이외에 "영유아를 동반한 사람과 어린이 등 생활함에 있어 이동에 불편을 느끼는 사람"이 있다.

08 평면곡선 도로를 주행할 때 원심력에 의해 곡선 바깥쪽으로 진행하려는 힘을 받게 되는 관계 있는 사항들이다. 틀린 문항은?

① 자동차의 속도 및 중량
② 평면곡선 지름
③ 타이어와 노면의 횡방향 마찰력
④ 편경사

해설 ②의 문항 중 "지름"이 아니고, "반지름"이 옳은 문항으로 정답은 ②이다.

09 곡선반경이 작은 도로에서 운행 중이던 차량의 운전자가 급격한 핸들 조작을 하였을 때에 일어날 수 있는 사고이다. 아닌 문항은?

① 전도 ② 전복
③ 추락 ④ 추돌

해설 ④의 "추돌"은 일어나지 않는다로 정답은 ④이다.

10 방호울타리의 주요기능의 설명이다. 아닌 문항은?

① 자동차의 차로이탈을 방지하는 것
② 탑승자의 상해 및 자동차 파손을 감소시키는 것
③ 자동차의 정상적인 진행방향으로 복귀시키는 것
④ 운전자의 시선을 유도하는 것

해설 ①의 문항 중 "차로"가 아니고, "차도"가 옳은 문항으로 정답은 ①이다.

05 ③ 06 ④ 07 ④ 08 ② 09 ④ 10 ①

11 도로의 횡단면에 관련 있는 사항들에 대한 설명이다. 아닌 문항은?

출제빈도

① 중앙분리대, 보도
② 길어깨(갓길), 차도
③ 자전거도로, 주·정차대
④ 궤도, 철도

해설 ④의 궤도, 철도는 아니므로 정답은 ④이다.

12 일반적으로 횡단면을 구성하고 있는 사항들에 대한 설명이다. 아닌 문항은?

① 지역특성(주택지역 또는 공업지역 등)
② 교통수요(차로폭, 차로수 등)
③ 도로의 기능(이동로, 근접로 등)
④ 도로이용자(자동차, 보행자 등)

해설 ③의 문항 중 "근접로"는 틀리고, "접근로"가 옳은 문항으로 정답은 ③이다.

13 중앙분리대의 기능에 대한 설명이다. 틀린 문항은?

출제빈도

① 상하행 차도의 교통을 분리시켜 차량의 중앙선 침범에 의한 치명적인 정면충돌 사고를 방지한다.
② 도로 중심축의 교통마찰을 감소시켜 원활한 교통소통을 유지한다.
③ 필요에 따라 유턴 등을 방지하여 교통 혼잡이 발생하지 않도록 하여 안전성을 낮춘다.
④ 야간에 주행할 때 발생하는 전조등 불빛에 눈부심이 방지된다.

해설 ③의 문항에서 "낮춘다"는 틀리고, "안전성을 높인다"가 옳아 정답은 ③이다. 이외에 "광폭분리대의 경우 사고 및 고장차량이 정지할 수 있는 여유공간을 제공한다. 도로표지 및 기타 교통관제시설 등을 설치할 수 있는 공간을 제공한다. 횡단하는 보행자에게 안전섬이 제공됨으로써 안전한 횡단이 확보된다" 등이 있다.

14 길어깨(갓길)의 기능에 대한 설명이다. 틀린 문항은?

출제빈도

① 고장차가 대피할 수 있는 공간을 제공하여 교통 혼잡을 방지하는 역할을 한다.
② 곡선도로의 시거가 증가하여 교통의 정확성이 확보된다.
③ 도로 측방의 여유 폭은 교통의 안전성과 쾌적성을 확보할 수 있다.
④ 도로관리 작업공간이나 지하매설물 등을 설치할 수 있는 장소를 제공한다.

해설 ②의 문항 중 "정확성이"는 틀리고, "안정성이" 옳은 문항으로 정답은 ②이다. 이외에 "보도가 없는 도로에서는 보행자의 통행 장소로 제공된다"가 있다.

15 포장된 길어깨(갓길)의 장점이다. 틀린 문항은?

① 긴급자동차의 주행을 원활하게 한다.
② 차도 끝의 처짐이나 이탈을 방지한다.
③ 물의 흐름으로 인한 노면 패임을 방지한다.
④ 보도가 있는 도로에서는 보행의 편의를 제공한다.

해설 ④의 문항 중 "있는"은 틀리고, "없는"이 맞는 문항으로 정답은 ④이다.

Answer 11 ④ 12 ③ 13 ③ 14 ② 15 ④

16 **교량과 교통사고 관계이다. 틀린 문항은?**

① 교량의 폭, 교량 접근도로의 형태 등이 교통사고와 밀접한 관계가 있다.
② 교량 접근도로의 폭에 비해 교량의 폭이 좁으면 사고 위험이 증가한다.
③ 교량 접근로 폭과 교량의 폭이 서로 다른 경우에도 안전표지, 시선유도시설, 접근로에 노면표시 등을 설치하면 운전자의 경각심을 불러 일으켜 사고 감소효과가 발생할 수 있다.
④ 교량 접근도로의 폭과 교량의 폭이 같을 때에는 사고 위험은 같다.

해설 ④의 문항 중 "사고 위험은 같다"는 틀리고, "사고 위험이 감소한다"가 맞는 문항으로 정답은 ④이다.

17 **교량 접근도로의 폭과 교량의 폭이 서로 다른 경우에도 교통통제설비를 설치하면 운전자의 경각심을 불러일으켜 사고감소 효과가 발생할 수 있는데 그 교통통제표시가 아닌 문항은?**

① 안전표지
② 시선유도시설
③ 접근도로에 노면표시
④ 주・정차금지표시

해설 ④는 해당 없는 표시로 정답은 ④이다.

18 **회전교차로의 일반적인 특징이다. 틀린 문항은?**

출제빈도

① 일반적인 교차로에 비해 상충 횟수가 많다.
② 교통상황의 변화로 인한 운전자 피로를 줄일 수 있다.
③ 신호교차로에 비해 유지관리 비용이 적게 든다.
④ 사고빈도가 낮아 교통안전 수준을 향상시킨다.

해설 ①의 문항 끝에 "많다"는 틀리고, "적다"가 옳은 문항으로 정답은 ①이며, 이외에 "교차로 진입은 저속으로 운영하여야 한다. 교차로 진입과 대기에 대한 운전자의 의사결정이 간단하다. 지체시간이 감소되어 연료 소모와 배기가스를 줄일 수 있다. 인접도로 및 지역에 대한 접근성을 높여 준다" 등이 있다.

19 **회전교차로에 교차로 안전성 향상을 목적으로 설치하는 내용으로 틀린 문항은?**

① 교통사고 잦은 곳으로 지정된 교차로
② 주도로와 부도로의 통행속도가 적은 교차로
③ 교차로의 사고유형 중 직각 충돌사고 및 정면 충돌사고가 빈번하게 발생하는 교차로
④ 부상, 사망 사고 등의 심각도가 높은 교통사고 발생 교차로

해설 ②의 문항 중 "적은"은 틀리고, "큰"이 맞아 정답은 ②이다.

16 ④ 17 ④ 18 ① 19 ②

20 **방호울타리의 개념과 기능의 설명이 다. 틀린 문항은?**

출제빈도

① 주행 중에 진행 방향을 잘못 잡은 차량이 도로 밖 대향차로 또는 보도 등으로 이탈하는 것을 방지한다.
② 차량이 구조물과 직접 충돌하는 것을 방지하여 탑승자의 상해 및 자동차의 파손을 최소한도로 줄인다.
③ 자동차를 정상 진행방향으로 복귀시키도록 설치된 시설이다.
④ 운전자의 시선을 유도하고 보행자의 무단횡단을 방지하는 기능은 갖고 있지 않다.

해설 ④의 문항 중 "방지하는 기능은 갖고 있지 않다"는 틀리고, "방지하는 기능도 갖고 있다"가 맞아 정답은 ④이다.
※ 방호울타리의 종류 : 노측용 방호울타리 · 중앙분리대용 방호울타리 · 보도용 방호울타리 · 교량용 방호울타리

21 **과속방지시설을 설치할 장소에 대한 설명이다. 아닌 장소는?**

출제빈도

① 학교, 유치원, 어린이 놀이터, 근린공원, 마을 통과 지점 등으로 자동차의 속도를 저속으로 규제할 필요가 있는 장소
② 보·차도의 구분이 없는 도로로서 보행자가 많거나 어린이의 놀이로 교통사고 위험이 있다고 판단되는 구간
③ 공동주택, 근린상업시설, 학교, 병원, 종교시설 등 자동차의 출입이 많아 속도규제가 필요하다고 판단되는 구간
④ 자동차의 통행속도를 40km/h 이하로 제한할 필요가 있다고 인정되는 구간

해설 ④의 문항 중 "40km/h 이하로"는 틀리고 "30km/h 이하로"가 맞는 문항으로 정답은 ④이다.

22 **도로이용자가 안전하고 불안감 없이 통행할 수 있도록 적절한 조명환경을 확보해줌으로써 운전자에게 심리적 안정감을 제공하는 동시에 운전자의 시선을 유도해 주는 시설의 명칭 문항은?**

출제빈도

① 시선유도시설
② 조명시설
③ 도로반사경
④ 접근로 노면표시

해설 ②의 "조명시설"로 정답은 ②이다.

23 **조명시설의 주요기능에 대한 설명이다. 틀린 문항은?**

출제빈도

① 주변이 밝아짐에 따라 교통안전에 도움이 된다.
② 운전자의 피로와는 무관하다.
③ 범죄 발생을 방지하고 감소시킨다.
④ 운전자의 심리적 안정감 및 쾌적감을 제공한다.

해설 ②의 문항 중 "피로와는 무관하다"는 틀리고 "피로가 감소한다"가 맞는 문항으로 정답은 ②이며, 이외에 "도로이용자인 운전자 및 보행자의 불안감을 해소해 준다와 운전자의 시선유도를 통해 보다 편안하고 안전한 주행여건을 제공한다"가 있다.

24 **도로 안전시설에서 "기타 안전시설"에 포함되지 않는 문항은?**

출제빈도

① 과속방지턱시설
② 미끄럼방지시설
③ 노면요철포장
④ 긴급제동시설

Answer 20 ④ 21 ④ 22 ② 23 ② 24 ①

해설 ①의 "과속방지턱시설"은 도로교통법상 교통안전표지일람표의 "주의표지" 중의 하나로 정답은 ①이다.

25 버스정류시설의 종류와 의미에 대한 설명으로 아닌 문항은?

출제빈도

① 버스정류장(Bus bay) : 버스승객의 승하차를 위하여 본선 차로에서 분리하여 설치된 띠 모양의 공간을 말한다.
② 버스정류소(Bus stop) : 버스승객의 승하차를 위하여 본선의 오른쪽 차로를 그대로 이용하는 공간을 말한다.
③ 간이버스정류장 : 버스승객의 승하차를 위하여 본선 차로에서 분리하여 최소한의 목적을 달성하기 위하여 설치하는 공간을 말한다.
④ 마을버스정류장 : 마을주민들의 승하차 편의를 위하여 설치한 정류장

해설 ④의 마을버스정류장은 "버스정류시설의 종류"에는 없어 정답은 ④이다.

26 중앙버스전용차로의 버스정류소 위치에 따른 장점에 대한 설명이다. 다른(단점) 문항은?

① 교차로 통과 전(Near-side) 정류소 : 교차로 통과 후 버스전용차로상의 교통량이 많을 때 발생할 수 있는 혼잡을 최소화할 수 있다.
② 교차로 통과 후(Far-side) 버스전용차로상에 있는 자동차와 좌회전하려는 자동차의 상충이 최소화된다.
③ 도로구간 내(Mid-block) 정류소(횡단보도 통합형) : 버스를 타고자 하는 사람이 진·출입 동선이 일원화되어 가고자 하는 방향의 정류장으로의 접근이 편리하다.
④ 도로구간 내(Mid-block) 정류소(횡단보도 통합형) : 정류장간 무단으로 횡단하는 보행자로 인해 사고 발생 위험이 있다.

해설 ④는 단점에 해당되어 다르므로 정답은 ④이다.

27 중앙버스전용차로의 버스정류소 위치에 따른 단점에 대한 설명이다. 다른(장점) 문항은?

① 교차로 통과 전(Near-side) 정류소 : 버스전용차로에 있는 자동차와 좌회전하려는 자동차의 상충이 증가한다.
② 교차로 통과 전(Near-side) 정류소 : 버스가 출발할 때 교차로를 가속거리로 이용할 수 있다.
③ 교차로 통과 후(Far-side) 정류소 : 출·퇴근 시간대에 버스전용차로상에 버스들이 교차로까지 대기할 수 있다.
④ 도로구간 내(Mid-block) 정류소(횡단보도 통합형) : 정류장 간 무단으로 횡단하는 보행자로 인해 사고 발생 위험이 있다.

해설 ②의 문항은 "장점"으로 달라 정답은 ②이다.

Answer 25 ④ 26 ④ 27 ②

28 가로변 버스정류장 또는 정류소 위치에 따른 장단점에 대한 설명이다. 단점이 아닌(장점) 문항은?

① 교차로 통과 전(Near-side) 정류장 또는 정류소 : 정차하려는 버스와 우회전하려는 자동차가 상충될 수 있다.
② 교차로 통과 전(Near-side) 정류장 또는 정류소 : 일반 운전자가 보행자 및 접근하는 버스의 움직임 확인이 용이하다.
③ 교차로 통과 후(Far-side) 정류장 또는 정류소 : 정차하려는 버스로 인해 교차로상에 대기차량이 발생할 수 있다.
④ 도로구간 내(Mid-block) 정류장 또는 정류소 : 정류장 주변에 횡단보도가 없는 경우에는 버스 승객의 무단 횡단에 따른 사고 위험이 존재한다.

해설 ②의 문항은 "장점"에 해당되므로 달라 정답은 ②이다.

29 우측 길어깨(갓길)의 폭이 협소한 장소에서 고장난 차량이 도로에서 벗어나 대피할 수 있도록 제공되는 공간의 명칭 용어에 해당되는 문항은?

① 주・정차대
② 비상주차대
③ 교통섬
④ 길어깨

해설 ②의 "비상주차대"가 맞는 용어로 정답은 ②이다.

30 비상주차대가 설치되는 장소에 대한 설명이다. 아닌 문항은?

① 고속도로에서 길어깨(갓길) 폭이 2.5m 미만으로 설치되는 경우
② 길어깨(갓길)를 축소하여 건설되는 긴 교량의 경우
③ 긴 터널의 경우 등
④ 도로에서 공사를 하는 경우

해설 ④의 경우는 해당 없어 정답은 ④이다.

31 출입이 제한된 도로에서 안전하고 쾌적한 여행을 하기 위해 장시간의 연속 주행으로 인한 운전자의 생리적 욕구 및 피로해소와 주유 등의 서비스를 제공하는 장소의 용어 명칭의 문항은?

① 휴게시설
② 주차시설
③ 주유시설
④ 쉼터 휴게소

해설 ①의 "휴게시설"의 설명으로 정답은 ①이다.

32 사람과 자동차가 필요로 하는 서비스를 제공할 수 있는 시설로 주차장, 화장실, 급유소, 식당, 매점 등으로 구성되어 있는 휴게소 명칭의 문항은?

① 간이휴게소
② 화물차 전용휴게소
③ 일반휴게소
④ 쉼터휴게소(소규모휴게소)

해설 ③의 "일반휴게소"로 정답은 ③이다.

Answer 28 ② 29 ② 30 ④ 31 ① 32 ③

33 짧은 시간 내에 차의 점검 및 운전자의 피로회복을 위한 시설로 주차장, 녹지 공간, 화장실 등으로 구성된 휴게소 명칭 문항은?

① 간이휴게소
② 화물차전용휴게소
③ 일반휴게소
④ 쉼터휴게소(소규모 휴게소)

해설 ①의 "간이휴게소"로 정답은 ①이다.

34 화물차 운전자를 위한 전용휴게소로 이용자 특성을 고려한 시설로 식당, 숙박시설, 샤워실, 편의점 등으로 구성된 휴게소 용어의 문항은?

① 화물차전용휴게소
② 일반휴게소
③ 쉼터휴게소(소규모 휴게소)
④ 간이휴게소

해설 ①의 "화물차전용휴게소"로 정답은 ①이다.

35 운전자의 생리적 욕구만 해소하기 위한 시설로 최소한의 주차장, 화장실과 최소한의 휴식공간으로 구성된 휴게소의 명칭 문항은?

① 일반휴게소
② 화물차전용휴게소
③ 간이휴게소
④ 쉼터휴게소(소규모 휴게소)

해설 ④의 "쉼터휴게소(소규모 휴게소)"로 정답은 ④이다.

05 안전운전의 기술

01 운전에 있어서 중요한 정보는 시각정보를 통해서 수집하는 것인데 몇 %를 수집하고 있는가, 맞는 것에 해당한 문항은?

① 70%
② 80%
③ 90%
④ 95%

해설 ③의 90%를 수집하므로 정답은 ③이다.

02 운전의 위험을 다루는 효율적인 정보처리 방법으로 안전운전을 하는 데 필수적 과정이다. 옳은 문항은?

① 예측 → 판단 → 실행 → 확인
② 확인 → 예측 → 판단 → 실행
③ 판단 → 실행 → 확인 → 예측
④ 실행 → 확인 → 예측 → 판단

해설 ②의 순서의 문항이 옳아 정답은 ②이다.

03 확인을 할 때 가능한 한 멀리 전방까지 문제가 발생할 가능성이 있는지를 미리 확인하는 시간(초)이다. 적당한 시간(초)으로 맞는 문항은?

① 적어도 10~12초 전방까지
② 적어도 11~14초 전방까지
③ 적어도 12~15초 전방까지
④ 적어도 13~16초 전방까지

해설 ③의 문항이 옳은 것으로 정답은 ③이다.

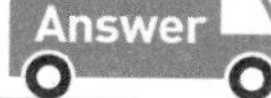

Answer 33 ① 34 ① 35 ④ | 01 ③ 02 ② 03 ③

04 확인을 할 때 시가지 도로에서 40~60km 정도로 주행할 경우 확인이 필요한 거리로 맞는 문항은?

출제빈도

① 100여 미터 거리
② 150여 미터 거리
③ 200여 미터 거리
④ 250여 미터 거리

해설 ③의 문항이 맞아 정답은 ③이다.

05 운전 중에 예측을 할 때 판단의 기본요소에 대한 평가를 할 사항이다. 아닌 문항은?

출제빈도

① 시인성
② 시간
③ 거리
④ 공간성

해설 ④의 "공간성"이 아니고, "안전공간 및 잠재적 위험원"이 기본요소로 정답은 ④이다.

06 안전운전 5가지 기본기술의 설명이다. 틀린 것의 문항은?

① 운전 중에 전방을 멀리 본다.
② 눈은 한곳에만 집중하여 움직인다.
③ 전체적으로 살펴본다.
④ 차가 빠져나갈 공간을 확보한다.

해설 ②의 문항 중 "한곳에만 집중하여"는 틀리고, "눈은 계속해서 움직인다"가 맞으므로 정답은 ②이며, ①, ③, ④ 이외에 "다른 사람들이 자신을 볼 수 있게 한다"가 있다.

07 전방 가까운 곳을 보고 운전할 때의 징후들에 대한 설명이다. 틀린 문항은?

① 교통의 흐름에 맞지 않을 정도로 너무 빠르게 차를 운전한다.
② 차로의 한편으로 치우쳐서 주행한다.
③ 공간성이 낮은 상황에서 속도를 줄이지 않는다.
④ 우회전할 때 넓게 회전한다.

해설 ③의 문항 중 "공간성"은 틀리고 "시인성"이 맞는 문항으로 정답은 ③이다. 이외에 "우회전, 좌회전 차량 등에 대한 인지가 늦어서 급브레이크를 밟는다던가, 회전차량에 진로를 막혀 버린다"가 있다.

08 시야 확보가 적은 징후들의 설명이다. 틀린 문항은?

출제빈도

① 앞차에 바짝 붙어가는 경우
② 반응이 빠른 경우
③ 빈번하게 놀라는 경우
④ 급차로변경 등이 많을 경우

해설 ②의 문항 중 "빠른"은 틀리고, "늦은"이 맞으므로 정답은 ②이며, 이외에 "급정거"와 "좌우회전 등의 차량에 진로를 방해받음"이 있다.

09 정면 충돌사고는 직선로, 커브 및 좌회전 차량이 있는 교차로에서 주로 발생하는데 대향차량과의 사고를 회피하는 요령이다. 틀린 문항은?

① 전방의 도로 상황을 파악한다.
② 정면으로 마주칠 때 핸들조작은 왼쪽(좌측)으로 한다.
③ 속도를 줄인다(주행거리와 충격력을 줄이는 효과).
④ 오른쪽으로 방향을 조금 틀어 공간을 확보한다.

해설 ②의 문항 중 "왼쪽(좌측)으로"가 아니라, "오른쪽(우측)으로"가 맞는 문항으로 정답은 ②이다.

Answer 04 ③ 05 ④ 06 ② 07 ③ 08 ② 09 ②

10 기본적인 사고유형의 회피에서 "후미 추돌사고(가장 흔한 사고)의 회피 요령"이다. 틀린 문항은?

출제빈도

① 앞차에 대한 주의를 늦추지 않는다.
② 상황을 멀리까지 살펴본다.
③ 충분한 거리를 유지한다(3초 정도 추종거리 유지).
④ 상대보다 더 빠르게 속도를 낸다.

해설 ④의 문항 중 "속도를 낸다"는 틀리고, "속도를 줄인다"가 맞는 문항으로 정답은 ④이다.

11 시인성을 높이기 위한 요령으로 "운전하기 전의 준비할" 고려사항이다. 틀린 문항은?

① 차 안팎 유리창 및 차의 모든 등화를 깨끗이 닦는다.
② 성에제거기, 와이퍼, 워셔 등이 제대로 작동되는지를 점검한다.
③ 후사경과 사이드미러 또는 운전석 높이도 적절히 조정한다.
④ 후사경에 매다는 장식물은 차내 미관상 괜찮다.

해설 ④의 문항은 틀리며, "후사경에 매다는 장식물이나 시야를 가리는 차내의 장애물은 치운다"가 맞는 문항으로 정답은 ④이다. 이외에 "선글라스, 점멸등, 창닦게 등을 준비하여 필요할 때 사용할 수 있도록 한다"가 있다.

12 도로상의 위험을 발견하고 운전자가 반응하는 시간에서 문제 발견(인지) 후 걸리는 시간(초)의 문항은?

출제빈도

① 0.2초에서 0.4초 정도이다.
② 0.3초에서 0.5초 정도이다.
③ 0.4초에서 0.6초 정도이다.
④ 0.5초에서 0.7초 정도이다.

해설 ④의 "0.5초에서 0.7초 정도"로 정답은 ④이다.

13 공간을 다루는 법에서 "속도와 시간, 거리 관계를 염두에 두고 운전을 할 때 필수적인 사항"에 대한 설명이다. 틀린 문항은?

출제빈도

① 정지거리는 속도의 제곱에 비례한다.
② 속도를 2배 높이면 정지에 필요한 거리는 4배가 필요하다.
③ 건조한 도로를 50km의 속도로 주행할 때 필요한 정지거리는 15m 정도이다.
④ 건조한 도로를 100km의 속도에서는 52m(4×13) 정도이다.

해설 ③의 문항 중 "15m"는 틀리고, "13m"가 맞는 문항으로 정답은 ③이다.

14 공간을 다루는 기본적인 요령으로 틀린 문항은?

① 앞차와 적정한 추종거리 2~3초 정도 유지한다.
② 뒤차와도 2초 정도의 거리를 유지한다.
③ 가능하면 앞뒤의 차량과도 차 한 대 길이 이상의 거리를 유지한다.
④ 차의 앞뒤나 좌우로 공간이 충분하지 않을 때는 공간을 증가시켜야 한다.

해설 ③의 문항 중 "앞뒤의"가 아니라, "좌우의"가 맞는 문항으로 정답은 ③이다.

Answer 10 ④ 11 ④ 12 ④ 13 ③ 14 ③

15 젖은 도로 노면을 다루는 법이다. 잘못된 문항은?

① 비가 오면 노면의 마찰력이 감소하기 때문에 정지거리가 늘어난다.
② 노면의 마찰력이 가장 낮아지는 시점은 비 오기 시작한지 5~20분 이내이다.
③ 비가 많이 오게 되면 이번에는 수막현상을 주의한다.
④ 수막현상은 속도가 높을수록 또는 빗물이 고인 도로상에서 갑자기 회전 또는 정지하려는 경우도 쉽게 발생한다.

해설 ②의 문항 중 "5~20분"이 아니고, "5~30분"이 옳은 문항으로 정답은 ②이다.

16 시가지 교차로에서 방어운전의 요령에 대한 설명이다. 틀린 문항은?

출제빈도

① 항상 양방향을 살피는 훈련이 필요하다.
② 좌우 규칙을 적용하도록 한다.
③ 교차로에 접근하면서 먼저 오른쪽과 왼쪽을 살펴보면서 교차방향 차량을 관찰한다.
④ 동시에 오른발은 브레이크 페달 위에 갖다 놓고 밟을 준비를 한다.

해설 ③의 문항 중 "먼저 오른쪽과 왼쪽을"이 아니고, "먼저 왼쪽과 오른쪽을"이 맞는 문항으로 정답은 ③이다.

17 시가지 교차로에서의 방어운전이다. 틀린 문항은?

① 앞서 직진, 좌회전, 우회전, 또는 U턴하는 차량 등에 주의한다.
② 좌우회전할 때에는 방향지시등을 정확히 점등한다.
③ 성급한 우회전은 횡단하는 보행자와 충돌할 위험이 증가한다.
④ 외륜차(우회전 또는 좌회전할 때)에 의한 사고에 주의한다.

해설 ④의 문항 중 "외륜차"가 아니고, "내륜차"가 옳은 문항으로 정답은 ④이며, 이외에 "통과하는 앞차를 맹목적으로 따라가면 신호를 위반할 가능성이 높다"와 "교통정리가 없고, 좌우를 확인할 수 없거나, 교통이 빈번한 교차로에 진입 시는 일시정지한다" 등이 있다.

18 교차로 황색신호에서의 방어운전요령에 대한 설명이다. 틀린 문항은?

출제빈도

① 황색신호일 때에는 멈출 수 있도록 감속하여 접근한다.
② 황색신호일 때 모든 차는 정지선을 지나 정지해도 된다.
③ 이미 교차로 안으로 진입하여 있을 때 황색신호로 변경된 경우에는 신속히 교차로 밖으로 빠져나간다.
④ 교차로 부근에는 무단횡단하는 보행자 등 위험요인이 많으므로 돌발상황에 대비한다.

해설 ②의 문항 중 "정지선을 지나 정지해도 된다"는 틀리고, "정지선 바로 앞에 정지하여야 한다"가 옳은 문항으로 정답은 ②이다.

Answer 15 ② 16 ③ 17 ④ 18 ②

19 **지방도에서의 공간 다루기 설명이다. 틀린 문항은?**

① 전방을 확인하거나 회피핸들조작을 하는 능력에 영향을 미칠 수 있는 속도, 교통량, 도로 및 도로의 부분의 조건 등에 맞춰 추종거리를 조정한다.

② 다른 차량이 바짝 뒤에 따라붙을 때 앞으로 나아갈 수 있도록 가능한 한 충분한 공간을 확보해 준다.

③ 왕복 2차선 도로상에서는 자신의 차와 옆 차선 간에 가능한 한 충분한 공간을 유지한다.

④ 앞지르기를 완전하게 할 수 있는 전방이 훤히 트인 곳이 아니면 어떤 오르막길 경사로에서도 앞지르기를 해서는 안 된다.

해설 ③의 문항 중 "자신의 차와 옆 차선 간에"는 틀리며, "자신의 차와 대향차 간에"가 맞는 문항으로 정답은 ③이다.

20 **커브 길 방어운전의 주행 개념과 방법에 대한 설명이다. 틀린 문항은?**

① 슬로우－인, 패스트－아웃(Slow－in, Fast－out) : 커브 길 진입할 때에는 속도를 줄이고, 진출할 때에는 속도를 높이라는 뜻이다.

② 아웃－인－아웃(Out－in－out) : 차로 바깥쪽에서 진입하여 안쪽, 바깥쪽 순으로 통과하라는 뜻이다.

③ 감속속도에 맞는 기어로 주행한다.

④ 회전이 끝나는 부분에 도달하였을 때에는 핸들을 바르게 한다. 또한 가속페달을 밟아 속도를 서서히 높인다.

해설 ③의 문항 중 "주행"은 틀리고, "변속한다"가 맞는 문항으로 정답은 ③이다.

21 **커브 길 주행방법이다. 틀린 문항은?**

① 커브 길에 진입하기 전에 차로수나 도로의 폭을 확인하고 엔진 브레이크를 작동시켜 속도를 줄인다.

② 감속된 속도에 맞는 기어로 변속한다.

③ 회전이 끝나는 부분에 도달하였을 때에는 핸들을 바르게 한다.

④ 가속페달을 밟아 속도를 서서히 높인다.

해설 ①의 문항 중 "차로수나"가 아니고, "경사도나"가 맞는 문항으로 정답은 ①이며, 이외에 "엔진 브레이크만으로 속도가 충분히 줄지 않으면 풋(발) 브레이크를 사용하여 회전 중에 더 이상 감속하지 않도록 줄인다"가 있다.

22 **내리막길에서 기어를 변속하는 방법에 대한 설명이다. 아닌 문항은?**

① 변속할 때 클러치 및 변속 레버의 작동은 신속하게 한다.

② 변속을 할 때 브레이크와 변속 레버를 동시에 작동하면서 신속하게 한다.

③ 변속할 때에는 전방이 아닌 다른 방향으로 시선을 놓치지 않도록 주의해야 한다.

④ 왼손은 핸들을 조정하고, 오른손과 양발은 신속히 움직인다.

해설 ②의 문항은 이 문제와는 해당 없어 정답은 ②이다.

19 ③ 20 ③ 21 ① 22 ②

23 철길 건널목에서 방어운전의 주의사항에 대한 설명이다. 잘못된 문항은?

출제빈도

① 철길 건널목에 접근할 때에는 속도를 줄여 접근한다.
② 일시정지 후에는 철도 좌우의 안전을 확인한다.
③ 건널목을 통과할 때에는 기어를 변속 후 빨리 통과한다.
④ 건널목 건너편 여유공간을 확인한 후에 통과한다.

해설 ③의 문항 중 "기어를 변속 후 빨리 통과한다"는 틀리며, "기어를 변속하지 않는다"가 맞는 문항으로 정답은 ③이다.
※ 고장 발생 시 조치 : 동승자 대피, 차를 이동, 철도공무원 등에게 알리고, 열차기관사에게 위급상황을 알려서 열차가 정지할 수 있도록 안전조치를 한다.

24 고속도로에서 시인성 다루기에 대한 설명이다. 틀린 문항은?

① 20~30초 전방을 탐색해서 도로 주변에 차량, 장애물, 동물, 심지어는 보행자 등이 없는가를 살핀다.
② 진·출입로 부근의 위험이 있는지에 대해 주의한다.
③ 가급적이면 상하향(변환빔) 전조등을 켜고 주행한다.
④ 가급적 대형차량이 전방 또는 측방 시야를 가리지 않는 위치를 잡아 주행하도록 한다.

해설 ③의 문항 중 "상하향(변환빔)"이 아니고, "하향(변환빔)"이 옳은 문항으로 정답은 ③이다. 또한 이외에 "주변에 있는 차량의 위치를 파악하기 위해 자주 후사경과 사이드미러를 보도록 한다"와 "차로 변경이나, 고속도로 진입, 진출 시에는 진행하기에 앞서 항상 자신의 의도를 신호로 알린다" 등이 있다.

25 고속도로에서의 시간 다루기에 대한 설명으로 틀린 문항은?

출제빈도

① 확인, 예측, 판단 과정을 이용하여 12~15초 전방 안에 있는 위험상황을 확인한다.
② 고속도로를 빠져나갈 때는 가능한 한 천천히 진출차로로 들어가야 한다.
③ 차의 속도를 유지하는 데 어려움을 느끼는 차를 주의해서 살핀다.
④ 주행하게 될 고속도로 및 진출입로를 확인하는 등 사전에 주행경로 계획을 세운다.

해설 ②의 문항 중 "천천히"가 아니고 "빨리"가 맞는 문항으로 정답은 ②이며, 이외에 "항상 속도와 추종거리를 조절해서 비상 시에 멈추거나 회피핸들 조작을 하기 위해 적어도 4~5초의 시간을 가져야 한다" 등이 있다.

26 고속도로 진입부에서의 안전운전이다. 틀린 문항은?

출제빈도

① 본선 진입의도를 다른 차량에게 방향지시등으로 알린다.
② 본선 진입 전 충분히 가속하여 본선 차량의 교통흐름을 방해하지 않도록 한다.
③ 진입을 위한 가속차로 끝부분에서 감속하지 않도록 한다.
④ 고속도로 본선(주행차로)을 저속으로 진입하거나 진입 시기를 잘못 맞추면 안전사고 등 교통사고가 발생할 수 있다.

해설 ④의 문항 중 "안전사고"는 틀리며, "추돌사고"가 맞는 문항으로 정답은 ④이다.

Answer 23 ③ 24 ③ 25 ② 26 ④

27 고속도로 진출부에서의 안전운전이다. 아닌 문항은?

출제빈도

① 전방의 안전을 확인하는 동시에 후사경으로 좌측 및 좌후방을 확인한다.
② 본선 진출의도를 다른 차량에게 방향지시등으로 알린다.
③ 진출부 진입 전에 본선 차량에게 영향을 주지 않도록 주의한다.
④ 본선 차로에서 천천히 진출부로 진입하여 출구로 이동한다.

해설 ①은 앞지르기 순서와 방법상의 주의사항 중의 하나로 정답은 ①이다.

28 앞지르기 순서와 방법상의 주의사항에 대한 설명이다. 틀린 문항은?

출제빈도

① 앞지르기 금지 장소 여부를 확인한다.
② 전방의 안전을 확인하는 동시에 후사경으로 좌측 및 좌후방을 확인한다.
③ 차가 일직선이 되었을 때 방향지시등을 끈 다음 앞지르기 당하는 차의 우측을 통과한다.
④ 앞지르기 당하는 차를 후사경으로 볼 수 있는 거리까지 주행한 후 우측 방향지시등을 켠다.

해설 ③의 문항 중 "우측"이 아니라, "좌측"이 맞으므로 정답은 ③이며, 이외에 "진로를 서서히 우측으로 변경한 후 차가 일직선이 되었을 때 방향지시등을 끈다", "좌측 방향지시등을 켠다", "최고속도의 제한범위 내에서 가속하여 진로를 서서히 좌측으로 변경한다"가 있다.

29 안갯길 안전운전의 방법이다. 틀린 문항은?

출제빈도

① 전조등, 안개등, 비상점멸표시등을 켜고 운행한다.
② 가시거리가 100m 이내인 경우에는 최고속도를 50% 정도 감속하여 운행한다.
③ 앞차와의 차간거리를 충분히 확보하고, 앞차의 제동이나 방향지시등의 신호를 예의주시하며 운행한다.
④ 앞을 분간하지 못할 정도의 짙은 안개로 운행이 어려울 때에는 주의해서 서행으로 주행을 한다.

해설 ④의 문항 중 "주의해서 서행으로 주행을 한다"는 틀린 방법이며, "차를 안전한 곳에 세우고 잠시 기다린다"가 맞는 문항으로 정답은 ④이다.

30 빗길 운전의 위험성에 대한 설명이다. 틀린 문항은?

출제빈도

① 비로 인해 운전시야 확보가 곤란하다(김이 서림).
② 타이어 노면과의 마찰력이 상승하여 정지거리가 길어진다.
③ 수막현상 등으로 인해 조향조작 및 브레이크 기능이 저하될 수 있다.
④ 보행자의 주의력이 약해지는 경향이 있다.

해설 ②의 문항 중 "상승하여"는 틀리고, "감소하여"가 맞는 문항으로 정답은 ②이다. 또한 "젖은 노면에 토사가 흘러내려 진흙이 깔려 있는 곳은 다른 곳보다 더욱 미끄럽다"가 있다.

27 ① 28 ③ 29 ④ 30 ②

31 빗길 안전운전의 주의사항이다. 틀린 문항은?

① 비가 내려 노면이 젖어있는 경우에는 최고속도의 30%를 줄인 속도로 운행한다.
② 폭우로 가시거리가 100m 이내인 경우에는 최고속도의 50%를 줄인 속도로 운행한다.
③ 물이 고인 길을 통과할 때에는 속도를 줄여 저속으로 통과한다.
④ 보행자 옆을 통과할 때에는 속도를 줄여 흙탕물이 튀기지 않도록 주의한다.

해설 ①의 문항 중 "30%를 줄인"이 아니고, "20%를 줄인"이 옳으므로 정답은 ①이며, "물이 고인 길을 벗어난 경우에는 브레이크를 여러 번 나누어 밟아 마찰열로 브레이크 패드나 라이닝의 물기를 제거하고, 급브레이크를 밟지 않으며, 브레이크 페달을 여러 번 나누어 밟는다"가 있다.

32 출제빈도 경제운전의 기본적인 방법이다. 틀린 문항은?

① 가·감속을 부드럽게 한다.
② 불필요한 공회전을 피한다.
③ 급회전을 피한다.
④ 일정하게 차량속도를 가속한다.

해설 ④의 문항은 "일정한 차량속도를 유지한다"가 맞는 문항으로 정답은 ④이다.

33 경제운전의 효과에 대한 설명이다. 틀린 문항은?

① 차량관리 비용, 고장수리 비용, 타이어 교체 비용, 등의 감소 효과
② 고장수리 작업 및 유지관리 작업 등의 시간손실 감소 효과
③ 공해배출 등 환경문제의 상쇄 효과
④ 교통안전 증진 효과 또는 운전자 및 승객의 스트레스 감소 효과

해설 ③의 문항 중 "상쇄 효과"가 아니고, "감소 효과"가 맞는 문항으로 정답은 ③이다.

34 출제빈도 경제운전에 영향을 미치는 요인들의 설명이다. 틀린 문항은?

① 교통상황 : 교통체증 상황은 에너지 소모량 증가
② 도로조건 : 젖은 노면은 구름저항을 증가, 경사도는 구배저항에 영향을 미쳐 연료소모를 증가한다.
③ 기상조건 : 맞바람은 공기저항을 증가시켜 연료소모율을 높인다.
④ 공기역학 : 버스가 유선형일수록 연료소모율을 높일 수 있다.

해설 ④의 문항 중 "높일 수 있다"는 틀리며, "낮출 수 있다"가 옳은 문항으로 정답은 ④이며, 또한 이외에 "차량 타이어 : 타이어 공기압이 적정압력보다 15~20% 낮으면 연료소모량은 약 5~8% 증가한다", "엔진 : 엔진효율이 곧 연료소모율을 결정한다"가 있다.

Answer 31 ① 32 ④ 33 ③ 34 ④

35 **차를 정지할 때 기본운행수칙이다. 틀린 문항은?**

① 정지할 때에는 미리 감속하여 급정지로 인한 타이어 흔적이 발생하지 않도록 한다.
② 정지할 때에는 엔진브레이크 및 저단기어 변속을 활용할 필요는 없다.
③ 정지할 때까지 여유가 있는 경우에는 브레이크 페달을 가볍게 2~3회 나누어 밟는 '단속조작'을 통해 정지한다.
④ 미끄러운 노면에서는 제동으로 인해 차량이 회전하지 않도록 주의한다.

해설 ②의 문항 중 "활용할 필요는 없다"는 틀리며, "활용하여 정지하여야 한다"가 옳은 정지 요령으로 정답은 ②이다.

36 **차를 주차할 때 기본수칙이다. 잘못된 문항은?**

출제빈도

① 주차가 허용된 지역이나 안전한 지역에 주차한다.
② 주행차로로 주차된 차량의 일부분이 돌출되지 않도록 주의한다.
③ 경사가 있는 도로에 주차할 때에는 밀리는 현상을 방지하기 위해 기어를 1단에 넣고, 바퀴에 고임목 등을 설치할 필요는 없다.
④ 도로에서 차가 고장이 일어난 경우 안전한 장소로 이동한 후 고장자동차의 표지(비상삼각대)를 설치한다.

해설 ③의 문항 중 "기어를 1단에 넣고, 바퀴에 고임목 등을 설치할 필요는 없다"는 잘못된 조치이며, "기어를 1단에 넣고 바퀴에 고임목 등을 설치하여 안전 여부를 확인한다"가 옳은 조치로 정답은 ③이다.

37 **차를 운행 중일 때 진로변경 위반에 해당하는 경우이다. 아닌 문항은?**

① 도로 노면에 표시된 백색점선에서 진로를 변경하는 경우
② 두 개의 차로에 걸쳐 운행하는 경우
③ 갑자기 차로를 바꾸어 옆 차로로 끼어드는 행위
④ 여러 차로를 연속적으로 가로지르는 행위

해설 ①의 진로변경은 정당한 행위로 정답은 ①이며, 이외에 "한 차로로 운행하지 않고 두 개 이상의 차로를 지그재그로 운행하는 행위"와 "진로변경이 금지된 곳에서 진로를 변경하는 경우"가 있다.

38 **편도 1차로 도로 등에서 앞지르고자 할 때의 기본운행수칙이다. 잘못된 문항은?**

출제빈도

① 앞지르기할 때에는 언제나 방향지시등을 작동시킨다.
② 앞지르기가 허용된 구간이 아니라도 앞지르기를 할 수 있다.
③ 제한속도를 넘지 않는 범위 내에서 시행한다.
④ 앞 차량의 좌측 차로를 통해 앞지르기를 한다.

Answer 35 ② 36 ③ 37 ① 38 ②

해설 ②의 문항 중 "허용된 구간이 아니라도 앞지르기를 할 수 있다"는 틀리며, "허용된 구간에서만 시행한다"가 맞는 문항으로 정답은 ②이다. 또한 이외에 "앞지르기할 때에는 반드시 반대방향 차량, 추월 차로에 있는 차량, 뒤쪽 및 앞차량과의 안전 여부를 확인한 후 시행한다", "앞차가 다른 자동차를 앞지르고자 할 때 또는 앞차의 좌측에 다른 차가 나란히 가고 있는 경우에는 앞지르기를 시도하지 않는다" 등이 있다.

39 봄철의 계절특성이다. 아닌 문항은?

출제빈도

① 봄은 겨우내 잠자던 생물들이 새롭게 생존의 활동을 시작한다.
② 푄현상으로 경기 및 충청지방으로 고온건조한 날씨가 지속된다.
③ 겨울이 끝나고 초봄에 접어들 때는 겨우내 얼어 있던 땅이 녹아 지반이 약해지는 해빙기이다.
④ 날씨가 온화해짐에 따라 사람들의 활동이 활발해지는 계절이다.

해설 ②의 문항은 봄철 기상특성 중의 하나로 정답은 ②이다.

40 봄철의 기상특성이다. 다른 문항은?

① 푄현상으로 경기 및 충청지방으로 고온 건조한 날씨가 지속된다.
② 시베리아기단이 한반도에 겨울철 기압배치를 이루면 꽃샘추위가 발생한다.
③ 저기압이 한반도에 영향을 주면 강한 강우를 동반한 지속성이 큰 안개가 자주 발생한다.
④ 중국에서 발생한 모래 먼지에 의한 황사현상이 자주 발생하여 운전자의 시야에 지장을 초래한다.

해설 ③의 문항 중에 "강한"이 아니고, "약한"이 맞는 문항으로 정답은 ③이다.

41 봄철 안전운행 및 교통사고 예방에 유의하여야 할 사항이다. 잘못된 문항은?

① 교통환경 변화 : 해빙기로 인한 도로의 지반붕괴와 균열에 대비하기 위해 산악도로 및 하천도로 등을 운행하는 운전자는 노면상태 파악에 신경을 써야 한다.
② 주변환경 변화 : 포근하고 화창한 기후조건은 운전자의 집중력을 떨어뜨린다.
③ 주변환경에 대한 대응 : 잠시 휴식을 통해 과로하지 않도록 주의한다.
④ 춘곤증 : 춘곤증으로 의심되는 현상은 나른한 피로감, 졸음, 집중력 저하, 권태감, 식욕부진, 소화불량, 현기증, 손·발의 저림, 두통, 눈의 피로, 불면증 등이다.

해설 ③의 문항 중에 "잠시 휴식을"이 아니고, "충분한 휴식을"이 맞는 문항으로 정답은 ③이다.

42 봄철 자동차 관리에 대한 설명이다. 틀린 문항은?

출제빈도

① 세차 : 차량부식을 촉진하는 제설작업용 염화칼슘을 제거하기 위해 차량 및 차체 구석구석을 씻어 준다.
② 월동장비 정리 : 스노 타이어, 체인 등 월동장비는 물기를 제거하여 통풍이 잘 통하는 곳에 보관한다.
③ 배터리 액 : 배터리 액이 부족하면 시냇물로 보충하여 준다.
④ 오일류 점검 : 엔진오일 상태를 점검하여 필요 시 엔진오일과 오일필터를 교환한다.

해설 ③의 문항 중에 "시냇물로"가 아니고, "증류수 등을"이 맞는 문항으로 정답은 ③이다.

Answer 39 ② 40 ③ 41 ③ 42 ③

43 여름철 계절특성이다. 틀린 문항은?

① 봄철에 비해 기온이 상승한다.
② 주로 6월 말부터 7월 중순까지 장마전선의 북상으로 비가 많이 내린다.
③ 장마 이후에는 더운 날이 지속된다.
④ 저녁 늦게까지 무더운 현상이 지속되는 열대야 현상이 나타나기도 한다.

해설 ③의 문항 중에 "더운 날이" 아니고, "무더운 날이"가 맞는 문항으로 정답은 ③이다.

44 여름철 안전 운행 및 교통사고 예방에 대한 설명이다. 틀린 문항은?

① 뜨거운 태양 아래 오래 주차하는 경우 : 차량의 실내 온도는 뜨거운 양철지붕 속과 같이 뜨거우므로 출발하기 전에 창문을 열어 실내의 더운 공기를 환기시킨 다음 운행하는 것이 좋다.
② 주행 중 갑자기 시동이 꺼졌을 경우 : 기온이 높은 날에는 연료 계통에서 발생한 열에 의한 증기가 통로를 막아 공급이 단절되면 운행 도중 엔진이 저절로 꺼지는 현상이 발생할 수 있다.
③ 주행 중 갑자기 시동이 꺼졌을 경우 : 자동차를 길 가장자리로 옮긴 다음 열을 식힌 후 재시동을 건다.
④ 비가 내리고 있을 때 주행하는 경우 : 비에 젖은 도로를 주행할 때는 건조한 도로에 비해 노면과의 마찰력이 떨어져 미끄럼에 의한 사고가 발생할 수 있으므로 감속 운행한다.

해설 ③의 문항 중에 "통풍이 잘되는 그늘진 곳으로"가 빠져 틀리고 "자동차를 길 가장자리 통풍이 잘 되는 그늘진 곳으로 옮긴 다음 열을 식힌 후 재시동을 건다"가 맞는 문항으로 정답은 ③이다.

45 타이어의 사용 가능한 트레드 홈 깊이에 대한 기준이다. 옳은 문항은?

① 트레드 홈 깊이 1.5mm 이상
② 트레드 홈 깊이 1.6mm 이상
③ 트레드 홈 깊이 1.7mm 이상
④ 트레드 홈 깊이 1.8mm 이상

해설 ②의 트레드 홈 깊이 1.6mm 이상이 맞아 정답은 ②이다.

46 가을철 계절의 특성이다. 아닌 문항은?

① 아침 저녁으로 선선한 바람이 불어 즐거운 느낌을 준다.
② 심한 일교차로 건강을 해칠 수도 있다.
③ 맑은 날씨가 계속되고 기온도 적당하다.
④ 행락객의 교통수요는 그리 많지 않다.

해설 ④는 "행락객 등에 의한 교통수요와 명절 귀성객에 의한 통행량이 많이 발생한다"가 맞아 정답은 ④이다.

47 계절의 기상특성으로 일 년 중 짙은 이류안개가 가장 많이(빈번히) 발생하는 계절에 해당한 문항은?

① 봄철
② 여름철
③ 가을철
④ 겨울철

해설 ③의 가을철로 정답은 ③이다.

43 ③ 44 ③ 45 ② 46 ④ 47 ③

48 **가을철 교통사고 위험요인이다. 틀린 문항은?**

① 도로조건 : 추석절 귀성객 등으로 지·정체가 발생하지만 다른 계절에 비하여 도로조건은 비교적 양호한 편이다.

② 운전자 : 추수철 국도 주변에는 저속으로 운행하는 경운기·트랙터 등의 통행이 늘고, 단풍 등 주변환경에 관심을 가지게 되면 집중력이 떨어져 교통사고 발생 가능성이 존재한다.

③ 보행자 : 맑은 날씨, 곱게 물든 단풍, 풍성한 수확 등 계절적 요인으로 인해 교통신호등에 대한 주의집중력이 분산될 수 있다.

④ 이류안개 : 하천이나 강을 끼고 있는 곳에서도 안개는 자주 발생하지 않는다.

해설 ④는 "하천이나 강을 끼고 있는 곳에서는 짙은 안개가 자주 발생한다"가 맞는 문항으로 정답은 ④이다.

49 **겨울철 계절특성과 기상특성이다. 틀린 문항은?**

① 계절특성 : 차가운 대륙성 고기압의 영향으로 북서 계절풍이 불어와 날씨는 춥고 눈이 많이 내린다.

② 기상특성 : 한반도는 북서풍이 탁월하고 강하여, 습도가 높고 공기가 매우 건조하다.

③ 기상특성 : 대도시지역은 연기, 먼지, 등 오염물질이 올라갈수록 기온이 상승되어 있는 기층 아래에 쌓여서 열은 안개가 자주 나타난다.

④ 계절특성 : 교통의 3대 요소인 사람, 자동차, 도로환경 등 모든 조건이 다른 계절에 비하여 열악한 계절이다.

해설 ②의 문항 중 "습도가 높고"가 아니고, "습도가 낮고"가 맞는 문항으로 정답은 ②이다.

50 **겨울철 교통사고 위험요인이다. 다른 문항은?**

출제빈도

① 도로조건 : 적은 양의 눈이 내려도 바로 빙판길이 될 수 있기 때문에 자동차 간의 충돌. 추돌. 또는 도로 이탈 등의 사고가 발생할 수 있다.

② 운전자 : 각종 모임 등에서 마신 술이 깨지 않은 상태에서 운전할 가능성이 있다.

③ 보행자 : 추위와 바람을 피하고자 두꺼운 외투, 방한복 등을 착용하고 앞만 보면서 목적지까지 최단거리로 이동하려는 경향이 있다.

④ 보행자 : 날씨가 추워지면 안전한 운전을 위해 운전자가 확인하고 통행하여야 할 사항을 소홀히 하거나 생략하여 사고에 직면하기 쉽다.

해설 ④의 문항 중에 "안전한 운전을 위해 운전자가"가 아니고, "안전한 보행을 위해 보행자"가 맞는 문항으로 정답은 ④이다.

Answer 48 ④ 49 ② 50 ④

51 교통사고 발생 시 대처 요령이다. 틀린 문항은?

① 연속적인 2차 사고의 방지 : 길 가장자리나 공터 등 안전한 장소에 차를 정차시키고 엔진을 끈다.

② 안전삼각대 또는 불꽃신호 설치 : 주간에는 100m, 야간에는 200m 뒤에 안전삼각대 및 불꽃신호 등을 설치해서 300m 후방에서 확인 가능하도록 해야 한다.

③ 부상자 구호 : 부상자에게는 가능한 응급조치를 하고, 2차 사고의 우려가 있을 경우에는 부상자를 안전한 장소로 이동시킨다.

④ 경찰공무원 등에게 신고 : 사고를 낸 운전자는 사고 발생 장소, 사상자수 등을 경찰공무원이 현장에 있을 때에는 경찰공무원에게, 경찰공무원이 없을 때에는 가장 가까운 경찰관서에 신고한다.

해설 ②의 문항 중에 "300m 후방에서 확인"은 틀리고, "500m 후방에서 확인"이 맞으므로 정답은 ②이다.

52 고속도로 2504 긴급견인서비스(1588 −2504, 한국도로공사 콜센터)를 받을 수 있는 대상 자동차이다. 대상차량이 아닌 차량의 문항은?

① 1.4톤 이상 화물차

② 1.4톤 이하 화물차

③ 승용자동차

④ 16인 이하 승합차

해설 ①의 자동차는 무료견인 대상자동차가 아니므로 정답은 ①이다.

53 고속도로 운행제한차량 종류에 대한 설명이다. 아닌 차량의 문항은?

① 차량 축하중 10톤, 총중량 40톤을 초과한 차량

② 적재물을 포함한 차량의 길이 16.7m, 폭 2.5m, 높이 4m를 초과한 차량

③ 편중적재, 스페어 타이어 고정불량 등

④ 좌우측 후사경이 불비한 차량

해설 ④의 문항은 운행제한차량이 아니므로 정답은 ④이며, 외에 덮개를 씌우지 않았거나 묶지 않아 결속상태가 불량한 차량, 액체 적재물 방류차량, 견인 시 사고차량 파손품 유포 우려가 있는 차량 등이 있다.

54 도로관리청의 차량 회차, 적재물 분리 운송, 차량운행중지 명령에 따르지 아니한 자에 대한 벌칙으로 맞는 문항은?

① 1년 이상 징역 또는 1천만 원 이상 벌금

② 1년 이하 징역 또는 1천만 원 이하 벌금

③ 2년 이하 징역 또는 2천만 원 이하 벌금

④ 10년 이하 징역 또는 5천만 원 이하 벌금

해설 ③의 문항이 벌칙으로 맞아 정답은 ③이다.

51 ② 52 ① 53 ④ 54 ③

55 (출제빈도) **적재량 측정을 위한 공무원의 차량 동승요구 및 관계서류 제출요구를 거부한 자 또는 적재량 재측정요구에 따르지 아니한 자에 대한 벌칙이다. 옳은 문항은?**

① 1년 이하 징역 또는 1천만 원 이하 벌금
② 1년 이상 징역 또는 1천만 원 이하 벌금
③ 2년 이상 징역 또는 1천만 원 이상 벌금
④ 2년 이하 징역 또는 1천만 원 이하 벌금

해설 ①의 문항이 맞아 정답은 ①이다.

56 (출제빈도) **"총중량 40톤, 축하중 10톤, 폭 2.5m, 높이 4m, 길이 16.7m를 초과하여 운행제한을 위반한 운전자", "임차한 화물적재량이 운행제한을 위반하지 않도록 관리하지 아니한 임차인", "운행제한 위반의 지시 · 요구 금지를 위반한 자"에 대한 벌칙이다. 맞는 문항은?**

① 500만 원 이하 과태료를 부과한다.
② 500만 원 이상 과태료를 부과한다.
③ 600만 원 이하 과태료를 부과한다.
④ 600만 원 이상 과태료를 부과한다.

해설 ①의 문항이 옳으므로 정답은 ①이다.

57 (출제빈도) **고속도로에서 과적차량 제한사유에 대한 설명이다. 맞지 않는 문항은?**

① 고속도로의 포장균열, 파손, 교량의 파괴
② 고속주행으로 인한 교통소통 원활
③ 핸들 조작의 어려움, 타이어 파손, 전후방 주시 곤란
④ 제동장치의 무리, 동력연결부의 잦은 고장 등 교통사고 유발

해설 ②의 문항 중 "고속주행으로 인한 교통소통 원활"은 틀리고, "저속주행으로 인한 교통소통 지장"이 옳으므로 정답은 ②이다.

58 (출제빈도) **고속도로 운행제한차량 통행이 도로포장에 미치는 영향에 대한 설명이다. 틀린 문항은?**

① 축하중 10톤 : 승용차 7만 대 통행과 같은 도로파손
② 축하중 11톤 : 승용차 11만 대 통행과 같은 도로파손
③ 축하중 13톤 : 승용차 21만 대 통행과 같은 도로파손
④ 축하중 15톤 : 승용차 40만 대 통행과 같은 도로파손

해설 ④의 문항 중에 "승용차 40만 대"는 틀리고, "승용차 39만 대"가 옳은 문항으로 정답은 ④이다.

Answer 55 ① 56 ① 57 ② 58 ④

제 4 편

운송서비스(버스운전자의 예절에 관한 사항 포함)

핵심이론

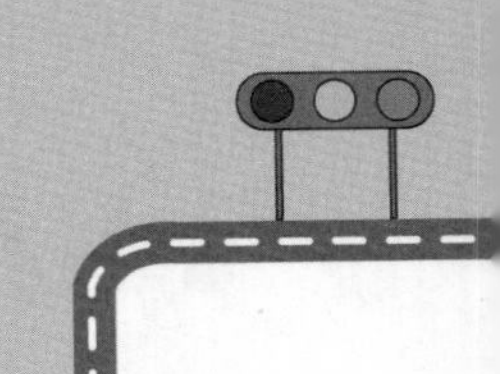

핵심 001 서비스의 정의

한 당사자가 다른 당사자에게 소유권의 변동 없이 제공해 줄 수 있는 무형의 행위 또는 활동을 말한다.

핵심 002 올바른 서비스 제공을 위한 5요소

① 단정한 용모 및 복장
② 밝은 표정
③ 공손한 인사
④ 친근한 말
⑤ 따뜻한 응대

핵심 003 서비스의 특징

① 무형성 : 보이지 않는다.
② 동시성 :생산과 소비가 동시에 발생하므로 재고가 발생하지 않는다.
③ 인적 의존성 : 사람에 의존한다.
④ 소멸성 : 즉시 사라진다.
⑤ 무소유권 : 가질 수 없다.

핵심 004 승객만족의 중요성

한 업체에 대한 고객이 거래를 중단하는 이유는 종사자의 불친절(68%), 제품에 대한 불만(14%), 경쟁사의 회유(9%), 가격이나 기타(9%)로 조사되어 고객이 거래를 중단하는 가장 큰 이유는 제품에 대한 불만이 아니라 일선 종사자의 불친절에 의한 것임을 알 수 있다.

핵심 005 일반적인 승객의 욕구

① 기억되고 싶어 한다.
② 환영받고 싶어 한다.
③ 관심을 받고 싶어 한다.
④ 중요한 사람으로 인식되고 싶어 한다.
⑤ 편안해지고 싶어 한다.
⑥ 존경받고 싶어 한다.
⑦ 기대와 욕구를 수용하고 인정받고 싶어 한다.

핵심 006 긍정적인 이미지(인상, 印象)를 만들기 위한 3요소

① 시선처리(눈빛)
② 음성관리(목소리)
③ 표정관리(미소)

핵심 007 인사의 중요성

① 인사는 평범하고도 대단히 쉬운 행동이지만 생활화되지 않으면 실천에 옮기기 어렵다.
② 인사는 애사심, 존경심, 우애, 자신의 교양 및 인경의 표현이다.
③ 인사는 서비스의 주요 기법 중 하나이다.
④ 인사는 승객과 만나는 첫걸음이다.
⑤ 인사는 승객에 대한 마음가짐의 표현이다.
⑥ 인사는 승객에 대한 서비스 정신의 표시이다.

핵심 008 올바른 인사

① 표정 : 밝고 부드러운 미소를 짓는다.
② 고개 : 반듯하게 들되, 턱을 내밀지 않고 자연스럽게 당긴다.
③ 시선 : 인사 전후에 상대방의 눈을 정면으로 바라보며, 상대방을 진심으로 존중하는 마음을 눈빛에 담아 인사한다.

④ 머리와 상체 : 일직선이 되도록 하며 천천히 숙인다.
⑤ 입 : 미소를 짓는다.
⑥ 손 : 남자는 가볍게 쥔 주먹을 바지 재봉선에 자연스럽게 붙이고, 주머니에 손을 넣고 하는 일이 없도록 한다.
⑦ 발 : 뒤꿈치를 붙이되, 양발의 각도는 여자 15°, 남자는 30° 정도를 유지한다.
⑧ 음성 : 적당한 크기와 속도로 자연스럽게 말한다.
⑨ 인사 : 먼저 본 사람이 먼저 하는 것이 좋으며, 상대방이 먼저 인사한 경우에는 응대한다.

핵심 009 호감받는 표정관리 개념

표정이란 마음속의 감정이나 정서 따위의 심리상태가 얼굴에 나타난 모습을 말하며, 다분히 주관적이고 순간 순간 변할 수 있고 다양하다.

핵심 010 표정의 중요성

① 표정은 첫인상을 좋게 만든다.
② 첫인상은 대면 직후 결정되는 경우가 많다.
③ 상대방에 대한 호감도를 나타낸다.
④ 상대방과의 원활하고 친근한 관계를 만들어 준다.
⑤ 업무 효과를 높일 수 있다.
⑥ 밝은 표정은 호감가는 이미지(인상)를 형성하여 사회생활에 도움을 준다.
⑦ 밝은 표정과 미소는 신체와 정신 건강을 향상시킨다.

핵심 011 시선처리

① 자연스럽고 부드러운 시선으로 상대를 본다.
② 눈동자는 항상 중앙에 위치하도록 한다.
③ 가급적 승객의 눈높이와 맞춘다.

※ 승객이 싫어하는 시선 : 위로 치켜뜨는 눈, 곁눈질, 한 곳만 응시하는 눈, 위아래로 훑어보는 눈

핵심 012 승객을 응대하는 10가지 마음가짐

① 사명감을 가진다.
② 승객의 입장에서 생각한다.
③ 원만하게 대한다.
④ 항상 긍정적으로 생각한다.
⑤ 승객이 호감을 갖도록 한다.
⑥ 공・사를 구분하고 공평하게 대한다.
⑦ 투철한 서비스 정신을 가진다.
⑧ 예의를 지켜 겸손하게 대한다.
⑨ 자신감을 갖고 행동한다.
⑩ 부단히 반성하고 개선해 나간다.

핵심 013 악수를 청하는 사람과 받는 사람

① 기혼자가 미혼자에게 청한다.
② 선배가 후배에게 청한다.
③ 여자가 남자에게 청한다.
④ 승객이 직원에게 청한다.

핵심 014 버스운전자가 '좋은 옷차림을 한다는 것'의 의미

단순히 좋은 옷을 멋지게 입는다는 뜻이 아니다. 때와 장소에 맞추어 자신의 생활에 맞추어 옷을 '올바르게' 입는다는 뜻이다.

핵심 015 복장의 기본원칙

① 깨끗하게
② 단정하게
③ 품위 있게
④ 규정에 맞게
⑤ 통일감 있게
⑥ 계절에 맞게
⑦ 편한 신발을 신되, 샌들이나 슬리퍼는 삼간다.

핵심 016 대화의 4원칙

① 밝고 적극적으로 말한다.
② 공손하게 말한다.
③ 명료하게 말한다.
④ 품위 있게 말한다.

핵심 017 직업의 의미

① 경제적 의미
② 사회적 의미
③ 심리적 의미

핵심 018 바람직한 직업관

① 소명의식을 지닌 직업관 : 항상 소명의식을 가지고 일하며, 자신의 직업을 천직으로 생각한다.
② 사회구성원으로서의 역할 지향적 직업관 : 사회구성원으로서의 직분을 다하는 일이자 봉사하는 일이라 생각한다.
③ 미래 지향적 전문능력 중심의 직업관 : 자기 분야의 최고 전문가가 되겠다는 생각으로 최선을 다해 노력한다.

핵심 019 올바른 직업윤리

① 소명의식
② 천직의식
③ 직분의식
④ 봉사정신
⑤ 전문의식
⑥ 책임의식

핵심 020 운송사업자는 다음의 사항을 승객이 자동차 안에서 쉽게 볼 수 있는 위치에 게시할 것

① 회사명, 자동차 번호, 운전자 성명, 불편사항 연락처 및 차고지 등을 적은 표지판
② 운행계통도(노선운송사업자 : 시내버스, 농어촌버스, 마을버스, 시외버스만 해당)

핵심 021 운송사업자가 운행하고 있는 여객자동차에 부착하는 "속도제한장치", "운행기록계"의 설치 근거

자동차 안전기준에 관한 규칙

핵심 022 13세 미만 어린이 통학을 위하여 전세버스 운행자는 학교 및 보육시설의 장과 운송계약을 체결하고 운행하여야 한다. 해당하는 법은?

도로교통법(시행령 제31조 제4호)

핵심 023 버스운전자가 운전업무 중 해당 도로에 이상이 있었던 경우 운전업무를 종료하고 교대할 때의 인계 등 조치 방법

교대하여 다음에 운전할 운전자에게 알려야 한다.

핵심 024 교통질서의 중요성

① 제한된 도로 공간에서 많은 운전자가 안전한 운전을 하기 위해서는 운전자의 질서의식이 제고되어야 한다.
② 타인도 쾌적하고 자신도 쾌적한 운전을 하기 위해서는 모든 운전자가 교통질서를 준수해야 한다.
③ 교통사고로부터 국민의 생명 및 재산을 보호하고, 원활한 교통흐름을 유지하기 위해서는 운전자 스스로 교통질서를 준수해야 한다.

핵심 025 운전자가 가져야 할 기본자세

① 교통법규 이해와 준수(적절한 판단으로 교통법규 준수)
② 여유 있는 양보운전(서로 양보하는 마음 자세로)
③ 주의력 집중(방심은 금물)
④ 심신상태 안정(냉정, 침착한 자세로 운전)
⑤ 추측운전금지(자신에 유리한 판단금지)

⑥ 운전기술 과신은 금물(자신의 판단착오로 사고 발생)

핵심 026 운전예절의 중요성

① 사람은 일상생활의 대인관계에서 예의범절을 중시한다.
② 사람의 됨됨이는 그 사람이 얼마나 예의 바른가에 따라 가늠하기도 한다.
③ 예절바른 운전습관은 명량한 교통질서를 유지하고, 교통사고를 예방할 뿐만 아니라 교통문화 선진화의 지름길이 될 수 있다.

핵심 027 운전자가 지켜야 하는 행동

① 횡단보도에서의 올바른 행동(일시정지와 진입금지)
② 전조등의 올바른 사용(전조등은 하향으로 운행 및 커브 길에서 상향등을 깜박거려 자신의 진입을 알림)
③ 방향지시등을 작동시킨 후 차로를 변경하고 있는 경우에는 속도를 줄여 진입이 원활하도록 도와준다.
④ 교차로를 통과할 때의 올바른 행동(정체 시 진입금지)

핵심 028 운전자가 삼가야 하는 행동

① 지그재그 운전금지
② 과속 또는 급브레이크 작동 금지
③ 끼어들기 금지
④ 사고 발생의 경우 차량을 세워둔 채로 시비, 다툼 금지
⑤ 앞정지선에 대기 중인 차보고 빨리 출발하라고 재촉하는 행위 금지(전조등 작동, 경음기 등)
⑥ 고속도로 갓길 통행금지
⑦ 단속 공무원에 불응 또는 항의 행위 금지

핵심 029 운전자 주의사항 중 “운행 전 준비사항”

① 용모 및 복장 확인(단정하게)
② 승객에게는 항상 친절하게 불쾌한 언행 금지
③ 차의 내・외부를 항상 청결하게 유지
④ 운행 전 일상점검을 철저히 하고 이상이 발견되면 관리자에게 즉시 보고하여 조치 받은 후 운행
⑤ 배차사항, 지시 및 전달사항 등을 확인한 후 운행

핵심 030 자동차를 “운행 중 주의사항”에서 “뒤따라오는 차량이 앞지르기(추월)를 시도하는 경우”의 방법

감속 등을 통한 양보운전을 한다.

핵심 031 버스운영체제의 유형

① 공영제 : 정부가 버스노선의 계획에서부터 버스차량의 소유・공급, 노선의 조정, 버스의 운행에 따른 수입금 관리 등 버스 운영체계의 전반을 책임지는 방식이다.
② 민영제 : 민간이 버스노선의 결정, 버스운행 및 서비스의 공급 주체가 되고, 정부규제는 최소화하는 방식이다.
③ 버스준공영제 : 노선버스 운영에 공공개념을 도입한 형태로 운영은 민간, 관리는 공공영역에서 담당하게 하는 운영체제를 말한다.

핵심 032 공영제의 장점

① 종합적 도시교통계획 차원에서 운행서비스 공급이 가능
② 노선의 공유화로 수요의 변화 및 교통수단 간 연계차원에서 노선조정, 신설, 변경 등이 용이
③ 연계・환승시스템, 정기권 도입 등 효율적 운영체계의 시행이 용이

④ 서비스의 안정적 확보와 개선이 용이
⑤ 수익노선 및 비수익노선에 대해 동등한 양질의 서비스 제공이 용이
⑥ 저렴한 요금을 유지할 수 있어 서민대중을 보호하고 사회적 분배 효과 고양

핵심 033 준공영제의 특징

① 버스와 소유·운영은 각 버스업체가 유지
② 버스노선 및 요금의 조정, 버스운행관리에 대해서는 지방자치단체가 개입
③ 지방자치단체의 판단에 의해 조정된 노선 및 요금으로 인해 발생된 운송수지적자에 대해서는 지방자치단체가 보전
④ 노선체계의 효율적인 운영
⑤ 표준운송원가를 통한 경영효율화 도모
⑥ 수준 높은 버스서비스 제공

핵심 034 버스준공영제 형태에 의한 분류

① 노선 공동관리형
② 수입금 공동관리형
③ 자동차 공동관리형

핵심 035 버스업체 지원형태에 의한 분류

① 직접 지원형 : 운영비용이나 자본비용을 보조하는 형태
② 간접 지원형 : 기반시설이나 수요증대를 지원하는 형태
※ 국내 버스준공영제의 일반적인 형태 : 수입금 공동관리제를 바탕으로 표준운송원가 대비 운송수입금 부족분을 지원하는 직접 지원형

핵심 036 버스준공영제의 주요 시행목적

① 서비스 안정성 제고
② 적정한 원가 보전기준 마련 및 경영개선 유도
③ 수입금의 투명한 관리로 시민신뢰 확보
④ 도덕적 해이 방지
⑤ 운행질서 등 전반적인 서비스 품질 향상
⑥ 버스이용의 쾌적성, 편의성 증대
⑦ 버스에 대한 이미지 개선
⑧ 대중교통 이용 활성화 유도

핵심 037 버스운임의 기준·요율 결정 및 신고의 관할관청

구분		운임의 기준·요율 결정	신고
노선운송사업	시내버스	시·도지사 (광역급행형 : 국토교통부장관)	시장·군수
	농어촌버스	시·도지사	시장·군수
	시외버스	국토교통부장관	시·도지사
	고속버스	국토교통부장관	시·도지사
	마을버스	시장·군수	시장·군수
구역운송사업	전세버스	자율요금	
	특수여객	자율요금	

※ 시내·농어촌버스, 시외버스, 고속버스 요금은 상한인가요금 범위 내에서 운수사업자가 정하여 관할관청에 신고한다.

핵심 038 버스요금체계의 유형

① 단일(균일)운임제 : 거리와 관계없이 일정하게 요금 부과
② 구역운임제 : 운행구간을 몇 개의 구역으로 나누어 구역별로 요금 부과
③ 거리운임요율제 : 거리운임요율에 운행거리를 곱해 요금을 산정하는 요금체계
④ 거리체감제 : 이용거리가 증가함에 따라 단위당 운임이 낮아지는 요금체계

핵심 039 간선급행버스체계(BRT) 운영을 위한 구성요소

① 통행권 확보
② 교차로 시설 개선
③ 자동차 개선
④ 환승시설 개선
⑤ 운행관리시스템

핵심 040 버스정보시스템(BIS)

버스와 정류소에 무선 송수신기를 설치하여 버스의 위치를 실시간으로 파악하고, 이를 이용해 이용자에게 정류소에서 해당 노선버스의 도착예정시간을 안내하고 이와 동시에 인터넷 등을 통하여 운행정보를 제공하는 시스템이다.

핵심 041 버스운행관리시스템(BMS)

차내 장치를 설치한 버스와 종합사령실을 유·무선 네트워크로 연결해 버스의 위치나 사고정보 등을 승객, 버스회사, 운전자에게 실시간으로 보내주는 시스템이다.

핵심 042 버스정보시스템 주요 기능

① 버스 도착 정보제공 : 정류소별 도착예정 정보 표출 등
② 실시간 운행상태 파악 : 정류소별 도착시간 관제 등
③ 전자지도를 이용하여 실시간 관제 : 버스위치표시 및 관리 등
④ 버스운행 및 통계 관리 : 누적 운행시간 및 횟수 통계관리 등

핵심 043 버스전용차로

일반차로와 구별되게 버스가 전용으로 신속하게 통행할 수 있도록 설정된 차로를 말한다.

핵심 044 버스전용차로 유형별 구분

① 가로변 버스전용차로
② 역류 버스전용차로
③ 중앙 버스전용차로

핵심 045 가로변 버스전용차로의 장점

① 시행이 간편하다.
② 적은 비용으로 운영이 가능하다.
③ 기존의 가로망 체계에 미치는 영향이 적다.
④ 시행 후 문제점 발생에 따른 보완 및 원상복귀가 용이하다.

핵심 046 중앙버스전용차로의 장점

① 일반 차량과의 마찰을 최소화 한다.
② 교통정체가 심한 구간에서 더욱 효과적이다.
③ 대중교통의 통행속도 제고 및 정시성 확보가 유리하다.
④ 대중교통 이용자의 증가를 도모할 수 있다.
⑤ 가로변 상업 활동이 보장된다.

핵심 047 교통카드시스템의 이용자 측면 도입효과

① 현금소지의 불편 해소
② 소지의 편리성, 요금 지불 및 장수의 신속성
③ 하나의 카드로 다수의 교통수단 이용가능
④ 요금할인 등으로 교통비 절감

핵심 048 교통카드시스템의 운영자 측면 도입효과

① 운송수입금 관리의 용이
② 요금집계업무의 전산화를 통한 경영합리화
③ 대중교통 이용률 증가에 따른 운송수익의 증대
④ 정확한 전산실적 자료에 근거한 운행 효율화

⑤ 다양한 요금체계에 대응(거리비례제, 구간요금제 등)

핵심 049 교통카드방식에 따른 분류

① MS(Magnetic Strip)방식
② IC방식(스마트카드)

핵심 050 IC카드의 종류(내장하는 Chip의 종류에 따라)

① 접촉식
② 비접촉식(RF ; Radio Frequency)
③ 하이브리드 : 접촉식+비접촉식 2종의 칩을 함께하는 방식으로 2개 종류 간 연동이 안 된다.
④ 콤비 : 접촉식+비접촉식 2종의 칩을 함께하는 방식으로 2개 종류 간 연동이 된다.

핵심 051 지불방식에 따른 구분

① 선불식
② 후불식

핵심 052 단말기

① 단말기는 카드를 판독하여 이용요금을 차감하고 잔액을 기록하는 기능을 한다.
② 구조 : 카드인식 장치, 정보처리장치, 키값(Idcenter, 키값) 관리장치, 정보저장장치

핵심 053 집계시스템

① 단말기와 정산시스템을 연결하는 기능을 한다.
② 구상 : 데이터 처리장치, 통신장치(유·무선), 인쇄장치, 무정전전원공급장치

핵심 054 충전시스템

① 금액이 소진된 교통카드에 금액을 재충전하는 기능을 한다.
② 종류 : On line(은행과 연결하여 충전), Off line(충전기에서 직접 충전)
③ 구조 : 충전시스템과 전화선 등으로 정산센터와 연계

핵심 055 정산시스템

① 각종 단말기 및 충전기와 네트워크로 연결하여 사용거래기록을 수집, 정산처리하고, 정산 결과를 해당 은행으로 전송한다.
② 거래기록의 정산처리뿐만 아니라 정산처리된 모든 거래기록을 데이터 베이스화하는 기능을 한다.

핵심 056 교통사고조사규칙에 따른 대형교통사고

① 3명 이상이 사망(교통사고 발생일로부터 30일 이내에 사망한 것을 말한다)
② 20명 이상의 사상자가 발생한 사고

핵심 057 여객자동차 운수사업법에 따른 중대한 교통사고

① 전복(顚覆)사고
② 화재가 발생한 사고
③ 사망자 2명 이상 발생한 사고
④ 사망자 1명과 중상자 3명 이상이 발생한 사고
⑤ 중상자 6명 이상이 발생한 사고

핵심 058 버스운전석의 위치나 승차정원에 따른 종류

① 보닛버스(Cab-behind-engine bus) : 운전석이 엔진 뒤쪽에 있는 버스
② 캡오버버스(Cab-over-engine bus) : 운전석이 엔진의 위에 있는 버스
③ 코치버스(Coach bus) : 3~6인승 정도의 승객이 승차 가능하여 화물실이 밀폐되어 있는 버스

④ 마이크로버스(Micro bus) : 승차정원이 16인 이하 소형버스

핵심 059 부상자 의식상태 확인

① 말을 걸거나 팔을 꼬집어 눈동자를 확인한 후 의식이 있으면 말로 안심시킨다.
② 의식이 없다면 기도를 확보한다. 머리를 뒤로 충분히 젖힌 뒤, 입안에 있는 피나 토함 음식물 등을 긁어내어 막힌 기도를 확보한다 등

핵심 060 심폐소생술 의식 확인

① 성인 : 양쪽 어깨를 가볍게 두드리며 "괜찮으세요?"라고 말한 후 반응 확인
② 영아 : 한쪽 발바닥을 가볍게 두드리며 반응 확인

핵심 061 기도열기 및 호흡 확인

① 머리 젖히고 턱 들어올리기
② 5~10초 동안 보고－듣고－느낌

핵심 062 인공호흡

가슴이 충분히 올라올 정도로 2회(1회당 1초간) 실시

핵심 063 가슴압박 및 인공호흡 반복

30회 가슴압박과 2회 인공호흡 반복(30 : 2)

핵심 064 가슴압박 방법

분당 100회 속도로, 4~5cm 깊이로 강하고, 빠르게 압박한다.

핵심 065 교통사고 발생 시 운전자가 취할 조치 과정

① 탈출(엔진 정지 후)
② 인명구조(부상자, 노인, 어린이, 부녀자 등)
③ 후방방호(차선에 뛰어드는 행동 금지)
④ 연락(경찰서 및 소속회사 등)
⑤ 대기(사고장소 외의 장소)

핵심 066 자동차 고장으로 인한 고장자동차의 표지 설치

고장자동차의 표지는 후방에서 접근하는 자동차운전자가 확인할 수 있는 위치에 설치하여야 한다.

※ 밤에는 표지와 함께 사방 500m 지점에서 식별할 수 있는 적색의 섬광신호, 전기제등 또는 불꽃신호를 추가로 설치하여야 한다.

02 출제예상문제

01 여객운수종사자의 기본자세

01 **여객운송사업에 있어 서비스의 개념이다. 틀린 문항은?**

출제빈도

① 서비스란 긍정적인 마음을 적절하게 표현하여 기쁘고 즐겁게 목적지까지 안전하게 이동시키는 것을 말한다.
② 서비스도 하나의 상품으로 서비스 품질에 대한 승객만족을 위해 계속적으로 승객에게 제공하는 모든 활동을 의미한다.
③ 서비스란 승객의 이익을 도모하기 위해 행동하는 육체적 노동만을 말한다.
④ 여객운송서비스는 버스를 이용하여 승객을 출발지에서 최종목적지까지 이동시키는 상업적 행위를 말한다.

해설 ③의 문항 중 "육체적 노동만을 말한다"는 틀리고, "정신적, 육체적 노동을 말한다"가 맞는 문항으로 정답은 ③이며, 이외에 "봉사, 친절, 땀, 노력 등을 통해 승객을 만족시켜 주고 만족해하는 그 모습을 통해 보람, 성취감을 느끼는 것으로 말과 이론이 아닌 감정과 행동이 수반된다"가 있다.

02 **올바른 서비스 제공을 위한 요소이다. 틀린 문항은?**

① 밝은 표정
② 공손한 인사
③ 황홀한 용모 및 복장
④ 친근한 말과 따뜻한 응대

해설 ③은 "단정한 용모 및 복장"이 맞으므로 정답은 ③이다.

03 **서비스의 특징에 대한 설명이다. 틀린 문항은?**

출제빈도

① 무형성 : 보이지 않는다.
② 인적 의존성 : 사람에 의존한다.
③ 소멸성 : 서서히 사라진다.
④ 무소유권 : 가질 수 없다.

해설 ③의 문항 중 "서서히"는 틀리고, "즉시"가 옳은 문항으로 정답은 ③이며, 이외에 "동시성 : 생산과 소비가 동시에 발생하므로 재고가 발생하지 않는다"와 "변동성", "다양성"이 있다.

04 **한 업체에 대해 고객이 거래를 중단하는 이유를 조사한 결과이다. 거래를 중단하는 가장 큰 이유에 해당하는 문항은?**

출제빈도

① 종사자의 불친절
② 제품에 대한 불만
③ 경쟁사의 회유
④ 가격이나 기타

해설 정답 ①의 종사자의 불친절(68%)이 제일 큰 이유로 정답은 ①이다. 제품에 대한 불만(14%), 경쟁사의 회유(9%), 가격이나 기타(9%)로 되어 있다.

Answer 01 ③ 02 ③ 03 ③ 04 ①

05 **승객만족을 위한 기본예절에 대한 설명이다. 잘못된 문항은?**

① 승객을 기억한다는 것은 인간관계의 기본조건이다.
② 승객에 대한 관심을 표현함으로써 승객과의 관계는 더욱 멀어진다.
③ 자신의 것만 챙기는 이기주의는 바람직한 인간관계 형성의 저해요소이다.
④ 승객에게 관심을 갖는 것은 승객으로 하여금 내게 호감을 갖게 한다.

해설 ②의 문항 중 "멀어진다"는 틀리고, "가까워진다"가 옳은 문항으로 정답은 ②이며, 이외에 "연장자는 사회의 선배로 존중하고, 공·사를 구분하여 예우한다", "승객을 존중하는 것은 돈 한 푼 들이지 않고 승객을 접대하는 효과가 있다", "모든 인간관계는 성실을 바탕으로 한다", "항상 변함없는 진실한 마음으로 승객을 대한다", "승객의 입장을 이해하고 존중한다" 등이 있다.

06 출제빈도 **긍정적인 이미지를 만들기 위한 요소이다. 아닌 문항은?**

① 시선처리(눈빛)
② 음성관리(목소리)
③ 표정관리(미소)
④ 행동관리(액션)

해설 ④는 3요소가 아니므로 정답은 ④이다.

07 **승객을 위한 행동예절에서 인사의 개념에 대한 설명이다. 아닌 문항은?**

① 인사는 서비스의 첫동작이자 마지막 동작이다.
② 인사는 서로 만나거나 헤어질 때 말, 태도 등으로 존경, 사랑, 우정을 표현하는 행동양식이다.
③ 상사에게는 존경심을, 동료에게는 우애와 친밀감을 표현할 수 있는 수단이다.
④ 본인의 인격을 존중하고 배려하여 경의를 표시하는 수단으로 마음, 행동, 말씨가 일치되어 승객에게 공경의 뜻을 전달하는 방법이다.

해설 ④의 문항 중 "본인의"가 아니고, "상대의"가 옳은 문항으로 정답은 ④이다.

08 출제빈도 **승객을 위한 행동예절에서 인사의 중요성에 대한 설명이다. 틀린 문항은?**

① 인사는 서비스의 주요 기법 중 하나이다.
② 인사는 승객과 만나는 첫걸음이다.
③ 인사는 승객에 대한 마음가짐의 표현이다.
④ 인사는 본인에 대한 서비스 정신의 표시이다.

해설 ④의 문항 중 "본인에"가 아니고, "승객에"가 맞아 정답은 ④이다. 또한 이외에 "인사는 평범하고도 대단히 쉬운 행동이지만 생활화되지 않으면 실천에 옮기기 어렵다", "인사는 애사심, 존경심, 우애, 자신의 교양 및 인격의 표현이다"가 있다.

09 **승객을 위한 행동예절에서 올바른 인사에 대한 설명이다. 틀린 문항은?**

① 표정 : 밝고 부드러운 미소를 짓는다.
② 고개 : 반듯하게 들되, 턱을 내밀고 자연스럽게 당긴다.
③ 시선 : 인사 전후에 상대방의 눈을 정면으로 바라보며 상대방을 진심으로 존중하는 마음을 눈빛에 담아 인사한다.
④ 머리와 상체 : 일직선이 되도록 하며 천천히 숙인다.

Answer 05 ② 06 ④ 07 ④ 08 ④ 09 ②

해설 ②의 문항 중 "턱을 내밀고"가 아니고 "턱을 내밀지 않고"가 맞는 문항으로 정답은 ②이며, 이외에 "입 : 미소를 짓는다", "손 : 남자는 가볍게 쥔 주먹을 바지 재봉선에 자연스럽게 붙인다" "음성 : 적당한 크기와 속도로 자연스럽게 말한다" "인사 : 먼저 본 사람이 인사하는 것이 좋다" 등이 있다.

10 출제빈도

승객을 위한 행동예절에서 올바른 인사를 할 때 머리와 상체를 활용하는 각도이다. 아닌 문항은?

① 가벼운 인사(목례) : 가벼운 인사는 15도(안녕하십니까, 네 알겠습니다) –기본적인 예의표현
② 보통 인사(보통례) : 보통 인사는 30도(처음 뵙겠습니다, 감사합니다) –승객 앞에 섰을 때
③ 정중한 인사(정중례) : 정중한 인사는 45도(죄송합니다, 미안합니다) –정중한 인사표현
④ 특별한 인사(특별례) : 특별한 인사는 90도(대단히 감사합니다, 얼마나 감사한지 모르겠습니다) –굳은 표정

해설 ④의 인사는 해당 없는 인사로 정답은 ④이다.

11

호감받는 표정관리에서 표정의 중요성에 대한 설명으로 틀린 문항은?

① 표정은 첫인상을 좋게 한다.
② 첫인상은 대면 직후 결정되는 경우가 많다.
③ 업무 효과를 높일 수 없다.
④ 상대방에 대한 호감도를 나타낸다.

해설 ③의 문항 중 "없다"는 틀리며, "있다"가 맞아 정답은 ③이다. 또한 이외에 "상대방과의 원활하고 친근한 관계를 만들어 준다", "밝은 표정은 호감가는 이미지를 형성하여 사회생활에 도움을 준다", "밝은 표정과 미소는 신체와 정신건강을 향상시킨다"가 있다.

12 출제빈도

호감받는 표정관리에서 밝은 표정의 효과에 대한 설명이다. 틀린 문항은?

① 타인의 건강증진에 도움이 된다.
② 상대방과의 호감형성에 도움이 된다.
③ 상대방으로부터 느낌을 직접 받아들여 상대방과 자신이 서로 통한다고 느끼는 감정이입(感情移入) 효과가 있다.
④ 업무능률 향상에 도움이 된다.

해설 ①의 문항 중 "타인의"는 틀리고, "자신의"가 옳은 문항으로 정답은 ①이다.

13

호감받는 표정관리에서 좋은 표정 만들기에 대한 설명이다. 틀린 문항은?

① 얼굴 전체가 웃는 표정을 만든다.
② 밝고 상쾌한 표정을 만든다.
③ 입은 가볍게 웃는다.
④ 돌아서면서 표정이 굳어지지 않도록 한다.

해설 ③의 문항 중 "가볍게 웃는다"가 아니고, "가볍게 다문다"가 옳은 문항으로 정답은 ③이며, 이외에 "입의 양꼬리가 올라가게 한다"가 있다.

Answer 10 ④ 11 ③ 12 ① 13 ③

14 승객 응대 마음가짐 10가지이다. 틀린 문항은?

① 사명감을 가지고, 운전자의 입장에서 생각한다.
② 원만하게 대하며, 항상 긍정적으로 생각한다.
③ 승객이 호감을 갖도록 하며, 공사를 구분하고 공평하게 대한다.
④ 투철한 서비스 정신을 가지며, 예의를 지켜 겸손하게 대한다.

해설 ①의 문항 중 "운전자의"가 아니고, "승객의"가 옳은 문항으로 정답은 ①이다. 이외에 "자신감을 갖고 행동한다", "부단히 반성하고 개선해 나간다"가 있다.

15 악수를 청하는 사람과 받는 사람의 설명이다. 틀린 문항은?

① 기혼자가 미혼자에게 청한다.
② 미혼자가 기혼자에게 청한다.
③ 선배가 후배에게 청한다.
④ 여자가 남자에게 청한다.

해설 ②는 "미혼자가 기혼자에게"는 틀리고, "기혼자가 미혼자에게"가 맞아 정답은 ②이다. 이외에 "승객이 직원에게 청한다"가 있다.

16 용모 및 복장에서 "좋은 옷차림을 한다"는 의미에 대한 설명으로 옳은 문항은?

① 단순히 좋은 옷을 멋지게 입는다.
② 옷을 고급스럽게 입는다.
③ 때와 장소는 물론 자신의 생활에 맞추어 올바르게 입는다.
④ 옷을 호화찬란하게 입는다.

해설 ③의 문항이 "좋은 옷차림을 한다"는 뜻으로 정답은 ③이다.

17 용모 및 복장에서 단정한 용모와 복장의 중요성에 대한 설명이다. 아닌 문항은?

① 승객이 받는 첫인상을 결정된다.
② 승객에게 신뢰감을 줄 수 있다.
③ 회사의 이미지를 좌우하는 요인을 제공한다.
④ 활기찬 직장 분위기 조성에 영향을 준다.

해설 ②의 문항은 근무복의 사적인 입장의 하나로 정답은 ②이며, 이외에 "하는 일의 성과에 영향을 미친다"가 있다.

18 복장의 기본원칙에 대한 설명이다. 맞지 않는 문항은?

① 깨끗하게
② 통일감 있게
③ 품위 있게
④ 고급스럽게

해설 ④는 복장의 기본원칙에는 어울리지 않으므로 정답은 ④이다. 이외에 "규정에 맞게", "단정하게", "계절에 맞게", "편한 신발을 신되 샌들이나 슬리퍼는 삼간다"가 있다.

19 언어예절에서 대화란 다음의 사항을 전달하거나 교환함으로써 상대방의 행동을 변화시키는 과정을 말하는데 아닌 문항은?

① 정보전달, 의사소통, 지식
② 정보교환, 정보
③ 감정이입의 의미로 의견
④ 행동으로 표시

해설 정답 ④의 문항은 해당 없어 정답은 ④이다. 또 이외에 "가치관, 기호, 감정"이 있다.

Answer 14 ① 15 ② 16 ③ 17 ② 18 ④ 19 ④

20 대화의 4원칙에 대한 설명이다. 틀린 문항은?

출제빈도

① 밝고 소극적으로 말한다 : 밝고 긍정적인 어조로 적극적으로 승객에게 말을 건넨다.
② 공손하게 말한다 : 승객에 대한 친밀감과 존경의 마음을 존경어, 겸양어, 정중한 어휘의 선택으로 공손하게 말한다.
③ 명료하게 말한다 : 정확한 발음과 적절한 속도, 사교적인 음성으로 시원스럽고 알기 쉽게 말한다.
④ 품위 있게 말한다 : 승객의 입장을 고려한 어휘의 선택과 호칭을 사용하는 배려를 아끼지 않아야 한다.

해설 ①의 문항 중 "밝고 소극적으로 말한다"는 틀리고, "밝고 적극적으로 말한다"가 옳은 문항으로 정답은 ①이다.

21 승객에 대한 호칭과 지칭의 설명이다. 틀린 문항은?

출제빈도

① 고객 : 승객이나 손님으로 호칭
② 할아버지, 할머니 : 어르신으로 호칭 또는 지칭
③ 아줌마, 아저씨 : 호칭이나 지칭 사용
④ 초등학생, 미취학 어린이 : 000어린이 또는 학생의 호칭이나 지칭을 사용하고, 중·고등학생은 000승객이나 손님으로 성인에 준하여 호칭이나 지칭

해설 ③의 문항은 "아줌마, 아저씨 : 상대방을 높이는 느낌이 들지 않으므로 호칭이나 지칭으로 사용하지 않는다"가 옳은 문항으로 정답은 ③이다.

22 대화를 나눌 때의 표정 및 예절 중 말하는 입장에서의 설명이다. 듣는 입장에서의 표정·예절에 해당하는 문항은?

출제빈도

① 눈 : 듣는 사람을 정면으로 바라보고 말한다. 상대방 눈을 부드럽게 주시한다.
② 몸 : 표정을 밝게 한다. 등을 펴고 똑바로 자세를 취한다. 자연스런 몸짓이나 손짓을 사용한다.
③ 입 : 모르면 질문하여 물어본다. 복창을 해준다.
④ 마음 : 성의를 가지고 말한다. 최선을 다하는 마음으로 말한다.

해설 ③의 문항은 듣는 입장에서의 표정·예절 중의 하나로 정답은 ③이며, 이외에 "입 : 입은 똑바로, 정확한 발음으로, 자연스럽고 상냥하게 말한다. 쉬운 용어를 사용하고, 경어를 사용하며, 말끝을 흐리지 않는다"가 있다.

23 "대화를 나눌 때의 표정 및 예절"에서 "입"으로 말하는 입장의 설명이다. 다른 문항은?

① 입은 똑바로, 정확한 발음으로, 자연스럽고 상냥하게 말한다.
② 쉬운 용어를 사용하고, 경어를 사용하며, 말끝을 흐리지 않는다.
③ 적당한 속도와 맑은 목소리로 사용한다.
④ 맞장구를 치며 경청한다.

해설 ④의 문항은 "듣는 입장"의 "입"의 문항으로 말라 정답은 ④이다.

Answer 20 ① 21 ③ 22 ③ 23 ④

24 **대화할 때의 주의사항에서 듣는 입장에서의 주의사항이다. 다른 문항은?**

① 침묵으로 일관하는 등 무관심한 태도를 취하지 않는다.
② 불가피한 경우를 제외하고 가급적 논쟁은 피한다.
③ 상대방의 말을 중간에 끊거나 말참견을 하지 않는다.
④ 상대방의 약점을 잡아 말하는 것은 피한다.

해설 ④의 문항은 "말하는 입장에서의 주의사항" 중의 하나로 달라 정답은 ④이다. 이외에 주의사항은 "다른 곳을 바라보면서 말을 듣고 말하지 않는다, 건성으로 듣고 대답하지 않는다, 팔짱을 끼고 손장난을 치지 않는다"가 있다.

25 **대화할 때의 주의사항에서 말하는 입장에서의 주의사항에 대한 설명이다. 다른 문항은?**

① 불평불만을 함부로 말하지 않는다.
② 다른 곳을 바라보면서 말을 듣고 말하지 않는다.
③ 전문적인 용어나 외래어를 남용하지 않는다.
④ 욕설, 독설, 험담, 과장된 몸짓은 하지 않는다.

해설 ②는 "듣는 입장에서의 주의사항" 중의 하나로 달라 정답은 ②이다. 또는 이외에 "남을 중상모략하는 언동은 조심한다, 쉽게 흥분하거나 감정에 치우치지 않는다, 일부를 보고 전체를 속단하여 말하지 않는다, 도전적으로 말하는 태도나 버릇은 조심한다, 자기 이야기만 일방적으로 말하는 행위는 조심한다" 등이 있다.

26 출제빈도 **흡연예절에 대한 설명 중 금연을 해야 하는 장소이다. 아닌 장소에 해당한 문항은?**

① 버스 안 또는 사무실 내
② 보행 중인 도로 또는 승객대기실과 승강장
③ 금연식당 및 공공장소
④ 사무실 밖 재떨이가 설치된 장소

해설 ④의 장소는 흡연금지 장소가 아니므로 정답은 ④이며, 이외에 "다른 사람에게 간접흡연의 영향을 줄 수 있는 장소"가 있다.

27 **흡연예절에서 담배꽁초를 처리하는 경우에 주의해야 할 사항에 대한 설명이다. 잘못된 문항은?**

① 담배꽁초는 피던 대로 쓰레기통에 버린다.
② 담배꽁초는 반드시 재떨이에 버린다.
③ 차창 밖이나 화장실 변기에 버리지 않는다.
④ 꽁초를 손가락으로 튕겨 버리거나 또는 꽁초를 바닥에다 버리고 발로 비벼끄지 않는다.

해설 ①의 행위는 화재가 발생할 수 있어 잘못된 것으로 정답은 ①이다.

Answer 24 ④ 25 ② 26 ④ 27 ①

28 직업의 개념과 특징에 대한 설명이다. 틀린 문항은?

출제빈도

① 직업 : 경제적 소득을 얻거나 사회적 가치를 이루기 위해 참여하는 계속적인 활동으로 삶의 한 과정이다.
② 특징 : 우리는 평생 어떤 형태로든지 직업과 관련된 삶을 살아가도록 되어 있다.
③ 특징 : 직업을 통해 생계를 유지할 뿐만 아니라 사회적 역할을 수행하고 자아실현을 이루어간다.
④ 특징 : 모든 사람들은 일을 통해 보람과 긍지를 맛보며 만족스런 삶을 살아가고 있다.

해설 ④의 문항 중 "모든 사람들은 일을 통해 보람과 긍지를 맛보며 만족스런 삶을 살아가고 있다."는 틀리고, "어떤 사람들은 일을 통해 보람과 긍지를 맛보며 만족스런 삶을 살아가지만, 어떤 사람들은 그렇지 못하다"가 옳은 문항으로 정답은 ④이다.

29 직업관에서 직업의 의미이다. 틀린 문항은?

출제빈도

① 경제적 의미 ② 사회적 의미
③ 노동적 의미 ④ 심리적 의미

해설 ③의 노동적 의미는 없어 정답은 ③이다.

30 직업관에서 직업의 의미와 내용의 설명으로 잘못된 문항은?

출제빈도

① 경제적 의미 : 직업은 인간 개개인에게 일할 기회를 준다.
② 사회적 의미 : 직업은 사회적으로 유용한 것이어야 하며, 사회발전 및 유지에 도움이 되어야 한다.
③ 심리적 의미 : 인간은 직업을 통해 자신의 이상을 실현한다.
④ 노동적 의미 : 인간의 잠재적 능력, 타고난 소질과 적성 등이 직업을 통해 개발되고 발전한다.

해설 ④의 노동적 의미는 없으며, 그 내용은 심리적 의미의 한 내용으로 정답은 ④이다.

31 직업관의 개념과 직업의 상응관계에 있는 3가지 측면에서 인식할 수 있는 사항이다. 아닌 문항은?

① 개성 발휘의 장
② 생계유지의 수단과 개성발휘의 장
③ 사회적 역할의 실현
④ 직업에 대해 갖고 있는 태도나 가치관

해설 ④는 직업관의 의미로 달라 정답은 ④이다.

32 바람직한 직업관에 대한 설명이다. 다른 문항은?

출제빈도

① 차별적 직업관 : 육체노동을 천시한다.
② 소명의식을 지닌 직업관 : 항상 소명의식을 가지고 일하며, 지신의 직업을 천직으로 생각한다.
③ 사회구성원으로서의 역할 지향적 직업관 : 사회구성원으로서의 직분을 다하는 일이자 봉사하는 일이라 생각한다.
④ 미래 지향적 전문능력 중심의 직업관 : 자기분야의 최고 전문가가 되겠다는 생각으로 최선을 다해 노력한다.

해설 ①의 문항은 잘못된 직업관의 하나로 달라 정답은 ①이다.

Answer 28 ④ 29 ③ 30 ④ 31 ④ 32 ①

33 잘못된 직업관에 대한 설명이다. 틀린 문항은?

출제빈도

① 생계유지 수단적 직업관 : 직업을 생계를 유지하기 위한 수단으로 본다.

② 지위 지향적 직업관 : 직업생활의 최고 목표는 높은 지위에 올라가는 것이라고 생각한다.

③ 귀속적 직업관 : 능력으로 인정받으려 하지 않고 학연과 향연에 의지한다.

④ 차별적 직업관 : 육체노동을 천시한다.

해설 ③의 문항 중 "향연에 의지한다"는 틀리고, "지연에 의지한다"가 맞아 정답은 ③이다. 외에 "폐쇄적 직업관 : 신분이나 성별 등에 따라 개인의 능력을 발휘할 기회를 차단한다"가 있다.

34 올바른 직업윤리에 대한 설명이다. 틀린 문항은?

출제빈도

① 소명의식 : 직업에 종사하는 사람이 어떠한 일을 하든지 자신이 하는 일에 전력을 다하는 것이 하늘의 뜻에 따르는 것이라고 생각하는 것이다.

② 천직의식 : 자신이 하는 일보다 다른 사람의 직업이 수입도 많고 지위가 높더라도 자신이 긍지를 느끼며, 그 일에 열성을 가지고 성실히 임하는 직업의식을 말한다.

③ 직분의식 : 사람은 각자의 직업을 통해서 사회의 각종 기능을 수행하고, 직접 또는 간접적으로 사회구성원으로서 마땅히 해야 할 본분을 다해야 한다.

④ 책임의식 : 직업에 대한 사회적 역할과 직무를 충실히 수행하고 맡은 바 의무를 일부만 해야 한다.

해설 ④의 문항 중 "일부만 해야 한다"는 틀리고, "다 해야 한다"가 맞아 정답은 ④이다. 또한 이외에 "봉사정신 : 현대 산업사회에서 직업환경의 변화와 직업의식의 강화는 지신이 직무수행과정에서 협동정신 등이 필요로 하게 된다", "전문지식 : 직업인은 자신의 직무를 수행하는 데 필요한 전문적 지식과 기술을 갖추어야 한다"가 있다.

35 직업의 가치에서 "내재적 가치"에 대한 설명이다. 다른 문항은?

① 자신에게 있어서 직업 그 자체에 가치를 둔다.

② 자신의 능력을 최대한 발휘하길 원하며, 그로 인한 사회적인 헌신과 인간관계를 중시한다.

③ 자신에게 있어서 직업을 도구적인 면에 가치를 둔다.

④ 자기표현이 충분히 되어야 하고 자신의 이상을 실현하는 데 그 목적과 의미를 두는 것에 초점을 맞추려는 경향을 갖는다.

해설 ③은 외재적 가치의 문항 중의 하나로 달라 정답은 ③이다.

Answer 33 ③ 34 ④ 35 ③

36 **직업의 가치에서 "외재적 가치"에 대한 설명이다. 다른 문항은?**

① 자신에게 있어서 직업을 도구적인 면에 가치를 둔다.
② 삶의 가치를 유지하기 위한 경제적인 도구나 권력을 추구하고자 하는 수단을 중시하는 데 의미를 두고 있다.
③ 직업이 주는 사회인식에 초점을 맞추려는 경향을 가진다.
④ 자신에게 있어서 직업 그 자체에 가치를 둔다.

해설 ④는 내재적 가치의 문항 중 하나로 정답은 ④이다.

02 운수종사자 준수사항 및 운전예절

01 **운송사업자의 일반적인 준수사항의 설명이다. 잘못된 문항은?**

① 운송사업자는 노약자, 장애인 등에 대해서는 특별한 편의를 제공해야 한다.
② 운송사업자는 운수종사자로 하여금 단정한 복장 및 모자를 착용하게 해야 한다.
③ 운송사업자는 승객이 자동차 안에서 쉽게 볼 수 있는 위치에 회사명, 자동차번호, 운전자 성명, 불편사항 연락처 및 차고지, 운행계통도(노선운송사업자만 해당) 등을 게시하지 않아도 된다.
④ 운송사업자는 자동차를 항상 깨끗하게 유지하여야 하며, 관할관청이 단독으로 실시하거나 또는 조합과 합동으로 실시하는 청결상태 등의 검사에 대한 확인을 받아야 한다.

해설 ③의 문항 중 끝에 "게시하지 않아도 된다"는 틀리며, "게시하여야 한다"가 옳은 문항으로 정답은 ③이다.

02 **노선운송사업자가 일반인이 보기 쉬운 영업소 등의 장소에 사전에 게시해야 하는 사항들이다. 아닌 문항은?**

① 사업자의 성명과 주민등록번호
② 사업자 및 영업소의 명칭 · 운행시간표
③ 정류소 및 목적지별 도착시간(시외버스사업자만)
④ 사업을 휴업 또는 폐업하려는 경우 그 내용 예고

해설 정답 ①의 사항은 게시사항이 아니므로 정답은 ①이며, 이외에 "영업소를 이전하려는 경우에는 그 이전의 예고"가 있다.

03 **운송사업자는 운수종사자로 하여금 여객을 운송할 때 아래 사항을 성실하게 지키도록 항상 지도 · 감독하여야 한다. 틀린 문항은?**

출제빈도

① 정류소에서 주차 또는 정차할 때에는 질서를 문란하게 하는 일이 없도록 할 것
② 정비가 불량한 사업용 자동차를 운행하지 않도록 할 것
③ 교통사고를 일으켰을 때에는 긴급조치 및 신고의무를 충실하게 이행하도록 할 것
④ 안전운전을 위한 운송사업자, 경찰공무원 또는 도로관리청 등의 교육에 응하도록 할 것

Answer 36 ④ | 01 ③ 02 ① 03 ④

해설 ④의 문항 중 "안전운전을 위한"이 아니고, "위험방지를 위한"이 옳아 정답은 ④이며, 또한 끝에 "교육에"가 아니고, "조치에"가 맞는 문항이다. 이외에 "자동차의 차체가 헐었거나 망가진 상태로 운행하지 않도록 할 것"이 있다.

04 **시외버스 운송사업자(승차권의 판매를 위탁받은 자 포함)는 운임을 받을 때에는 일정한 양식의 승차권을 발행해야 하는데 승차권에 표기하여야 하는 사항이다. 아닌 문항은?**

① 사용자의 명칭
② 사용구간
③ 사용기간
④ 운임액

해설 ①의 "사용자의 명칭"이 아니라, "사업자의 명칭"이 옳으므로 정답은 ①이며, 이외에 "반환에 관한 사항"이 있다.

05 **시외버스 운송사업자가 여객운송에 딸린 우편물. 신문이나 여객의 휴대화물을 운송할 때에는 특약이 있는 경우를 제외하고 필요한 사항을 적은 화물표를 우편물 등을 보내는 자나 휴대화물을 맡긴 여객에게 줘야하는데 그 표에 표기사항이 아닌 문항은?**

① 운임·요금 및 운송구간
② 발송 연월일
③ 품명·개수와 용적 또는 중량
④ 보내는 사람과 받는 사람의 성명·명칭 및 주소

해설 ②의 문항 중 "발송 연월일"이 아니고, "접수 연월일"이 옳은 문항으로 정답은 ②이다.

06 출제빈도 **운송사업자가 일반적으로 준수해야 할 사항에 대한 설명이다. 틀린 문항은?**

① 우편물을 운송하는 시외버스운송사업자는 해당 영업소에 우편물 등의 보관에 필요한 시설을 갖춰야 한다.
② 시외버스 운송사업자 및 특수여객자동차 운송사업자는 운임 또는 요금을 받았을 때에는 영수증을 발급해야 한다.
③ 시외버스 운송사업자 및 전세버스 운송사업자는 운수종사자로 하여금 자동차의 운행 전에 승객들에게 사고 시 대처요령과 비상망치·소화기 등 안전장치의 위치 및 사용방법 등이 포함된 안전사항에 관하여 안내 방송을 하도록 하여야 한다.
④ 운송사업자는 '자동차 및 안전기준에 기준에 관한 규칙'에 따른 속도제한장치 또는 운행기록계가 장착된 운송사업용 자동차는 해당장치 또는 기기가 정상적으로 작동되는 상태에서 운행되도록 해야 한다.

해설 ②의 문항 중 "시외버스 운송사업자"가 아니고, "전세버스 운송사업자"가 옳은 문항으로 정답은 ②이다.

04 ① 05 ② 06 ②

07 노선버스 자동차의 장치 및 설비 등에 관한 준수사항이다. 잘못된 문항은?

출제빈도

① 시내버스 및 농어촌버스의 차 안에는 안내방송장치는 설치할 필요가 없고, 정차신호용 버저를 작동시킬 수 있는 스위치를 설치해야 한다.

② 난방장치 및 냉방장치를 설치해야 한다(농어촌버스는 도로사정 등으로 설치가 부적합할 때 예외).

③ 버스의 앞바퀴에는 재생한 타이어를 사용해서는 안 된다.

④ 시외우등고속버스, 시외고속버스 및 시외직행버스의 앞바퀴 타이어는 튜브리스 타이어를 사용해야 한다.

해설 ①의 문항 중 "안내방송장치는 설치할 필요가 없고"는 틀리고 "안내방송장치를 갖춰야 하며"가 맞아 정답은 ①이다. 이외에 "하차문이 있는 노선버스(시외직행 및 시외고속(우등고속 포함)은 제외)는 압력감지기 또는 전자감응장치를 설치하고, 하차문이 열려 있으면 가속페달이 작동하지 않도록 하는 가속페달잠금장치를 설치해야 한다"가 있다.

08 전세버스 자동차의 장치 및 설비 등에 관한 준수사항이다. 잘못된 문항은?

① 난방장치 및 냉방장치를 설치해야 한다.

② 뒷바퀴의 타이어는 튜브리스 타이어를 사용해야 한다.

③ 앞바퀴에는 재생한 타이어를 사용해서는 안 된다.

④ 13세 미만의 어린이의 통학을 위하여 학교 및 보육시설의 장과 운송계약을 체결하고 운행하는 경우에는 도로교통법에 따른 어린이 통학버스의 신고를 하여야 한다.

해설 ②의 문항 중 "뒷바퀴의"가 아니고 "앞바퀴의"가 맞는 문항으로 정답은 ②이다.

09 특수(장의)자동차의 장치 및 설비 등의 설명이다. 틀린 문항은?

① 관은 차 외부에서 싣고 내릴 수 있도록 해야 한다.

② 관을 싣는 장치는 차 내부에 있는 장례에 참여하는 사람이 접촉할 수 없도록 완전히 격리된 구조로 해야 한다.

③ 일반장의자동차의 앞바퀴에는 재생한 타이어를 사용해서는 안 된다.

④ 운구전용 장의자동차에는 운전자의 좌석 및 장례에 참여하는 사람이 이용하는 두 종류 이하의 좌석을 제외하고 다른 좌석을 설치해도 된다.

해설 ④의 문항 중 "설치해도 된다"는 틀리며, "설치해서는 안 된다"가 맞는 문항으로 정답은 ④이다.

10 여객자동차 운수종사자의 준수사항이다. 잘못된 문항은?

① 정당한 사유 없이 여객의 승차를 거부하거나 여객을 중도에서 내리게 하는 행위를 하여서는 안 된다.

② 부당한 운임 또는 요금을 받아서는 안 된다.

③ 일정한 장소에 오랜 시간 정차하여 여객을 유치하는 행위를 하면 안 된다.

④ 여객이 승차하기 전에 자동차를 출발시키거나 승차할 여객이 없으면 정류장을 지나쳐도 된다.

Answer 07 ① 08 ② 09 ④ 10 ④

해설 ④의 문항 중 "여객이 없으면 정류장을 지나쳐도 된다"은 틀리고, "여객이 있는데도 정류장을 지나치면 안 된다"가 맞는 문항으로 정답은 ④이다. 이외에 "기점 및 경유지에서 승차하는 여객에게 자동차의 출발 전에 좌석안전띠를 착용하도록 음성방송이나 말로 안내하여야 한다" 등이 있다.

11 **여객자동차 운수종사자의 준수사항이다. 잘못된 문항은?**

① 여객의 안전과 사고예방을 위하여 운행 전 사업용 자동차의 안전설비 및 등화장치 등의 이상 유무를 확인해야 한다.
② 다른 여객에게 위해를 끼칠 우려가 있는 폭발성 물질, 인화성 물질, 또는 동물, 출입구나 통로를 막는 물품을 자동차 안으로 가지고 들어오는 행위는 제지하여야 한다.
③ 관계 공무원으로부터 운전면허증, 신분증, 또는 자격증의 제시 요구를 받으면 즉시 거절한다.
④ 여객자동차 운송사업에 사용되는 자동차 안에서 담배를 피워서는 아니 된다.

해설 ③의 문항 중 "즉시 거절한다"는 틀리며, "즉시 이에 따라야 한다"가 맞으므로 정답은 ③이며, 이 외에 "관할관청이 필요하다고 인정하여 복장 및 모자를 지정할 경우에는 그 지정된 복장과 모자를 착용하고 용모를 항상 단정하게 해야 한다"가 있다.

12  **여객자동차운수종사자가 운전업무 중 도로에 이상이 있었던 경우에 운전업무를 마치고 교대할 때의 조치사항으로 맞는 문항은?**

① 회사에 보고한다.
② 관계기관에 통보
③ 다음 운전자에 알린다.
④ 알릴 필요가 없다.

해설 ③으로서 "다음 교대운전자에게 알려야 한다"로 정답은 ③이다.

13  **운전예절에서 교통질서의 중요성의 설명이다. 틀린 문항은?**

① 제한된 도로 공간에서 많은 운전자가 안전한 운전을 하기 위해서는 운전자의 질서의식이 제고되어야 한다.
② 운전자는 교통사고로부터 국민의 생명과 재산을 보호하여야 한다.
③ 타인도 쾌적하고 자신도 쾌적한 운전을 하기 위해서는 운전자 본인 혼자만이 교통질서를 준수해도 된다.
④ 교통사고로부터 국민의 생명 및 재산을 보호하고, 원활한 교통흐름을 유지하기 위해서는 운전자 스스로 교통질서를 준수해야 한다.

해설 ③의 문항 중 "운전자 본인 혼자만이 교통질서를 준수해도 된다"는 틀리며, "모든 운전자가 교통질서를 준수해야 한다"가 맞는 문항으로 정답은 ③이다.

Answer 11 ③ 12 ③ 13 ③

14 **사업용 운전자의 사명에 대한 설명이다. 틀린 것의 문항은?**

출제빈도

① 타인의 생명도 내 생명처럼 존중한다.
② 사람의 생명은 이 세상 다른 무엇보다도 존귀하고 소중하며, 안전운행을 통해 인명손실을 예방할 수 있다.
③ 사업용 운전자만이 '공인'이라는 사명감이 필요하다.
④ 모든 운전자는 승객의 소중한 생명을 보호할 의무가 있는 '공인'이라는 사명감이 수반되어야 한다.

해설 ③의 문항 중 "사업용 운전자만이"가 아니고 "모든 운전자는"이 옳은 문항으로 정답은 ③이다.

15 **사업용 운전자가 가져야 할 기본자세이다. 잘못된 문항은?**

출제빈도

① 교통법규 이해와 준수
② 여유 있는 양보운전
③ 주의력 집중
④ 추측운전 실행

해설 ④는 "추측운전금지"로 정답은 ④이며, 이외에 "심신상태 안정", "운전기술 과신은 금물", "배출가스로 인한 대기오염 및 소음공해 최소화 노력"이 있다.

16 **사업용 운전자의 올바른 운전예절 중 인성과 습관의 중요성에 대한 설명이다. 잘못된 문항은?**

출제빈도

① 운전자는 일반적으로 각 개인이 가지는 사고, 태도 및 행동특성인 인성(人性)의 영향을 받게 된다.
② 습관은 후천적으로 형성되는 조건반사현상으로 무의식중에 어떤 것을 반복적으로 행할 때 자신도 모르게 생활화된 행동으로 나타나게 된다.
③ 올바른 운전습관은 다른 사람들에게 자신의 인격을 표현하는 방법 중의 하나이다.
④ 습관은 본능에 가까운 강력한 힘을 발휘하게 되어 나쁜 운전습관이 몸에 배면 나중에 고치기 쉬우며 잘못된 습관은 교통사고로 이어질 수 있다.

해설 ④의 문항 중 "나중에 고치기 쉬우며"는 틀리며, "나중에 고치기 어려우며"가 옳은 문항으로 정답은 ④이다.

17 **사업용 운전자 운전예절의 중요성이다. 틀린 것의 문항은?**

출제빈도

① 사람은 일상생활의 대인관계에서 예의범절을 중시하고 있다.
② 사람의 됨됨이는 그 사람이 얼마나 예의 바른가에 따라 가늠하기도 한다.
③ 예절바른 운전습관은 교통사고를 예방할 뿐만 아니라 교통문화 선진화의 지름길이 될 수 없다.
④ 예절바른 운전습관은 명랑한 교통질서를 유지한다.

해설 ③의 문항 중 "될 수 없다"는 틀리며, "될 수 있다"가 맞는 문항으로 정답은 ③이다.

Answer 14 ③ 15 ④ 16 ④ 17 ③

18 **운전자가 지켜야 하는 행동사항이다. 잘못된 문항은?**

출제빈도

① 횡단보도에서의 올바른 행동 : 일시정지하여 보행자 보호 또는 횡단보도 내로 차 진입금지
② 전조등의 올바른 사용 : 상향등으로 하고 운행
③ 차로변경에서 올바른 행동 : 방향지시등을 작동시킨 후 차로변경
④ 교차로를 통과할 때의 올바른 행동 : 교차로 전방이 정체된 때 진입을 중지하고 정지선에서 대기

해설 ②의 문항 중 "상향등으로"는 틀리고, "하향등으로"가 맞는 문항으로 정답은 ②이다.

19 **운전자가 삼가야 할 행동이다. 다른 문항은?**

① 지그재그 운전으로 다른 운전자를 불안하게 만드는 행동은 하지 않아야 한다.
② 과속으로 운행하며 급브레이크를 밟는 행위는 하지 않는다.
③ 갓길로 통행하지 않으며, 갑자기 끼어들거나 다른 운전자에게 욕설을 하지 않는다.
④ 교차로를 통과할 때의 올바른 행동

해설 ④의 문항은 "운전자가 지켜야 하는 행동" 중의 하나로 달라 정답은 ④이다.
②는 "철길 건널목에서는 일시정지 준수 및 정차금지"가 맞아 정답은 ②이며, 이외에 "배차지시 없이 임의 운행금지", "승차지시된 운전자 이외의 타인에게 대리운전금지", "사전승인 없이 타인을 승차시키는 행위 금지", "운전자가 취득한 운전면허로 운전할 수 있는 차종 이외의 차량 운전금지" 등이 있다.

20 **운전자의 교통관련법규 및 사내 안전관리규정 준수사항에 대한 설명이다. 틀린 문항은?**

① 정당한 사유 없이 지시된 운행노선을 임의로 변경운행 금지
② 철길 건널목 직전에서 일시정지를 아니하고 통과하는 행위
③ 운전에 악영향을 미치는 음주 및 약물복용 후 운전금지
④ 기타 사회적인 물의를 일으키거나 회사의 신뢰를 추락시키는 난폭운전 등의 운전금지

해설 ②의 문항은 틀린 문항으로 정답은 ②이며, "철길 건널목에서는 일시정지 준수 및 정차금지"가 옳은 문항이다.

21 **운전자가 운행 전 준비할 사항이다. 틀린 문항은?**

① 차의 외부를 항상 청결하게 유지
② 용모 및 복장 확인(단정하게)
③ 운행 전 일상점검을 철저히 하고 이상이 발견되면 관리자에게 즉시 보고하여 조치받은 후 운행
④ 배차사항, 지시, 및 전달사항 등을 확인한 후 운행

해설 ①은 "차의 내・외부를 항상 청결하게 유지"가 맞으므로 정답은 ①이며, 이외에 "승객에게는 항상 친절하게, 불쾌한 언행 금지"가 있다.

Answer 18 ② 19 ④ 20 ② 21 ①

22 운전자가 운행 중 교통사고가 발생하였을 때의 조치요령이다. 틀린 문항은?

① 교통사고가 발생하였을 때에는 현장에서의 인명구호, 관할경찰서 신고 등의 의무를 성실히 이행한다.
② 사고처리 결과에 대해 개인적으로 통보를 받았을 때에는 회사에 보고한 후 회사의 지시에 따라 조치한다.
③ 교통사고가 발생하면 사고 발생 경위를 육하원칙에 따라 거짓 없이 정확하게 회사에 보고한다.
④ 어떠한 교통사고라도 임의로 처리한다.

해설 ④의 문항은 "어떠한 사고라도 임의로 처리하지 아니하고 회사의 지시에 따라 처리한다"가 옳아 정답은 ④이다.

23 운전자의 신상변동 등에 따른 보고 등에 대한 설명이다. 잘못된 문항은?

① 운전자가 결근, 지각, 조퇴가 필요할 때는 회사에 보고한다.
② 운전자의 운전면허증 기재사항 변경, 질병, 등 신상변동이 발생한 때에는 즉시 회사에 보고한다.
③ 운전자가 운전면허 정지처분을 받았어도 운전을 하여도 된다.
④ 운전자가 운전면허 정지 및 취소 등의 행정처분을 받았을 때에는 즉시 회사에 보고하여야 한다.

해설 ③은 "운전자가 운전면허 정지처분을 통지받은 경우 회사에 보고하고 운전을 하면 아니 된다"가 옳은 문항으로 정답은 ③이다.

03 교통시스템에 대한 이해

01  버스운영체제의 유형에 대한 설명이다. 아닌 문항은?

① 공영제 ② 민영제
③ 직영제 ④ 버스준공영제

해설 ③의 "직영제"는 해당 없어 정답은 ③이다.

02  노선버스 운영에 공공개념을 도입한 형태로 운영은 민간, 관리는 공공영역에서 담당하게 하는 운영체제에 해당하는 유형은?

① 버스준공영제 ② 민영제
③ 공영제 ④ 복수제

해설 ①의 버스준공영제로 정답은 ①이다.

03 버스운영체제의 유형 중 공영제의 장점이다. 단점인 문항은?

① 종합적인 도시교통계획 차원에서 운행서비스 공급이 가능
② 연계, 환승시스템, 정기권 도입 등 효율적 운영체계의 시행이 용이
③ 노선의 공유화로 수요의 변화 및 교통수단 간 연계차원에서 노선조정, 신설, 변경 등이 용이
④ 노선신설, 정류소 설치, 인사청탁 등 외부 간섭의 증가로 비효율성 증대

해설 ④의 문항은 "공영제의 단점" 중의 하나로 달라 정답은 ④며, 이외에 "서비스 안정적 확보와 개선이 용이", "수익노선 및 비수익노선에 대해 동등한 양질의 서비스제공이 용이", "저렴한 요금을 유지할 수 있어 서민대중을 보호하고 사회적 분배효과 고양"이 있다.

Answer 22 ④ 23 ③ | 01 ③ 02 ① 03 ④

04 **버스운영체제의 유형 중 공영제의 단점에 대한 설명이다. 장점에 해당되는 문항은?**

① 책임의식 결여로 생산성 저하
② 요금인상에 대한 이용자들의 압력을 정부가 직접 받게 되어 요금조정이 어려움
③ 운전자 등 근로자들이 공무원화 될 경우 인건비 증가 우려
④ 서비스의 안정적 확보와 개선이 용이

해설 ④는 “공영제의 장점” 중의 하나로 달라 정답은 ④이며, 이외에 “노선신설, 정류소 설치, 인사청탁 등 외부 간섭의 증가로 비효율성 증대”가 있다.

05 출제빈도 **버스준공영제의 특징의 설명이다. 틀린 것에 해당한 문항은?**

① 수준 낮은 버스서비스 제공
② 노선체계의 효율적인 운영
③ 표준운송원가를 통한 경영효율화 도모
④ 버스의 소유, 운영은 각 버스업체가 유지

해설 ①의 문항 중 “낮은”이 아니고, “높은”이 맞으므로 정답은 ①이며, 이외에 “버스노선 및 요금의 조정, 버스운행관리에 대해서는 지방자치단체가 개입”, “지방자치단체의 판단에 의해 조정된 노선 및 요금으로 인해 발생된 운송수지적자에 대해서는 지방자치단체가 보전”이 있다.

06 **버스준공영제의 유형에서 형태에 의한 분류로 아닌 문항은?**

① 노선공동관리형
② 수입금 공동관리형
③ 직접지원관리형
④ 자동차 공동관리형

해설 ③은 버스업체 지원형태에 의한 분류 중의 하나로 달라 정답은 ③이며, “국내 버스준공영제의 일반적인 형태는 수입금 공동관리제를 바탕으로 표준운송원가 대비 운송수입금 부족분을 지원하는 직접지원형”을 운영 중이다.

07 출제빈도 **버스준공영체제의 주요 도입배경의 설명이다. 틀린 문항은?**

① 현행 민영체제하에서 버스운영의 한계
② 복지국가로서 일방적 버스 교통서비스 유지 필요
③ 버스 교통의 공공성에 따른 공공부분의 역할분담 필요
④ 교통효율성 제고를 위해 버스교통의 활성화 필요

해설 ②의 문항 중 “일방적”이 아니고, “보편적”이 옳은 문항으로 정답은 ②이다.

08 출제빈도 **버스요금체계의 유형의 설명으로 틀린 것에 해당한 문항은?**

① 단일(균일)운임제 : 이용거리와 관계없이 일정하게 설정된 요금을 부과하는 요금체계이다.
② 구역운임제 : 운행구역을 몇 개의 구역으로 나누어 구역별로 요금을 설정하고, 동일 구역 내에서는 균일하게 요금을 설정하는 요금체계이다.
③ 거리운임요율제 : 거리운임요율에 운행거리를 더하여 요금을 산정하는 요금체계이다.
④ 거리체감제 : 이용거리가 증가함에 따라 단위당 운임이 낮아지는 요금체계이다.

04 ④ 05 ① 06 ③ 07 ② 08 ③

해설 ③의 문항 중 "더하여"가 아니라 "곱해"가 맞는 문항으로 정답은 ③이다.

09 버스요금체계에서 업종별 요금체계의 설명이다. 잘못된 문항은?

출제빈도

① 시내·농어촌버스 : 동일 특별시·광역시·시·군 내에서는 단일운임제, 시(읍)계 외 지역에서는 구역제, 구간제, 거리비례제
② 시외버스 : 거리운임요율제(기본구간 10km 기준 최저 기본운임), 거리체감제
③ 고속버스 : 거리체감제
④ 전세버스, 특수여객 : 단일 운임제

해설 ④의 문항 중 "단일운임제"는 마을버스의 요금체계이며, 전세버스 및 특수여객의 요금체계는 "자율요금체계"가 맞아 정답은 ④이다.

10 간선급행버스체계의 특성 설명으로 다른 문항은?

① 중앙버스차로와 같은 분리된 버스 전용차로 제공
② 효율적인 사전요금징수 시스템 채택
③ 정류소 및 승차대의 쾌적성 향상
④ 대중교통이용률 하락

해설 ④는 간선급행버스체계의 도입배경 중의 하나로 해당이 없어 정답은 ④이며, 특성으로 이외에 "신속한 승하차 가능", "지능형 교통시스템(ITS)을 활용한 첨단신호체계 운영", "실시간으로 승객에게 버스운행정보 제공 가능", "환승정류소 및 터미널을 이용하여 다른 교통수단과의 연계 가능", "환경친화적인 고급버스를 제공함으로써 버스에 대한 이미지 혁신 가능", "대중교통에 대한 승객서비스 수준 향상"이 있다.

11 간선급행버스체계 운영을 위한 구성요소에 대한 설명이다. 틀린 문항은?

① 통행권 확보 : 독립된 전용도로 또는 차로 등을 활용한 이용통행권 확보
② 교차로 시설 개선 : 버스우선신호, 버스전용 지하 또는 고가 등을 활용한 입체교차로 운영
③ 자동차 개선 : 저공해, 저소음, 승객들의 수직 승하차 및 대량수송
④ 환승시설 개선 : 편리하고 안전한 환승시설 운영

해설 ③의 문항 중 "수직"이 아니라 "수평"이 옳으므로 정답은 ③이며, 이외에 "운행관리시스템 : 지능형 교통시스템을 활용한 운행관리"가 있다.

12 버스정보시스템(BIS) 및 버스운행관리시스템(BMS)의 정의에 대한 설명이다. 틀리게 되어 있는 문항은?

출제빈도

① BIS : 버스와 정류소에 무선 송·수신기를 설치하여 버스의 위치를 실시간으로 파악한다.
② BIS : 버스의 위치를 파악한 정보를 이용자에게 정류소에서 해당 노선버스의 도착예정시간을 안내한다.
③ BIS : 지능형 교통시스템(ITS)을 통하여 운행정보를 제공하는 시스템이다.
④ BMS : 차내 장치를 설치한 버스와 종합사령실을 유·무선 네트워크로 연결해 버스의 위치나 사고정보 등을 승객·버스회사·운전자에게 실시간으로 보내주는 시스템이다.

Answer 09 ④ 10 ④ 11 ③ 12 ③

해설 ③의 문장 중 "지능형 교통시스템(ITS)을"이 아니라 "인터넷 등을"이 옳은 문항으로 정답은 ③이다.

13 버스정보시스템(BIS)과 버스운행관리시스템(BMS)의 다음 내용의 비교 설명이다. 틀린(바뀌어진) 문항은?

① 정의=BIS : 이용자에게 버스운행 상황 정보제공 / BMS : 버스운행 상황 관제
② 제공매체=BIS : 정류소설치안내기, 인터넷, 모바일 / BMS : 버스회사단말기, 상황판, 차량단말기
③ 제공대상=BIS : 버스이용승객 / BMS : 버스운전자, 버스회사, 시·군
④ 기대효과=BIS : 배차관리, 안전운행, 정시성 확보 / BMS : 버스 이용승객에게 편의 제공

해설 ④의 "기대효과"의 BIS와 BMS의 비교 설명이 바뀌었으므로 정답은 ④이다. 이외에 "데이터=BIS : 정류소 출발, 도착 데이터 / BMS : 일정 주기 데이터, 운행기록 데이터"가 있다.

14 버스정보시스템(BIS) 운영의 설명으로 틀린 문항은?

출제빈도

① 정류소 : 대기승객에게 정류소 안내기를 통하여 도착예정시간 등을 제공
② 차내 : 다음 정류소 안내, 도착예정시간 안내
③ 주목적 : 버스운행관리, 이력관리 및 버스운행 정보 제공
④ 그 외 장소 : 유·무선 인터넷을 통한 특정 정류소 버스도착예정시간 정보 제공

해설 ③의 문항은 "BMS 운영"의 맞는 문항이고, BIS 운영의 "주목적 : 버스이용자에게 편의 제공과 이를 통한 활성화"가 맞는 문항으로 정답은 ③이다.

15 버스운행관리시스템(BMS)운영에 대한 설명으로 틀린 문항은?

① 버스운행관리센터 또는 버스회사에서 버스운행 상황과 사고 등 일시적인 상황 감지
② 관계기관, 버스회사, 운수종사자를 대상으로 정시성 확보
③ 버스운행관제, 운행상태(위치, 위반사항) 등 버스정책 수립 등을 위한 기초자료 제공
④ 주목적 : 버스운행관리, 이력관리 및 버스운행 정보 제공 등

해설 ①의 문항 중 "일시적인"은 틀리고, "돌발적인"이 옳은 문항으로 정답은 ①이다.

16 버스정보시스템(BIS) 및 버스운행관리시스템(BMS)의 주요 기능이다. 틀린 것에 해당한 문항은?

출제빈도

① 버스도착 정보 제공 : 정류소별 도착예정정보 표출, 정류소 간 주행시간 표출, 버스운행 및 종료 정보 제공
② 실시간 운행상태 파악 : 버스운행의 실시간 관제, 정류소별 도착시간 관제, 배차간격 미준수 버스관제
③ 전자지도 이용 실시간 관제 : 노선 임의변경 관제, 버스위치표시 및 관리, 실제 주행 여부 관제
④ 버스운행 및 통계관리 : 현재 운행시간 및 횟수 통계관리, 기간별 운행통계관리, 버스·노선·정류소별 통계관리

13 ④ 14 ③ 15 ① 16 ④

해설 ④의 문항 중 "현재"가 아니라, "누적"이 옳은 문항으로 정답은 ④이다.

17 버스전용차로의 개념에 대한 설명으로 틀린 문항은?

① 일반차로와 구별되게 버스가 전용으로 신속하게 통행할 수 있도록 설정된 차로이다.
② 통행방향과 차로의 위치에 따라 가로변 버스전용차로, 역류버스전용차로, 중앙버스전용차로로 구분한다.
③ 설치할 때 일반차량의 차로수를 줄이기 때문에 일반차량의 교통상황이 나빠지는 문제가 발생하지는 않는다.
④ 버스전용차로를 설치하여 효율적으로 운영하기 위해서는 첫째 설치구간에 교통정체가 심한 곳 등이어야 한다.

해설 ③의 문항은 "버스전용차로의 설치는 차로수를 줄이기 때문에 일반차량의 교통상황이 나빠지는 문제가 발생할 수 있다"가 맞는 문항으로 정답은 ③이다.

18 버스전용차로를 설치하여 효율적으로 운영하기 위해서는 다음과 같은 구간에 설치하여야 하는데 아닌 곳의 문항은?

① 전용차로를 설치하고자 하는 구간의 교통정체가 심하지 않는 곳
② 버스교통량이 일정수준 이상이고, 승차인원이 한 명인 승용차의 비중이 높은 구간
③ 편도 3차로 이상 등 도로기하구조가 전용차로를 설치하기 적당한 구간
④ 대중교통 이용자들의 폭넓은 지지를 받는 구간

해설 ①의 문항 중 "교통정체가 심하지 않는 곳"이 아니라 "교통정체가 심한 곳"이 옳은 문항으로 정답은 ①이다.

19 가로변 버스전용차로의 장단점에 대한 설명이다. 장점에 해당되지 않는 단점에 해당되는 문항은?

① 시행이 간편하다.
② 가로변 상업화동과 상충된다.
③ 시행 후 문제점 발생에 따른 보완 및 원상복귀가 용이하다.
④ 기존의 가로망 체계에 미치는 영향이 적다.

해설 ②의 문항은 단점으로 정답은 ②이다.

20 역류버스전용차로의 장단점에 대한 설명으로 틀린 문항은?

① 장점 : 대중교통서비스를 제공하면서 가로변에 설치된 일방통행의 장점을 유지할 수 있다.
② 장점 : 대중교통의 정시성이 제고되지 못한다.
③ 단점 : 일방통행로에서는 보행자가 버스전용차로의 진행방향만 확인하는 경향으로 인해 보행자 사고가 증가할 수 있다.
④ 단점 : 잘못 진입한 차량으로 인해 교통 혼잡이 발생할 수 있다.

해설 ②의 문항 중 "제고되지 못한다"는 틀리며, "제고 된다"가 맞는 문항으로 정답은 ②이다.

Answer 17 ③ 18 ① 19 ② 20 ②

21 중앙버스전용차로에 대한 설명이다. 잘못된 것에 해당되는 문항은?

출제빈도

① 중앙버스전용차로는 도로 중앙에 버스만 이용할 수 있는 전용차로를 지정함으로써 버스를 다른 차량과 분리하여 운영하는 방식을 말한다.
② 중앙버스전용차로는 버스의 운행속도를 높이는 데 도움이 되며, 승용차를 포함한 다른 차량들은 버스의 정차로 인한 불편을 피할 수 있다.
③ 중앙버스전용차로는 일반 차량의 중앙버스전용차로 이용 및 주·정차를 막을 수 있어 차량의 운행속도 향상에 도움이 된다.
④ 차로수가 많을수록 중앙버스전용차로 도입이 용이하고, 만성적인 교통 혼잡이 발생하는 구간 또는 좌회전하는 대중교통 버스노선이 많은 지점에 설치하면 효과가 적다.

해설 ④의 문항 끝에 "효과가 적다"는 틀리고, "효과가 크다"가 맞는 문항으로 정답은 ④이다.

22 중앙버스전용차로의 장단점 중 장점에 대한 설명이다. 단점에 해당하는 문항은?

출제빈도

① 일반 차량과의 마찰을 최소화한다.
② 승하차 정류소에 대한 보행자의 접근거리가 길어진다.
③ 교통정체가 심한 구간에서 더욱 효과적이다.
④ 대중교통이용자의 증가를 도모할 수 있다.

해설 ②의 문항은 "단점"에 해당하여 정답은 ②이다. 이외에 장점은 "대중교통의 통행속도 제고 및 정시성 확보가 유리하다"와 "가로변 상업 활동이 보장된다"가 있다.

23 중앙버스전용차로의 위험요소 설명으로 틀린 것의 문항은?

① 대기 중인 버스를 타기 위한 보행자의 횡단보도신호 위반 및 버스정류소 부근의 무단횡단 가능성 증가
② 중앙버스전용차로가 시작하는 구간 및 끝나는 구간에서 일반차량과 버스 간의 충돌위험 발생
③ 좌회전하는 일반차량과 우회전하는 버스 간의 충돌위험 발생
④ 폭이 좁은 정류소 추월차로로 인한 위험 발생

해설 ③의 문항 중 "우회전하는"은 틀리며, "직진하는"이 옳은 문항으로 정답은 ③이다. 이외에 "버스전용차로가 시작하는 구간에서는 일반차량의 직진 차로수의 감소에 따른 교통 혼잡이 발생한다"가 있다.

24 고속도로버스전용차로제(경찰청 : 고시 내용)에 대한 설명이다. 잘못된 문항은?

출제빈도

① 시행구간(평일) : 경부고속도로 오산 IC부터 한남대교 남단까지
② 시행구간(토요일, 공휴일, 연휴 등) : 경부고속도로 신탄진IC부터 한남대교 남단까지
③ 시행시간(평일, 토요일, 공휴일) : 서울, 부산 양방향 07:00부터 21:00까지
④ 시행시간(설날, 추석연휴 및 연휴전날) : 서울, 부산 양방향 07:00부터 다음날 12:00까지

Answer 21 ④ 22 ② 23 ③ 24 ④

해설 ④의 문항 중 "다음날 12:00까지"가 아니고, "다음날 01:00까지"가 맞는 문항으로 정답은 ④이며, 이외에 "통행가능차량 : 9인승 이상 승용자동차 및 승합자동차(승용자동차 또는 12인승 이하의 승합자동차는 6인 이상이 승차한 경우에 한한다)"가 있다.

25 대중교통전용지구의 개념과 목적 등의 설명이다. 틀린 문항은?

출제빈도

① 개념 : 도시의 교통수요를 감안해 승용차 등 일반 차량의 통행을 제한할 수 있는 지역 및 제도

② 목적 : 도심상업지구의 활성화, 쾌적한 보행자 공간의 확보, 대중교통의 원활한 운행확보, 도심교통환경 개선

③ 도심상업지구 내로의 일반차량의 통행을 제한하고 대중교통수단의 진입만을 허용하여 교통여건을 개선

④ 운영내용 : 버스 및 12인승 승합차, 긴급자동차만 통행가능하며, 심야시간에 한해 택시의 통행 가능, 승용차 및 일반승합차는 24시간 진입불가(화물차량은 허가 후 통행가능), 전용지구 내 속도는 30km/h로 제한

해설 ④의 문항 중 "12인승 승합차"는 틀리고, "16인승 승합차"가 맞아 정답은 ④이다.

26 교통카드시스템의 도입효과 중 운영자 측면의 효과에 대한 설명이다. 다른 문항은?

① 운송수입금 관리가 용이

② 요금집계업무의 전산화를 통한 경영합리화

③ 요금할인 등으로 교통비 절감

④ 대중교통 이용률 증가에 따른 운송수익의 증대

해설 ③의 문항은 교통카드시스템의 이용자 측면의 도입효과 중의 하나로 정답은 ③이며, 운영자 측면의 효과로 "정확한 전산실적자료에 근거한 운행 효율화"와 "다양한 요금체계에 대응(거리비례제, 구간요금제 등)"이 있다.

27 교통카드시스템 도입효과 중 정부 측면의 도입효과가 아닌 문항은?

① 대중교통이용률 제고로 교통환경 개선

② 첨단교통체계 기반 마련

③ 교통정책수립 및 교통요금 결정의 기초자료 확보

④ 다양한 요금체계에 대응(거리비례제, 구간요금제)

해설 ④의 문항은 운영자 측면의 효과 중의 하나로 정답은 ④이다.

Answer 25 ④ 26 ③ 27 ④

28 **교통카드의 종류에 대한 설명이다. 잘못된 문항은?**

① MS(Magnetic Strip)방식 : 자기인식방식으로 간단한 정보기록이 가능하고, 정보를 저장하는 매체인 자성체가 손상될 위험이 낮고, 위·변조가 되지 않아 보안에 안전하다(카드방식).

② IC방식(스마트카드) : 반도체 칩을 이용해 정보를 기록하는 방식으로 자기카드에 비해 수백 배 이상의 정보저장이 가능하고, 카드에 기록된 정보를 암호화할 수 있어, 자기카드에 비해 보안성이 높다(카드방식).

③ 하이브리드 : 접촉식+비접촉식 2종의 칩을 함께하는 방식이나 2개 종류 간 연동이 안 된다(IC방식).

④ 콤비 : 접촉식+비접촉식 2종의 칩을 함께하는 방식으로 2개 종류 간 연동이 된다(IC방식).

해설 ①의 문항 중 "위험이 낮고, 위·변조가 되지 않아 보안에 안전하다"는 틀리고 "위험이 높고, 위·변조가 용이해 보안에 취약하다"가 옳은 문항으로 정답은 ①이며, "IC카드의 종류 : 접촉식, 비접촉식(RF ; Radio Frequency), 하이브리드, 콤비", "지불방식에 따른 구분 : 선불식, 후불식"이 있다.

29 **교통카드 종류 중 IC카드 종류가 아닌 문항은?**

① 접촉식

② 비접촉식

③ 콤비

④ MS방식

해설 ④의 MS방식은 카드방식에 따른 분류이며, IC카드의 종류에는 "하이브리드"가 있다. 정답은 ④이다.

30 **카드를 판독하여 이용요금을 차감하고 잔액을 기록하는 기능을 갖는 기계의 명칭 문항은?**

① 단말기

② 집계시스템

③ 충전시스템

④ 정산시스템

해설 ①의 "단말기"로 정답은 ①이다. "집계시스템 기능 : 단말기와 정산시스템을 연결하는 기능을 한다"가 있다.

31 **각종 단말기 및 충전기와 네트워크로 연결하여 사용거래기록을 수집, 정산처리하고, 정산결과를 해당 은행으로 전송하고, 정산처리된 모든 거래기록을 데이터 베이스화 하는 기능을 갖는 기계의 명칭의 문항은?**

① 충전시스템

② 정산시스템

③ 집계시스템

④ 단말기

해설 ②의 "정산시스템"으로 정답은 ②이며, "충전시스템의 기능 : 금액이 소진된 교통카드에 금액을 재충전하는 기능"이 있다.

Answer 28 ① 29 ④ 30 ① 31 ②

04 운수종사자의 응급처리방법

01  **교통사고 조사규칙에서 정한 대형교통사고에 대한 설명이다. 틀린 문항은?**

① 교통사고로 3명 이상이 사망한 사고
② 사고 발생일로부터 30일 이내 사망한 경우
③ 20명 이상의 사상자가 발생한 사고
④ 20명 이하의 사상자가 발생한 사고

해설 ④의 문항 중 "20명 이하의"는 틀리고, "20명 이상"이 옳은 문항으로 정답은 ④이다.

02 **여객자동차 운수사업법에 따른 중대한 교통사고에 대한 설명이다. 해당되지 아니한 사고의 문항은?**

① 전복(顚覆)사고 또는 화재(火災)가 발생한 사고
② 사망자 2명 이상 발생한 사고
③ 중상자 6명 이상이 발생한 사고
④ 사망자 2명과 중상자 3명 이상이 발생한 사고

해설 ④의 문항 중 "사망자 2명과"는 틀리고, "사망자 1명과"가 맞는 문항으로 정답은 ④이다.

03 **자동차에 사람이 승차하지 아니하고 물품(예비부분품 및 공구 기타 휴대물품을 포함한다)을 적재하지 아니한 상태로서 연료. 냉각수 및 윤활유를 만재하고 예비타이어(예비타이어를 장착한 자동차만 해당한다)를 설치하여 운행할 수 있는 상태의 차와 관련된 용어로 맞는 문항은?**

① 적재상태 ② 승차정원
③ 공차상태 ④ 차량 총중량

해설 ③의 "공차상태"의 용어로 정답은 ③이다.

04  **자동차에 승차인원을 계산할 때 13세 미만의 자는 몇 사람을 한 사람으로 보며, 중량은 몇 kg을 한 사람으로 계산하는가의 기준으로 틀린 문항은?**

① 13세 미만의 자는 1.5인을 승차정원 1인으로 본다.
② 승차인원 1인의 중량은 65kg을 기준 계산한다.
③ 13세 미만의 자도 1인을 승차정원 1인으로 본다.
④ 좌석정원의 인원 및 입석정원의 인원은 정위치에 균등하게 승차시키고, 물품은 물품적재장치에 균등하게 적재시킨 상태이어야 한다.

해설 ③의 문항은 틀리고, ①의 문항이 옳아 정답은 ③이다.

05  **버스 운전석의 위치나 승차정원에 따른 버스의 종류에 대한 설명이다. 틀린 문항은?**

① 보닛 버스(Cab-behind-engine bus) : 운전석이 엔진 뒤쪽에 있는 버스
② 캡 오버 버스(Cab-over-engine bus) : 운전석이 엔진 위에 있는 버스
③ 코치 버스(Coach bus) : 5~6인승 정도의 승객이 승차 가능하여 화물실이 밀폐되어 있는 버스
④ 마이크로버스(Micro bus) : 승차정원이 16인 이하의 소형버스

해설 ③의 "코치 버스(Coach bus) : 3~6인승 정도의 승객이 승차 가능하여 화물실이 밀폐되어 있는 버스"가 옳은 문항으로 정답은 ③이다.

Answer 01 ④ 02 ④ 03 ③ 04 ③ 05 ③

06 **전고 3.6m 이상, 상면 지상고 890mm 이상으로 승객석을 높게 하여 조망을 좋게 하고 바닥 밑의 공간을 활용하기 위해 설계되어 관광버스에서 주로 이용되고 있는 버스의 명칭 문항은?**

① 고상버스(High decker)
② 초고상버스(Super high decker)
③ 저상버스
④ 코치버스

해설 ②의 "초고상 버스(Super high decker)"로 정답은 ②이다.

07 출제빈도 **상면 지상고가 340mm 이하로 출입구에 계단이 없고, 차체 바닥이 낮으며, 경사판(슬로프)이 장착되어 있어 장애인이 휠체어를 타거나, 아이를 유모차에 태운 채 오르내릴 수 있을 뿐 아니라 노약자들도 쉽게 이용할 수 있는 버스로서 주로 교통약자를 위한 시내버스에 이용되고 있는 버스 명칭의 문항은?**

① 저상버스
② 고상버스
③ 초고상버스
④ 보닛버스

해설 ①의 "저상버스"로 정답은 ①이다. 이외에 "고상버스 : 차 바닥을 높게 설계한 차량으로 가장 보편적으로 이용되고 있다"는 차도 있다.

08 출제빈도 **교통사고 현장에서 교통사고 상황파악에 대한 설명이다. 다른 문항은?**

① 짧은 시간 안에 사고정보를 수집하여 침착하고 신속하게 상황을 파악한다.
② 피해자와 구조자 등에게 위험이 계속 발생하는지 파악한다.
③ 생명이 위독한 환자가 누구인지 파악한다.
④ 피해자를 위험으로부터 보호하거나 피신시킨다.

해설 ④의 문항은 "사고현장의 안전관리"의 하나로 정답은 ④이며, 이외에 "사고위치에 노면표시를 한 후 도로 가장자리로 자동차를 이동시킨다"가 있다. 또한 교통사고 상황파악으로 "구조를 도와줄 사람이 주변에 있는지 파악한다"와 "전문가의 도움이 필요한지 파악한다"가 있다.

09 **교통사고 현장에서 원인조사 중 사고차량 및 피해자 조사사항에 대한 설명이다. 틀린 문항은?**

① 사고차량의 손상부위 정도 및 손상방향
② 사고차량에 묻은 흔적, 마찰, 찰과흔(擦過痕)
③ 사고차량의 위치 및 방향
④ 가해자의 상처 부위 및 정도

해설 ④의 문항 중 "가해자의"가 아니고, "피해자의"가 맞으므로 정답은 ④이며, 이외에 "피해자의 위치 및 방향"이 있다.

10 **교통사고 현장에서 원인조사 중 사고당사자 및 목격자 조사에 대한 설명이다. 다른 문항은?**

① 사고차량의 위치 및 방향
② 운전자에 대한 사고상황 조사
③ 탑승자에 대한 사고상황 조사
④ 목격자에 대한 사고상황 조사

해설 ①의 문항은 "사고차량 및 피해자 조사사항" 중 하나의 다른 사항으로 정답은 ①이다.

Answer 06 ② 07 ① 08 ④ 09 ④ 10 ①

11 **버스승객의 주요 불만사항이다. 틀린 것에 해당한 문항은?**

① 버스가 정해진 시간에 온다.
② 난폭, 과속운전을 한다.
③ 버스기사가 불친절하다.
④ 안내방송이 미흡하다(시내버스, 농어촌버스).

해설 ①의 문항 중 "버스가 정해진 시간에 온다"는 불평사항이 아니므로 정답은 ①이며, "버스가 정해진 시간에 오지 않는다"가 불평사항이다. ②, ③, ④ 이 외에 "정체로 시간이 많이 소요되고, 목적지에 도착할 시간을 알 수 없다", "차내가 혼잡하다", "차량의 청소, 정비상태가 불량하다", "정류소에 정차하지 않고 무정차 운행한다(시내버스, 농어촌버스)"가 있다.

12 (출제빈도) **버스에서 발생하기 쉬운 사고유형에서 버스사고의 절반가량은 사람과 관련하여 발생하고 있는데 전체 버스사고 중 1/3 정도를 차지하고 있는 사고의 문항은?**

① 차내 전도사고
② 승하차 중 사고
③ 접촉사고
④ 충돌사고

해설 ①의 "차내 전도사고"가 전체 사고의 1/3 정도 발생하며, 주된 사고로 "승하차 중 사고"가 빈발하고 있다. 정답은 ①이다.

13 **버스승객의 안락한 승차감과 사고를 예방하기 위해서는 안전운전습관을 몸에 익혀야 할 사항이다. 아닌 문항은?**

① 급출발이 되지 않도록 한다.
② 출발 시에는 차량 탑승승객이 좌석이나 입석공간에 완전히 위치한 상황을 파악한 후 출발한다.
③ 버스운전자는 안내방송 또는 육성을 통해 승객의 주의를 환기시켜 사고가 발생하지 않도록 사전 예방에 노력을 기울여야 한다.
④ "다음 정류소는 OO입니다. 손님 안녕히 가십시요"는 방송을 하여야 하고, "차가 출발합니다. 손잡이를 꼭 잡으세요"라는 차내 방송을 할 필요성이 없다.

해설 ④의 "차내 안내 방송을 할 필요는 없다"는 틀리고, "차내 방송을 하여야 한다"가 옳아 정답은 ④이다.

14 (출제빈도) **심폐소생술에서 의식확인 방법의 설명이다. 잘못된 문항은?**

① 성인 : 양쪽 어깨를 가볍게 두드리며 "괜찮으세요?"라고 말한 후 반응 확인(영아 : 한쪽 발바닥을 가볍게 두드리며 반응 확인)
② 기도열기 및 호흡 확인 : 머리를 젖히고 턱 들어올리기, 5~10초 동안 보고－듣고－느낌
③ 인공호흡 : 가슴이 충분히 올라올 정도로 2회(1회당 1초간) 실시
④ 가슴압박 및 인공호흡 반복 : 30회 가슴압박과 3회 인공호흡 반복(30 : 3)실시

해설 ④의 문항 "30회 가슴압박과 3회 인공호흡"은 틀리고, "30회 가슴압박과 2회 인공호흡 반복실시(30 : 2)"가 옳은 방법으로 정답은 ④이다.

Answer 11 ① 12 ① 13 ④ 14 ④

15 인공호흡 방법에 대한 설명이다. 잘못된 문항은?

출제빈도

① 기도열기를 한 상태에서 이마에 얹은 손의 엄지와 검지로 코를 막는다.
② 환자의 입을 완전히 덮은 다음 1초 동안 가슴이 충분히 올라올 정도로 불어 넣는다.
③ 코를 막았던 손과 입을 떼었다가 다시 불어 넣는다.
④ 영아 : 기도열기를 한 상태에서 입과 코를 한꺼번에 덮은 다음 0.5초 동안 가슴이 충분히 올라갈 정도로 불어 넣는다.

해설 ④의 문항 중 "0.5초 동안"은 틀리고 "1초 동안"이 옳은 문항으로 정답은 ④이다.

16 부상자의 가슴압박 방법이다. 틀린 문항은?

출제빈도

① 가슴 중앙 (양쪽 젖꼭지 사이)에 두 손을 올려놓는다(영아 : 가슴 중앙 (양쪽 젖꼭지 사이)의 직하부에 두 손가락으로 실시한다).
② 팔을 곧게 펴서 바닥과 수직이 되도록 한다.
③ 4~5cm 깊이로 체중을 이용하여 압박과 이완을 반복한다(영아 : 가슴두께의 1/3~1/2 깊이로 압박과 이완을 반복한다).
④ 분당 120회 속도로 강하고 빠르게 압박한다.

해설 ④의 문항 중 "분당 120회"는 틀리고, "분당 100회 속도"가 옳은 문항으로 정답은 ④이다.

17 심장마사지를 할 때 가슴 중앙에 수직으로 구조자의 체중을 실리도록 한 다음 흉부를 척추 쪽으로 압박을 하되 성인과 소아의 압박강도로 옳은 문항은?

출제빈도

① 성인 : 가슴 중앙 4~5cm 깊이로 압박과 이완 / 영아 : 가슴 두께의 1/3~1/2 깊이로 압박과 이완
② 성인 : 가슴 중앙 4~6cm 깊이로 압박과 이완 / 영아 : 가슴 두께의 1/2~1/4 깊이로 압박과 이완
③ 성인 : 가슴 중앙 3~5cm 깊이로 압박과 이완 / 영아 : 가슴 두께의 1/3~1/4 깊이로 압박과 이완
④ 성인 : 가슴 중앙 3~6cm 깊이로 압박과 이완 / 영아 : 가슴 두께의 1/3~1/5 깊이로 압박과 이완

해설 ①의 문항의 내용이 성인과 영아의 압박강도로 맞는 것으로 정답은 ①이다.

18 교통사고 현장의 골절부상자 조치요령에 대한 설명이다. 조치요령이 아닌 문항은?

출제빈도

① 골절부상자는 잘못 다루면 더 위험해질 수 있다.
② 골절부상자는 구급차가 오기 전에 들것에 얹어 안전장소로 이동시킨다.
③ 지혈이 필요하다면 골절 부분은 건드리지 않도록 주의하여 지혈한다.
④ 팔이 골절되었다면 헝겊으로 띠를 만들어 팔을 매달도록 한다.

해설 ②의 문항 중 "구급차가 오기 전에 들것에 얹혀 안전장소로 이동시킨다"는 잘못되었고, "구급차가 올 때까지 가급적 기다리는 것이 바람직하다"가 옳은 조치로 정답은 ②이다.

Answer 15 ④ 16 ④ 17 ① 18 ②

19 **차멀미 개념, 증상 또는 차멀미 승객에 대하여 세심하게 배려해야 할 사항의 설명이다. 배려사항이 잘못된 문항은?**

① 자동차를 타면 어지럽고 속이 메스꺼우며 토하는 증상이 나타난다.
② 차멀미가 심한 경우는 갑자기 쓰러지고 안색이 창백하며 사지가 차가우면서 땀이 나는 허탈증상이 나타나기도 한다.
③ 환자의 경우는 통풍이 잘되고 비교적 흔들림이 적은 앞쪽으로 앉도록 하고, 차멀미 승객이 토할 경우를 대비해 위생봉지를 준비한다.
④ 차멀미가 심한 경우는 아무 곳에서나 내려(하차)놓고 간다.

해설 ④의 문항은 정당하지 못하고 "차멀미가 심한 경우는 휴게소까지 안전하게 정차할 수 있는 곳에 정차하여 차에서 내려 시원한 공기를 마시도록 한다."가 옳으므로 정답은 ④이다.

20 **교통사고 발생 시 운전자의 조치사항의 설명으로 틀린 문항은?**

출제빈도

① 운전자는 무엇보다도 사고피해를 최소화하는 것과 제2차 사고 방지를 위한 조치 또는 마음의 평정을 찾아야 한다.
② 탈출 : 교통사고 발생 시 우선 엔진을 멈추게 하고 연료가 인화되지 않도록 한다(안전하고 신속하게 사고차량으로부터 침착하게 탈출해야 한다).
③ 인명구조 : 인명구출 시 부상자, 노인, 어린아이 및 부녀자 등 노약자를 우선적으로 구조한다.
④ 후방방호 : 통과차량에 알리기 위해 차선으로 뛰어나와 손을 흔들어 알린다.

해설 ④의 문항은 "제2차 사고가 발생할 수 있어 절대로 금기사항"으로 정답은 ④이며, "후방방호 : 고장발생 시와 마찬가지로 경황이 없는 중에 통과차량에 알리기 위해 차도로 뛰어나와 손을 흔드는 등의 위험한 행동을 삼가야 한다"가 옳으며, 이외에 "연락 : 보험회사나 경찰 등에 사고발생지점 및 상태, 부상 정도 및 부상자수, 회사명, 운전자 성명, 연료유출 여부 등을 연락한다", "대기 : 고장차량의 경우와 같이 하되, 부상자가 있는 경우 응급처치 등을 한 후 위급한 환자부터 먼저 후송하도록 해야 한다"가 있다.

21 **자동차 운전자는 고장이나 그 밖의 사유로 고속도로 등에서 자동차를 운행할 수 없게 되었을 때에는 고장자동차의 표지를 설치하여야 하는데 그 설치방법으로 틀린 문항은?**

① 고장차를 즉시 알 수 있도록 후방에 표시 또는 눈에 띄게 한다.
② 고장 자동차의 표지는 낮의 경우 그 자동차로부터 100미터 이상의 뒤쪽 도로상에 설치한다.
③ 고장 자동차의 표지는 밤의 경우는 200미터 이상의 뒤쪽 도로상에 설치한다.
④ 밤에는 표지와 함께 사방 600미터 지점에서 식별할 수 있는 적색의 섬광신호, 전기제등 또는 불꽃신호를 추가로 설치하여야 한다.

해설 ④의 문항 중 "사방 600미터 지점에서"가 아니고, "사방 500미터 지점에서"가 옳은 문항으로 정답은 ④이다.

Answer 19 ④ 20 ④ 21 ④

22 **차량에 여러 가지 이유로 고장이 발생할 경우 조치를 취해야 하는 사항이다. 잘못된 문항은?**

① 정차차량의 결함이 심할 때는 비상등을 점멸시키면서 갓길에 바짝 차를 대서 정차한다.

② 야간에는 밝은 색 옷이나 야광이 되는 옷을 착용하는 것이 좋다

③ 비상전화를 하기 전에 차의 후방에 경고반사판을 설치해야 하며 특히 주간에는 주위를 기울여야 한다.

④ 비상주차대에 정차할 때는 타 차량의 주행에 지장이 없도록 정차해야 한다.

해설 ③의 문항 중 "특히 주간에는 주의를 기울여야 한다"는 틀리고, "특히 야간에는 주의를 기울여야 한다"가 옳은 문항으로 정답은 ③이다. 또한, 이외에 "차에서 내릴 때에는 옆 차로의 차량 주행상황을 살핀 후 내린다"가 있다.

23 출제빈도 **자동차 운전 중에 재난이 발생하였을 때 운전자가 조치하여야 하는 사항이다. 조치사항으로 잘못된 문항은?**

① 운행 중 재난이 발생한 경우에는 신속하게 차량을 안전지대로 이동한 후 즉각 회사 및 유관기관에 보고한다.

② 장시간 고립 시에는 유류, 비상식량, 구급환자 발생 등을 즉시 신고, 한국도로공사 및 인근 유관기관 등에 협조를 요청한다.

③ 폭설 및 폭우로 운행이 불가능하게 된 경우에는 응급환자 및 노인, 어린이 승객을 우선적으로 안전지대로 대피시키고 유관기관에 협조를 요청한다.

④ 재난 시 차내에 유류 확인 및 업체에 현재 위치를 알리고 도착 후까지 차내에서 안전하게 승객을 보호한다.

해설 ④의 문항 중 "도착 후까지"가 아니고, "도착 전까지"가 옳은 문항으로 정답은 ④이다. 또한, 이외에 "재난 시 차량 내에 이상 여부 확인 및 신속하게 안전지대로 차량을 대피한다"가 있다.

Answer 22 ③ 23 ④

memo

부 록

실전 모의고사

• 실전 모의고사

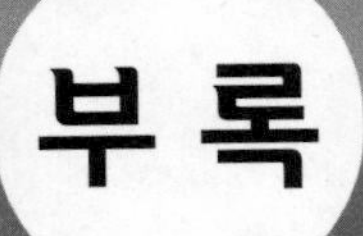

부록 실전 모의고사

01 교통·운수 관련 법규 및 교통사고 유형, 자동차 관리요령

01 **여객자동차 운수사업법의 목적에 대한 설명이다. 다른 법의 목적에 해당되는 것으로 맞는 문항은?**

① 자동차의 성능 및 안전을 확보
② 여객자동차 운수사업법에 관한 질서 확립
③ 여객의 원활한 운송과 공공복리 증진
④ 여객자동차 운수사업의 종합적인 발달 도모

02 **자동차를 정기적으로 운행하거나 운행하려는 구간에 해당하는 용어로 맞는 문항은?**

① 정류소 ② 노선
③ 터미널 ④ 버스역

03 **"농업·농촌 및 식품산업 기본법" 제3조 제5호에 따른 농촌과 "수산업·어촌발전기본법" 제3조 제6호에 따른 "어촌을 기점 또는 종점으로 하고, 운행계통·운행시간·운행횟수를 여객의 요청에 따라 탄력적으로 운영하여 여객을 운송하는 사업"에 해당하는 여객자동차 운송사업에 해당하는 운송사업의 문항은?**

① 전세버스 운송사업
② 특수여객자동차 운송사업
③ 수요응답형 여객자동차 운송사업
④ 광역급행형 버스 운송사업

04 **운송사업자는 사업용 자동차에 의해 중대한 교통사고가 발생한 경우 지체없이 국토교통부장관 또는 시·도지사에게 보고하여야 한다. 중대한 교통사고에 해당되지 않은 문항은?**

① 전복사고 또는 화재가 발생한 사고
② 사망자 2명 이상 또는 사망자 1명과 중상자 3명 이상
③ 중상자 6명 이상의 사람이 죽거나 다친 사고
④ 사망자 3명 이상 사고

05 **버스운전 자격시험은 필기시험으로 한다. 합격의 점수에 해당하는 점수로 맞는 문항은?**

① 총점의 5할 이상을 얻은 사람을 합격자로 한다.
② 총점의 6할 이상을 얻은 사람을 합격자로 한다.
③ 총점의 7할 이상을 얻은 사람을 합격자로 한다.
④ 총점의 8할 이상을 얻은 사람을 합격자로 한다.

Answer 01 ① 02 ② 03 ③ 04 ④ 05 ②

06 여객자동차 운수사업자에게 사업정지 처분에 갈음하여 부과·징수할 수 있는 과징금의 금액으로 맞는 문항은?

① 일천만 원 이하 과징금
② 3천만 원 이하 과징금
③ 5천만 원 이하 과징금
④ 7천만 원 이하 과징금

07 운송사업자가 차내에 운전자격증명을 항상 게시하지 아니한 경우에 벌칙으로 가하는 과징금이다. 틀린 문항은?

① 시내버스·농어촌버스·마을버스 : 10만 원
② 시외버스 : 10만 원
③ 전세버스 : 10만 원
④ 특수여객(장의) : 15만 원

08 "자동차만 다닐 수 있도록 설치된 도로"의 명칭에 해당되는 문항은?

① 고속도로
② 자동차전용도로
③ 일반도로
④ 고가도로

09 차량신호등(원형등화) 중 "황색의 등화" 뜻에 대한 설명이다. 틀린 의미의 문항은?

① 차마는 우회전을 할 수 없고, 우회전하는 경우에는 보행자의 횡단을 방해하지 못한다.
② 차마는 정지선이 있을 때에는 그 직전이나 교차로 직전에서 정지한다.
③ 차마는 횡단보도가 있을 때에는 그 직전에 정지한다.
④ 이미 교차로에 차마의 일부라도 진입한 경우에는 신속히 교차로 밖으로 진행하여야 한다.

10 버스신호등 중 버스전용차로에 있는 차마가 다른 교통 또는 안전표지의 표시에 주의하면서 진행할 수 있는 신호에 해당한 문항은?

① 녹색의 등화
② 황색의 등화
③ 적색등화의 점멸
④ 황색등화의 점멸

11 고속도로 편도 3차로 이상 오른쪽 차로의 통행차 기준이다. 통행차 기준의 주행차로로 틀린 문항은?

① 화물자동차　② 승용자동차
③ 특수자동차　④ 건설기계

12 고속도로버스전용차로로 통행할 수 있는 차에 대한 설명이다. 통행할 수 없는 차에 해당된 문항은?

① 9인승 이상 승용(승합)자동차로서 6인 이상이 승차한 차
② 노선을 지정하여 운행하는 통학·통근용 승합자동차 중 6인승 미만 승차한 승합자동차
③ 승용차 또는 12인승 이하의 승합자동차는 6인 이상 이 승차한 경우로 한정한다.
④ 9인승 이상 승용자동차 또는 승합자동차로서 6인이 승차한 경우

Answer 06 ③ 07 ④ 08 ② 09 ① 10 ④ 11 ② 12 ②

13 자동차전용도로에서 자동차가 주행할 수 있는 속도에 대한 설명이다. 옳은 속도의 문항은?

① 최고속도 : 매시 60km,
최저속도 : 매시 30km
② 최고속도 : 매시 70km,
최저속도 : 매시 40km
③ 최고속도 : 매시 80km,
최저속도 : 매시 35km
④ 최고속도 : 매시 90km,
최저속도 : 매시 30km

14 긴급자동차의 특례에 대한 사항이다. 해당 없는 문항은?

① 자동차의 속도제한(속도를 제한한 경우는 규정을 적용)
② 앞지르기 금지의 시기 및 장소
③ 끼어들기의 금지
④ 앞지르기 방법

15 모든 차의 운전자는 승차인원에 관하여 영이 정하는 운행상의 안전기준을 넘어서 승차시켜서는 아니 된다(고속버스 운송사업용 자동차 및 화물자동차는 제외). 그 기준으로 맞는 문항은?

① 승차정원의 130% 이내일 것
② 승차정원의 120% 이내일 것
③ 승차정원의 110% 이내일 것
④ 승차정원의 100% 이내일 것

16 제1종 대형 또는 특수면허를 받으려는 경우의 연령과 운전경력으로 맞는 문항은?

① 16세 이상, 운전경력 1년 이상인 사람
② 18세 이상, 운전경력 1년 이상인 사람
③ 19세 이상, 운전경력 1년 이상인 사람
④ 20세 이상, 운전경력 1년 이상인 사람

17 어린이 보호구역 및 노인 · 장애인 보호구역에서 승합자동차 운전자가 속도위반 60km/h 초과를 하였을 때 차의 고용주 등에 부과되는 과태료에 해당되는 문항은?

① 11만 원
② 16만 원
③ 17만 원
④ 18만 원

18 차의 교통으로 인한 사고가 발생하여 운전자를 형사처벌하여야 하는 경우 적용하는 법의 명칭에 해당되는 문항은?

① 교통사고처리특례법
② 도로교통법
③ 특정범죄가중처벌법
④ 형법 제268조

Answer 13 ④ 14 ④ 15 ③ 16 ③ 17 ③ 18 ①

19 사망사고의 정의에 대한 설명이다. 맞지 않는 문항은? (단, 교통안전법 시행령 별표 3의2 참조)

① 교통사고에 의한 사망이어야 한다.
② 교통사고 발생 후 30일 이내 사망하여야 한다.
③ 72시간 이후 사망은 사망으로 인정하지 않는다.
④ 72시간 이후 사망원인이 교통사고라면 형사적 책임과 벌점 90점이 부과된다.

20 속도에 대한 정의이다. 잘못된 문항은?

① 규제속도 : 법정속도(도로별 최고·최저속도)와 제한속도(지방경찰청장의 지정속도)
② 설계속도 : 도로설계의 기초가 되는 자동차의 속도
③ 주행속도 : 정지시간을 포함한 실제 주행거리의 평균주행속도
④ 구간속도 : 정지시간을 포함한 주행거리의 평균주행속도

21 승합자동차가 도로법에 따른 도로 등에서 규제속도(법정속도, 제한속도)를 과속하였을 때의 행정처분(범칙금)으로 맞지 아니한 문항은?

① 60km/h 초과 : 범칙금 13만 원, 벌점 60점
② 40km/h 초과 60km/h 이하 : 범칙금 10만 원, 벌점 30점
③ 20km/h 초과 40km/h 이하 : 범칙금 7만 원, 벌점 15점
④ 20km/h 이하 : 범칙금 3만 원, 벌점 10점

22 사람을 사망하게 하거나 다치게 한 교통사고처리는 피해자와 손해배상 합의기간을 주고 있다. 그 기간으로 맞는 문항은?

① 1주간 이내 ② 2주간 이내
③ 3주간 이내 ④ 4주간 이내

23 같은 방향으로 가고 있는 앞차가 갑자기 정지하게 되는 경우 그 앞차와의 추돌을 피할 수 있는 필요한 거리로 정지거리보다 약간 긴 정도의 거리 용어에 해당되는 문항은?

① 정지거리 ② 안전거리
③ 공주거리 ④ 제동거리

24 승합자동차가 고속도로, 자동차전용도로, 일반도로에서 안전거리 미확보 사고에 따른 행정처분(범칙금)이다. 범칙금으로 틀린 문항은?

① 고속도로 : 범칙금 5만 원, 벌점 10점
② 자동차전용도로 : 범칙금 5만 원, 벌점 10점
③ 일반도로 : 범칙금 2만 원, 벌점 10점
④ 고속도로 : 범칙금 7만 원, 벌점 15점

25 교차로 통행방법위반 사고 시 "앞차가 너무 넓게 우회전하여 앞뒤가 아닌 좌우 차의 개념으로 보는 상태에서 충돌한 경우"의 가해자와 피해자를 구분할 때 가해자인 자의 문항은?

① 뒤차가 가해자
② 앞차가 가해자
③ 옆차가 가해자
④ 가해자가 없다.

Answer 19 ③ 20 ③ 21 ④ 22 ② 23 ② 24 ④ 25 ②

26 **안전운전과 난폭운전과의 차이에 대한 설명이다. 틀린 것에 해당한 문항은?**

① 안전운전 : 모든 장치를 정확히 조작하여 운전하는 경우
② 안전운전 : 도로의 교통상황과 차의 구조 및 성능에 따라 다른 사람에게 위험이나 장애를 주지 아니하는 속도나 방법으로 운전하는 경우
③ 난폭운전 : 자기의 통행을 현저히 방해하는 운전을 하는 경우(급차로 변경 지그재그 운전, 좌우로 핸들을 급조작하는 운전 등)
④ 난폭운전 : 고의나 인식할 수 있는 과실로 현저한 위해를 초래하는 운전을 하는 경우(지선도로에서 간선도로로 진입할 때 일시정지 없이 급진입하는 운전 등)

27 **자동차(터보차져)의 초기 시동 시 냉각된 엔진이 따뜻해질 때까지 공회전을 시키고 있는데 그 시간은?**

① 3~5분 정도 ② 3~10분 정도
③ 5~10분 정도 ④ 5~15분 정도

28 **겨울철에 타이어에 체인을 장착하고 주행할 수 있는 km/h로 맞는 문항은?**

① 50km/h 이내 또는 체인제작사에서 추천하는 규정속도 이하로 주행한다.
② 40km/h 이내 또는 체인제작사에서 추천하는 규정속도 이하로 주행한다.
③ 30km/h 이내 또는 체인제작사에서 추천하는 규정속도 이하로 주행한다.
④ 20km/h 이내 또는 체인제작사에서 추천하는 규정속도 이하로 주행한다.

29 **ABS브레이크 경고등은 키 스위치를 On하면 일반적으로 경고등이 점등된 후 ABS가 정상이면 경고등은 소등되는데 그 시간으로 맞는 문항은?**

① 일반적으로 1초 후
② 일반적으로 2초 후
③ 일반적으로 3초 후
④ 일반적으로 4초 후

30 **자동차 키(Key)의 사용 및 관리의 설명이다. 잘못된 문항은?**

① 차를 떠날 때에는 짧은 시간일지라도 안전을 위해 반드시 키를 뽑아 지참한다.
② 자동차 키에는 시동키와 화물실 전용 키 2종류가 있다.
③ 시동 키 스위치가 ST에서 No상태로 되돌아오지 않게 되면 시동 후에도 스타터가 계속 작동되어 스타터 손상 및 배선의 과부하로 화재의 원인이 아니 된다.
④ 시동 키를 꽂지는 않았지만 키를 차 안에 두고 어린이들만 차내에 남겨 두지 않는다(차 안의 다른 조작 스위치 등을 작동시킬 수 있다).

Answer 26 ③ 27 ② 28 ③ 29 ③ 30 ③

31 자동차 좌석에 설치된 머리지지대(헤드 레스트 : Head rest)의 역할에 대한 설명이다. 틀린 문항은?

① 머리지지대는 자동차의 좌석의 등받이 맨 위쪽의 머리를 지지하는 부분을 말한다.
② 머리지지대는 사고 발생 시 머리와 목을 보호하는 역할을 하지 못한다.
③ 머리지지대 제거상태에서 주행은 머리나 목의 상해를 초래할 수 있다.
④ 머리지지대와 머리 사이는 주먹 하나 사이가 될 수 있도록 한다.

32 배출가스로 고장의 이상 유무를 구분할 수 있는 방법이다. 틀린 문항은?

① 무색 : 완전 연소 시 색(무색 또는 약간 엷은 청색)
② 검은색 : 불완전 연소되는 경우(연료장치 고장)
③ 청색 : 오일이 실린더 위로 올라와 연소되는 경우
④ 백색 : 엔진 안에서 다량의 엔진오일이 실린더 위로 올라와 연소되는 경우(헤드 개스킷 파손 등)

33 자동차의 타이어 펑크 또는 그 밖의 고장으로 주차할 때 고장 자동차의 표지(비상용 삼각대) 설치 방법이다. 잘못된 문항은?

① 자동차가 고장으로 운행할 수 없을 때에는 고장 자동차 표지를 설치하여야 한다.
② 고장 자동차 표지는 후방에서 접근하는 자동차 운전자가 확인할 수 있는 위치에 설치하여야 한다.
③ 밤에는 사방 500m 지점에서 식별할 수 있는 적색의 섬광신호, 전기제등 또는 불꽃신호를 추가로 설치한다(고장자동차로부터 200m 이상의 뒤쪽에).
④ 낮이나 밤의 경우 비상용 삼각대나 불꽃신호 등이 없으면 운전자가 수신호를 한다.

34 동력전달장치 중 클러치의 기능이다. 아닌 문항은?

① 엔진의 동력을 변속기에 전달한다.
② 엔진의 동력을 변속기에서 차단한다.
③ 엔진시동을 작동시킬 때나 기어를 변속할 때에는 동력을 끊어준다.
④ 정지할 때에는 엔진의 동력을 서서히 연결하는 일을 한다.

35 자동차가 물이 고인 노면(비 오는 날 도로)을 고속으로 주행할 때 일어나는 수막현상이다. 다른 것은?

① 60km/h로 주행 시 : 시속 60km/h까지 주행할 경우에는 수막현상이 일어나지 않는다.
② 70km/h로 주행 시 : 시속 70km/h로 주행할 때에는 수막현상이 일어난다.
③ 80km/h로 주행 시 : 타이어의 옆면으로 물이 파고들기 시작하여 부분적으로 수막현상을 일으킨다.
④ 100km/h로 주행 시 : 노면과 타이어가 분리되어 수막현상을 일으킨다.

Answer 31 ② 32 ③ 33 ④ 34 ④ 35 ②

36 공기스프링에 대한 설명이다. 틀린 문항은?

① 판간 마찰이 있기 때문에 작은 진동은 흡수가 곤란하다.
② 공기의 탄성을 이용한 스프링으로 다른 스프링에 비해 유연한 탄성을 얻을 수 있다.
③ 노면으로부터의 작은 진동도 흡수할 수 있고, 승차감이 우수하기 때문에 장거리 주행 자동차 및 대형 버스에 사용된다.
④ 스프링의 세기가 하중에 거의 비례해서 변화하기 때문에 짐을 실었을 때나 비었을 때의 승차감에는 차이가 없다.

37 조향핸들이 무거운 원인이다. 다른 문항은?

① 타이어의 공기압이 과다하다.
② 앞바퀴의 정렬상태가 불량하다.
③ 조향기어의 톱니바퀴가 마모되었다.
④ 조향기어 박스 내의 오일이 부족하다.

38 ABS 브레이크의 특징이다. 틀린 문항은?

① 바퀴 미끄러짐이 없는 제동효과를 얻을 수 있다.
② 자동차의 방향 안전성. 조종성능의 확보가 안 된다.
③ 앞바퀴의 고착에 의한 조향능력 상실을 방지한다.
④ 노면의 상태가 변해도 최대 제동효과를 얻을 수 있다.

39 자동차 종합검사는 유효기간 마지막 날을 기준하여 전후 며칠 이내에 수검하여야 하는가. 맞는 문항은?

① 전후 각각 10일 이내
② 전후 각각 20일 이내
③ 전후 각각 30일 이내
④ 전후 각각 31일 이내

40 자동차 운행으로 다른 사람이 사망하거나 부상한 경우 피해자에게 지급할 책임을 지는 책임보험 또는 책임공제에 미가입한 때의 과태료이다. 틀린 문항은?

① 가입하지 아니한 기간이 10일 이내인 경우 : 3만 원
② 가입하지 아니한 기간이 10일을 초과한 경우 : 3만 원에 11일째부터 1일마다 8천 원을 가산한 금액
③ 최고 한도금액 : 자동차 1대당 100만 원
④ 최고 한도금액 : 자동차 1대당 150만 원

Answer 36 ① 37 ① 38 ② 39 ④ 40 ④

02 안전운행 요령, 운송서비스

01 **교통사고요인의 복합적 연쇄과정으로, 틀린 문항은?**

① 인간요인에 의한 연쇄과정 : 원인-아내와 싸우다 → 결과-출근이 늦어졌다.
② 인간요인에 의한 연쇄과정 : 원인-출근이 늦어졌다 → 결과-과속으로 운전한다.
③ 차량요인에 의한 연쇄과정 : 원인-점검미스 → 결과-브레이크 제동력 약화됨을 미발견
④ 환경요인에 의한 연쇄과정 : 원인-비가 오고 있다 → 결과-젖은 도로

02 **버스의 특성과 관련된 대표적인 사고유형 10가지 중에 사고빈도가 1위인 문항은?**

① 회전, 급정거 등으로 인한 차내 승객사고
② 동일방향 후미 추돌사고
③ 진로변경 중 접촉사고
④ 회전(좌회전, 우회전) 중 접촉사고

03 **우리나라 자동차 운전면허를 취득하는 데 필요한 정지시력 기준이다. 틀린 문항은?**

① 제1종 운전면허 : 두 눈을 동시에 뜨고 잰 시력이 0.8 이상이어야 한다.
② 제1종 운전면허 : 두 눈의 시력이 각각 0.5 이상이어야 한다.
③ 제2종 운전면허 : 두 눈을 동시에 뜨고 잰 시력이 0.6 이상이어야 한다.
④ 제2종 운전면허 : 한쪽 눈을 보지 못하는 사람은 다른 쪽 눈의 시력이 0.6 이상이어야 한다.

04 **시야가 다음과 같은 조건에서 받는 영향이다. 틀린 것은?**

① 시야는 움직이는 상태에 있을 때는 움직이는 속도에 따라 : 축소되는 특성을 갖는다.
② 운전 중인 운전자의 시야는 시속 40km로 주행 중일 때 : 약 100도 정도로 축소된다.
③ 운전 중인 운전자의 시야는 시속 100km로 주행 중인 때 : 약 50도 정도로 축소된다.
④ 한 곳에 주의가 집중되어 있을 때에 인지할 수 있는 시야 범위 : 좁아지는 특성이 있다.

05 **암순응과 명순응의 위험에 대처하는 방법에 대한 설명이다. 아닌 것은?**

① 대향차량의 전조등 불빛을 직접적으로 보지 않는다.
② 전조등 불빛을 피해 멀리 도로 오른쪽 가장자리방향을 바라본다.
③ 중심시로 다가오는 차를 계속해서 주시하도록 한다.
④ 주변시로 대향차량을 계속해서 주시하는 것을 잊지 않도록 한다.

Answer 01 ② 02 ① 03 ③ 04 ③ 05 ③

06 술을 마신 후 간에서 1시간에 분해할 수 있는 퍼센트는 몇 퍼센트에 해당하는가 맞는 문항은?

① 0.013% 정도
② 0.014% 정도
③ 0.015% 정도
④ 0.016% 정도

07 모든 차의 운전자는 "차도가 설치되지 않은 좁은 도로", "안전지대", "주 · 정차하고 있는 차 옆" 등 보행자 옆을 지나는 때의 통행방법으로 맞는 문항은?

① 안전한 거리를 두고 서행해야 한다.
② 안전한 거리를 두고 일시정지 후 진행한다.
③ 안전한 거리를 두고 일단정지 후 진행한다.
④ 즉시 정지할 수 있는 속도로 통행한다.

08 자동차가 일반적으로 매시 50km로 커브를 도는 차는 매시 25km로 도는 차보다 몇 배의 원심력이 발생하는가에 대한 설명이다. 옳은 문항은?

① 2배의 원심력 발생
② 4배의 원심력 발생
③ 6배의 원심력 발생
④ 8배의 원심력 발생

09 자동차가 물이 고인 노면을 고속으로 주행할 때 타이어의 트레드 홈 사이에 있는 물을 헤치는 기능이 감소되어 노면 접지력을 상실하게 되어 타이어 접지면 앞쪽에서 들어오는 물의 압력에 의해 타이어가 노면으로부터 떠올라 물 위를 미끄러지는 현상의 용어인 문항은?

① 수막(Hydroplaning)현상
② 워터 페이드(Water fade) 현상
③ 모닝 록(Morning lock) 현상
④ 베이퍼 록(Vapour lock) 현상

10 차의 내륜차(內輪差)와 외륜차(外輪差)에 의한 사고 위험이다. 틀린 문항은?

① 내륜차 : 전진(前進)주차를 위해 주차공간으로 진입도중 차의 뒷부분이 주차되어 있는 차와 충돌할 수 있다.
② 내륜차 : 차량이 보도 위에 서 있는 보행자를 차의 뒷부분으로 스치고 지나가거나, 보행자의 발 등을 뒷바퀴가 타고 넘어갈 수 있다.
③ 외륜차 : 후진(後進)주차를 위해 주차공간으로 진입도중 차의 앞부분이 다른 차량이나 물체와 충돌할 수 있다.
④ 외륜차 : 버스가 1차로에서 좌회전하는 도중에 차의 앞부분이 2차로에서 주행 중이던 승용차와 충돌할 수 있다.

Answer 06 ③ 07 ① 08 ② 09 ① 10 ④

11 방향별 교통량이 특정시간대에 현저하게 차이가 발생하는 도로에서 교통량이 많은 쪽으로 차로수가 확대될 수 있도록 신호기에 의하여 차로의 진행방향을 지시하는 차로의 용어 명칭의 문항은?

① 변속차로
② 양보차로
③ 회전차로
④ 가변차로

12 도로법상의 용어의 정의로 틀린 문항은?

① 도류화 : 자동차와 보행자를 안전하고 질서 있게 이동시킬 목적으로 회전차로, 변속차로, 교통섬, 노면표시 등을 이용하여 상충하는 교통류를 분리시키거나 통제하여 명확한 통행경로를 지시해 주는 것을 말한다.
② 교통섬 : 자동차의 안전하고 원활한 교통처리나 보행자 도로횡단의 안전을 확보하기 위하여 교차로 또는 차도의 분기점에 설치하는 섬모양의 시설로 설치하는 것을 말한다.
③ 교통약자 : 장애인, 고령자, 임산부, 영유아를 동반한 사람, 어린이 등 생활함에 있어 이동에 불편을 느끼는 사람을 말한다.
④ 시거(視距) : 운전자가 자동차 진행방향에 있는 장애물 또는 위험요소를 인지하고 제동하여 정지하거나 또는 장애물을 향해서 주행할 수 있는 거리를 말한다.

13 방호울타리의 주요기능의 설명이다. 아닌 문항은?

① 자동차의 차로이탈을 방지하는 것
② 탑승자의 상해 및 자동차 파손을 감소시키는 것
③ 자동차의 정상적인 진행방향으로 복귀시키는 것
④ 운전자의 시선을 유도하는 것

14 길어깨(갓길)의 설치와 교통사고에 대한 설명으로 다른 문항은?

① 길어깨(갓길)는 도로를 보호하고 비상 시에 이용하기 위하여 차도와 연결하여 설치하는 도로의 부분으로 갓길이라고도 한다.
② 길어깨(갓길)가 넓으면 차량 이동공간이 넓고 시계가 넓으며, 고장차량을 주행차로 밖으로 이동시킬 수 있어 안전 확보가 용이하다.
③ 일반적으로 길어깨(갓길) 폭이 넓은 곳은 길어깨(갓길) 폭이 좁은 곳보다 교통사고가 감소한다.
④ 보도가 없는 도로에서는 보행자의 통행장소로 제공된다.

15 조명시설의 주요기능에 대한 설명이다. 잘못된 문항은?

① 주변이 밝아짐에 따라 교통안전에 도움이 된다.
② 운전자의 피로와는 무관하다.
③ 범죄 발생을 방지하고 감소시킨다.
④ 운전자의 심리적 안정감 및 쾌적감을 제공한다.

Answer 11 ④ 12 ④ 13 ① 14 ④ 15 ②

16 사람과 자동차가 필요로 하는 서비스를 제공할 수 있는 시설로 주차장, 화장실, 급유소, 식당, 매점 등으로 구성되어 있는 휴게소 명칭의 문항은?

① 간이휴게소
② 화물차전용휴게소
③ 일반휴게소
④ 쉼터휴게소(소규모 휴게소)

17 운전에 있어서 중요한 정보는 시각정보를 통해서 수집하는 것인데 몇 %를 수집하고 있는지 맞는 것에 해당한 문항은?

① 70%
② 80%
③ 90%
④ 95%

18 운전 중에 예측을 할 때 판단의 기본요소에 대한 평가를 할 사항이다. 아닌 문항은?

① 시인성
② 시간
③ 거리
④ 공간성

19 시인성을 높이기 위한 법으로 "운전 중의 행동"의 고려할 사항이다. 틀린 문항은?

① 낮에도 흐린 날 등에는 하향(변환빔) 전조등을 켠다(운전자, 보행자에게 600~700m 전방에서 좀 더 빠르게 볼 수 있게끔 하는 효과가 있다).
② 자신의 의도를 다른 도로이용자에게 좀 더 분명히 전달함으로써 자신의 시인성을 최대화할 수 있다.
③ 다른 운전자의 시각에 들어가 운전하는 것을 같이 한다.
④ 햇빛 등으로 눈부신 경우는 선글라스를 쓰거나 선바이저를 사용한다.

20 도로상의 위험을 발견하고 운전자가 반응하는 시간은 문제 발견(인지) 후 걸리는 시간(초)의 문항은?

① 0.2초에서 0.4초 정도이다.
② 0.3초에서 0.5초 정도이다.
③ 0.4초에서 0.6초 정도이다.
④ 0.5초에서 0.7초 정도이다.

21 커브 길 방어운전의 주행 개념과 방법에 대한 설명이다. 틀린 문항은?

① 슬로우－인, 패스트－아웃(Slow－in, Fast－out) : 커브 길 진입할 때에는 속도를 줄이고, 진출할 때에는 속도를 높이라는 뜻
② 아웃－인－아웃(Out－in－out) : 차로 바깥쪽에서 진입하여 안쪽, 바깥쪽 순으로 통과하라는 뜻
③ 커브 진입 직전에 속도를 감속하여 원심력을 최대화한다.
④ 커브가 끝나는 조금 앞에서 차량의 방향을 바르게 하면서 속도를 가속하여 신속하게 통과할 수 있도록 핸들을 조작한다.

Answer 16 ③ 17 ③ 18 ④ 19 ③ 20 ④ 21 ③

22 안갯길 안전운전의 방법이다. 틀린 문항은?

① 전조등, 안개등, 비상점멸표시등을 켜고 운행한다.
② 가시거리가 100m 이내인 경우에는 최고속도를 50% 정도 감속하여 운행한다.
③ 앞차와의 차간거리를 충분히 확보하고, 앞차의 제동이나 방향지시등의 신호를 예의주시하며 운행한다.
④ 앞을 분간하지 못할 정도의 짙은 안개로 운행이 어려울 때에는 주의해서 서행으로 주행을 한다.

23 타이어의 사용 가능한 트레드 홈 깊이에 대한 기준이다. 옳은 문항은?

① 트레드 홈 깊이 1.5mm 이상
② 트레드 홈 깊이 1.6mm 이상
③ 트레드 홈 깊이 1.7mm 이상
④ 트레드 홈 깊이 1.8mm 이상

24 고속도로 2504 긴급견인서비스(1588-2504, 한국도로공사 콜센터)를 받을 수 있는 대상 자동차이다. 대상차량이 아닌 차량의 문항은?

① 1.4톤 이상 화물차
② 1.4톤 이하 화물차
③ 승용자동차
④ 16인 이하 승합차

25 도로관리청의 차량회차, 적재물 분리 운송, 차량운행중지 명령에 따르지 아니한 자에 대한 벌칙으로 맞는 문항은?

① 1년 이상 징역 또는 1천만 원 이상 벌금
② 1년 이하 징역 또는 1천만 원 이하 벌금
③ 2년 이하 징역 또는 2천만 원 이하 벌금
④ 10년 이하 징역 또는 5천만 원 이하 벌금

26 올바른 서비스 제공을 위한 요소이다. 틀린 문항은?

① 밝은 표정
② 공손한 인사
③ 황홀한 용모 및 복장
④ 친근한 말

27 한 업체에 대해 고객이 거래를 중단하는 이유를 조사한 결과이다. 거래를 중단하는 가장 큰 이유에 해당하는 문항은?

① 종사자의 불친절
② 제품에 대한 불만
③ 경쟁사의 회유
④ 가격이나 기타

28 개인의 사고방식이나 생김새, 성격, 태도 등에 대해 상대방이 받아들이는 느낌의 용어 문항은?

① 표정 관리
② 눈빛 관리
③ 이미지 관리
④ 생김새 관리

Answer 22 ④ 23 ② 24 ① 25 ③ 26 ③ 27 ① 28 ③

29 승객을 위한 행동예절에서 인사의 중요성에 대한 설명이다. 틀린 문항은?

① 인사는 서비스의 주요 기법 중 하나이다.
② 인사는 승객과 만나는 첫걸음이다.
③ 인사는 승객에 대한 마음가짐의 표현이다.
④ 인사는 본인의 교양수련의 표시이다.

30 승객을 위한 행동예절에서 올바른 인사를 할 때 머리와 상체를 활용하는 각도이다. 아닌 문항은?

① 가벼운 인사(목례) : 가벼운 인사는 15도(안녕하십니까. 네 알겠습니다)
② 보통 인사(보통례) : 보통 인사는 30도(처음 뵙겠습니다. 감사합니다)
③ 정중한 인사(정중례) : 정중한 인사는 45도(죄송합니다. 미안합니다)
④ 특별한 인사(특별례) : 특별한 인사는 90도(대단히 감사합니다. 얼마나 감사한지 모르겠습니다)

31 여객자동차 운수종사자가 운전업무 중 도로에 이상이 있었던 경우에 운전업무를 마치고 교대할 때의 조치사항으로 맞는 문항은?

① 회사에 보고한다.
② 관계기관에 통보
③ 다음 운전자에 알린다.
④ 알릴 필요가 없다.

32 보행자, 이륜차, 자전거 등과 교행, 병진할 때의 운행요령이다. 맞는 문항은?

① 안전을 확인 후 운행
② 서행이나 안전거리를 유지하면서 운행한다.
③ 일시정지 후 서행한다.
④ 일단정지 후 운행한다.

33 버스운영체제의 유형의 설명이다. 아닌 문항은?

① 공영제 ② 민영제
③ 직영제 ④ 버스준공영제

34 노선버스 운영에 공공개념을 도입한 형태로 운영은 민간. 관리는 공공영역에서 담당하게 하는 운영체제에 해당하는 문항은?

① 버스준공영제 ② 민영제
③ 공영제 ④ 복수제

35 중앙버스전용차로의 장단점 중 장점에 대한 설명이다. 단점에 해당하는 문항은?

① 일반 차량과의 마찰을 최소화한다.
② 승하차 정류소에 대한 보행자의 접근거리가 길어진다.
③ 교통정체가 심한 구간에서 더욱 효과적이다.
④ 대중교통이용자의 증가를 도모할 수 있다.

Answer 29 ④ 30 ④ 31 ③ 32 ② 33 ③ 34 ① 35 ②

36 고속도로버스전용차로제(경찰청 : 고시 내용)에 대한 설명이다. 잘못된 문항은?

① 시행구간(평일) : 경부고속도로 오산IC부터 한남대교 남단까지
② 시행구간(토요일, 공휴일, 연휴 등) : 경부고속도로 신탄진IC부터 한남대교 남단까지
③ 시행시간(평일, 토요일, 공휴일) : 서울, 부산 양방향 07:00부터 21:00까지
④ 시행시간(설날, 추석연휴 및 연휴 전날) : 서울, 부산 양방향 07:00부터 다음날 12:00까지

37 카드를 판독하여 이용요금을 차감하고 잔액을 기록하는 기능을 갖는 기계의 명칭 문항은?

① 단말기
② 집계시스템
③ 충전시스템
④ 정산시스템

38 여객자동차 운수사업법에 따른 중대한 교통사고에 대한 설명이다. 해당되지 아니한 사고의 문항은?

① 전복(顚覆)사고 또는 화재(火災)가 발생한 사고
② 사망자 2명 이상이 발생한 사고
③ 중상자 6명 이상이 발생한 사고
④ 사망자 2명과 중상자 3명 이상이 발생한 사고

39 부상자의 가슴압박 방법이다. 틀린 문항은?

① 가슴 중앙(양쪽 젖꼭지 사이)에 두 손을 올려놓는다(영아 : 가슴 중앙(양쪽 젖꼭지 사이)의 직하부에 두 손가락으로 실시한다).
② 팔을 곧게 펴서 바닥과 수직이 되도록 한다.
③ 4~5cm 깊이로 체중을 이용하여 압박과 이완을 반복한다(영아 : 가슴두께의 1/3~1/2 깊이로 압박과 이완을 반복한다).
④ 분당 120회 속도로 강하고 빠르게 압박한다.

40 교통사고로 부상자가 발생하여 인공호흡을 하여야 할 환자에 해당하는 사람의 문항은?

① 호흡이 없고 맥박이 있는 사람
② 호흡과 맥박이 모두 없는 사람
③ 호흡은 하고 있고 맥박이 없는 사람
④ 출혈이 심하여 얼굴색이 창백한 사람

Answer 36 ④ 37 ① 38 ④ 39 ④ 40 ①

memo

버스운전 자격시험

2020. 8. 10. 초 판 1쇄 인쇄
2020. 8. 20. 초 판 1쇄 발행

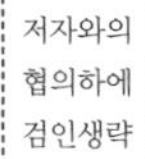

지은이 | 버스운전 자격시험연구회
펴낸이 | 이종춘
펴낸곳 | **BM (주)도서출판 성안당**
주소 | 04032 서울시 마포구 양화로 127 첨단빌딩 3층(출판기획 R&D 센터)
10881 경기도 파주시 문발로 112 출판문화정보산업단지(제작 및 물류)
전화 | 02) 3142-0036
031) 950-6300
팩스 | 031) 955-0510
등록 | 1973. 2. 1. 제406-2005-000046호
출판사 홈페이지 | **www.cyber.co.kr**
ISBN | 978-89-315-8987-0 (13550)
정가 | 12,000원

이 책을 만든 사람들
기획 | 최옥현
진행 | 박경희
교정·교열 | 김혜린
전산편집 | 방영미
표지 디자인 | 박현정
홍보 | 김계향, 유미나
국제부 | 이선민, 조혜란, 김혜숙
마케팅 | 구본철, 차정욱, 나진호, 이동후, 강호묵
마케팅 지원 | 장상범, 조광환
제작 | 김유석